2025년 대비 전면 개정판

전기기사

실기 파이널+단답형

편저 **김상훈**

건국대학교 전기공학과 졸업(공학박사)
現 엔지니어랩 전기분야 대표강사
現 ㈜일렉킴에듀 대표
現 인하공업전문대학 교수
現 대한전기학회 이사(정회원)
前 커넥츠 전기단기 전기분야 대표강사
前 NCS 전기분야 집필진
前 에듀윌 전기기사 대표강사
前 김상훈전기기술학원 원장
前 EBS 전기(산업)기사/전기공사(산업)기사 교수
前 한국조명설비학회 이사(정회원)

저서 : 「2025 회로이론」 외 기본서 시리즈 7종
　　　「2025 전기기사 필기」 외 3종
　　　「2025 전기기사 실기」 외 3종
　　　「파이널 특강 – 전기기사 필기」 외 5종
　　　「2025 전기기사 필기 7개년 기출문제집」 외 1종
　　　「2025 전기기능사 필기 기출문제집」 외 1종
　　　「2024 9급 공무원 전기직 전기이론」 외 5종
　　　「2024 고등학교 교과서 전기설비」

감수 **한빛전기수험연구회**

동영상 강좌 수강
엔지니어랩 https://www.engineerlab.co.kr

2025 전기기사 실기 파이널 + 단답형 – 엄선된 기출문제 348선

초판 발행 2025년 3월 15일

편저자 김상훈
펴낸이 배용석
펴낸곳 도서출판 윤조
전화 050-5369-8829 / **팩스** 02-6716-1989
등록 2019년 4월 17일
ISBN 979-11-92689-38-8 13560
정가 23,000원

이 책에 대한 의견이나 오탈자 및 잘못된 내용에 대한 수정 정보는 아래 홈페이지와 이메일로 알려주시기 바랍니다.
홈페이지 www.yoonjo.co.kr / **이메일** customer@yoonjo.co.kr

이 책의 저작권은 김상훈과 도서출판 윤조에게 있습니다.
저작권법에 의해 보호를 받는 저작물이므로 무단 복제 및 무단 전재를 금합니다.

회차별 학습 체크 리스트

이제는 합격이다

회차별 학습 체크 리스트 ································ 3
편저자/감수자의 말 ···································· 4

Part 01 전기기사 실기 필수 기출문제 114선

　　　　　　　　　　　　　　　　　　　　　　　학습

01_엄선된 필수 기출문제 20선(5회 이상) ················ 6　☐☐☐
02_엄선된 필수 기출문제 37선(4회 이상) ················ 24　☐☐☐
03_엄선된 필수 기출문제 57선(3회 이상) ················ 70　☐☐☐

Part 02 전기기사 실기 단답형 234선

전기기사 실기 단답형 문제 ····························134　☐☐☐

편저자의 말

1970년대 중반부터 시행된 전기 분야 국가기술자격시험은 일부 개정을 거쳐 현재에 이르고 있으며, 시험 합격을 위해서는 그에 맞는 전략과 노력이 필요합니다.

최근 5년 동안의 시험 경향을 보면 확실히 예전보다는 조금 어려워졌습니다. 예전처럼 그냥 외우는 방법으로는 어렵고, 이론을 이해해야 풀 수 있는 문제들이 많아지고 있기 때문입니다. 특히 필기시험은 출제 경향이 크게 다르지 않은데, 실기시험은 회차별로 난이도 차이가 크게 나고 예전보다 문제수도 늘어나 좀 더 세분화되었다고 볼 수 있습니다.

그러므로 합격의 전략은 새로운 경향을 찾는 것보다는 많이 출제되었던 기출문제를 공부하되 이론을 같이 공부하는 것이 빠른 합격에 유리할 수 있습니다.

또 전기기사 출제 경향을 합격자 수로 이야기하는 경우가 많지만, 작년에 합격자 수가 많았다고 해서 올해 꼭 적게 나오는 것은 아닙니다. 약간씩 출제 경향의 변화가 있지만 난이도는 거의 대동소이하며, 수급 조절은 3~5년으로 보기 때문에 수험생 스스로 섣부른 판단은 하지 않도록 해야 합니다.

필자는 10여 년 전부터 현재까지 오프라인 학원, 수많은 온라인 교육 및 EBS 강의를 진행하면서 많은 수험생을 접하며 그들이 가지고 있는 고충과 애로사항을 청취한 결과, 국가기술자격시험 합격을 위한 보다 쉽고 확실한 해법을 주기 위하여 이 교재를 집필하게 되었습니다.

본 수험서의 특징은 그간 어렵게 생각했던 문제를 쉽게 해설하여 수험생들이 혼자 공부할 수 있게 하고, 매년 출제 빈도를 반영하여 문제마다 별 표시를 해 중요 부분을 확인할 수 있게 함으로써 시험 대비 시 공부의 효율을 높이도록 한 점입니다.

아무쪼록 본 수험서로 공부하는 모든 분이 합격하시기를 기원하며, 마지막으로 본 수험서가 출간되기까지 큰 노력을 기울여주신 한빛전기수험연구회 여러분들과 도서출판 윤조 배용석 대표님께 감사의 말씀을 전합니다.

편저자 김상훈

감수자의 말

현대 사회에서 전기의 중요성은 날로 커지고 있으며, 일정한 자격을 갖춘 전문가들에 의해 여러 가지 기술의 개발과 발전이 이루어지고 있습니다. 이러한 전기 분야의 전문가를 국가기술자격시험을 통해 선발하기 때문에 이 시험의 비중이 날로 증가하고 있는 추세입니다.

우리 연구회 일동은 전기 분야 교육의 전문가이신 김상훈 박사가 책 출간 후 5년간의 노하우와 새로운 경향을 반영하는 개정 작업의 감수에 참여하게 되어 기쁜 마음으로 더욱더 좋은 책, 수험생들이 쉽게 이해할 수 있는 책이 되도록 노력하였습니다.

아무쪼록 본 수험서로 공부하는 수험생 모두가 합격하여 우리나라 전기 분야에 이바지하는 전문가들로 성장하기를 기원합니다.

한빛전기수험연구회 일동

PART 01

전기기사 실기
엄선된 필수 기출문제 114선

1. 엄선된 필수 기출문제 20선(5회 이상 출제)
2. 엄선된 필수 기출문제 37선(4회 이상 출제)
3. 엄선된 필수 기출문제 57선(3회 이상 출제)

과년도 기출문제를 토대로 출제빈도 수에 따라 5회, 4회, 3회 이상 출제된 문제들만 엄선한 필수 기출문제입니다.

CHAPTER 01 엄선된 필수 기출문제 20선

5회 이상 출제

01 ★★★★★
가로의 길이가 10[m], 세로의 길이가 30[m], 높이 3.85[m]인 사무실에 40[W] 형광등 1개의 광속이 2,500[lm]인 2등용 형광등 기구를 시설하여 400[lx]의 평균 조도를 얻고자 할 때 다음 요구사항을 계산하시오. 단, 조명률이 60[%], 감광보상률은 1.3, 책상면에서 천장까지의 높이는 3[m]이다.

(1) 실지수
 • 계산 :   • 답 :
(2) 형광등 기구수
 • 계산 :   • 답 :

Answer

(1) 계산 : 실지수(RI) $= \dfrac{XY}{H(X+Y)} = \dfrac{10 \times 30}{3 \times (10+30)} = 2.5$

답 : 2.5

(2) 계산 : $N = \dfrac{ESD}{FU} = \dfrac{400 \times (10 \times 30) \times 1.3}{(2,500 \times 2) \times 0.6} = 52$

답 : 52[등][조]

Explanation

• 실지수(방지수) $= \dfrac{XY}{H(X+Y)}$
 여기서, H : 등의 높이-작업면 높이[m], X : 방의 가로[m], Y : 방의 세로[m]

• 실지수 분류 기호표

기호	A	B	C	D	E	F	G	H	I	J
실지수	5.0	4.0	3.0	**2.5**	2.0	1.5	1.25	1.0	0.8	0.6
범위	4.5 이상	4.5~3.5	3.5~2.75	**2.75~2.25**	2.25~1.75	1.75~1.38	1.38~1.12	1.12~0.9	0.9~0.7	0.7 이하

• 조명 계산
 $FUN = ESD$
 여기서, F[lm] : 광속, U[%] : 조명률, N[등] : 등수, E[lx] : 조도,
 S[m²] : 면적, $D = \dfrac{1}{M}$: 감광보상률 $= \dfrac{1}{보수율}$

 등수 $N = \dfrac{ESD}{FU}$ 이며 등수계산에서 소수점은 무조건 절상한다.

• 40[W] 2등용이므로 40[W] 1등의 광속 2,500[lm]이므로 전광속은 $F = 2,500 \times 2 = 5,000$[lm]

02 알칼리 축전지의 정격용량이 100[Ah]이고, 상시부하가 5[kW], 표준 전압이 100[V]인 부동충전방식이 있다. 이 부동충전방식에서 다음 각 질문에 답하시오.

(1) 부동충전방식의 충전기 2차 전류는 몇 [A]인지 계산하시오.
  • 계산 :   • 답 :
(2) 부동충전방식의 회로도를 전원, 축전지, 부하, 충전기(정류기) 등을 이용하여 간단하게 그리시오. 단, 심벌은 일반적인 심벌로 표현하되 심벌 부근에 그에 따른 명칭을 적도록 하시오.

Answer

(1) 계산 : 충전기 2차 전류$[A] = \dfrac{\text{축전지 용량}[Ah]}{\text{정격 방전율}[h]} + \dfrac{\text{상시 부하 용량}[VA]}{\text{표준전압}[V]}$

$= \dfrac{100}{5} + \dfrac{5,000}{100} = 70[A]$ 답 : 70[A]

(2) 부동충전

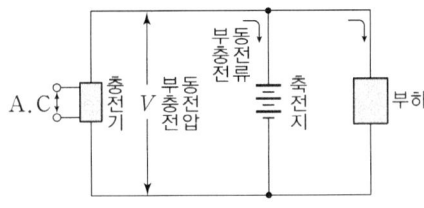

Explanation

• 충전기 2차 전류$[A] = \dfrac{\text{축전지 용량}[Ah]}{\text{정격 방전율}[h]} + \dfrac{\text{상시 부하 용량}[VA]}{\text{표준전압}[V]}$

• 부동충전 : 축전지의 자기 방전을 보충하는 동시에 상용 부하에 대한 전력공급은 충전기가 부담하고 충전기가 부담하기 어려운 일시적인 대전류 부하는 축전지가 부담하도록 하는 방식

03 부하가 유도전동기이고, 기동용량이 500[kVA]이다. 기동 시 전압강하는 20[%]이며, 발전기의 과도리액턴스가 25[%]이다. 이 전동기를 운전할 수 있는 자가발전기의 최소 용량은 몇 [kVA]인지 구하시오.
• 계산 :   • 답 :

Answer

계산 : $P[kVA] \geq \left(\dfrac{1}{0.2} - 1\right) \times 0.25 \times 500 = 500$ 답 : 500[kVA]

Explanation

비상용 자가 발전기 출력
기동용량이 큰 부하가 있을 경우 (전동기 시동에 대처하는 용량)
자가 발전 설비에서 전동기를 기동할 때에는 큰 부하가 발전기에 갑자기 걸리게 되므로 발전기의 단자전압이 순간적으로 저하하여 개폐기의 개방 또는 엔진의 정지 등이 야기되는 수가 있다.
이런 경우를 방지하기 위한 발전기의 정격 출력[kVA]은
$P[kVA] > \left(\dfrac{1}{\text{허용 전압 강하}} - 1\right) \times X_d \times \text{기동}\,[kVA]$
여기서, X_d : 발전기의 과도 리액턴스 (보통 25~30[%]), 허용 전압 강하 : 20~30[%]

04 지표면상 15[m] 높이에 수조가 있다. 이 수조에 초당 0.2[m³]의 물을 양수하려고 한다. 여기에 사용되는 펌프용 전동기에 3상 전력을 공급하기 위하여 단상 변압기 2대를 사용하였다. 펌프 효율이 55[%]이면, 변압기 1대의 용량은 몇 [kVA]이며, 이때의 변압기 결선방법을 쓰시오. 단, 펌프용 3상 농형 유도전동기의 역률은 90[%]이며, 여유계수는 1.1로 한다.

(1) 변압기 1대의 용량
 • 계산 :   • 답 :
(2) 변압기 결선 방법

Answer

(1) 계산 : $P' = \dfrac{9.8QHk}{\eta} = \dfrac{9.8 \times 0.2 \times 15 \times 1.1}{0.55} = 58.8[\text{kW}]$

$P' = \sqrt{3}\,K$

$K = \dfrac{P'}{\sqrt{3}} = \dfrac{58.8}{\sqrt{3}} = 33.95[\text{kW}]$

변압기 1대 용량 : $P_a = \dfrac{K}{\cos\theta} = \dfrac{33.95}{0.9} = 37.72[\text{kVA}]$ 답 : 37.72[kVA]

(2) V-V 결선

Explanation

• 양수펌프용 전동기 출력 $P = \dfrac{9.8QHK}{\eta}$ [kW]

 여기서, Q : 유량(양수량) [m³/s], H : 양정[m], K : 여유계수
 문제에서는 소요 동력을 [kVA]로 구하라 했으므로 $P = \dfrac{9.8QHK}{\eta \times \cos\theta}$ [kVA]

• V 결선 : 단상 변압기 2대로 3상 공급
  출력 $P_V = \sqrt{3}\,K$ 여기서, K는 변압기 1대 용량

---

05 역률 과보상 시 발생하는 현상에 대해 3가지만 적으시오.

Answer

① 역률 저하 및 손실 증가
② 단자전압 상승
③ 계전기의 오동작

Explanation

• 역률 개선 : 전력용 콘덴서는 진상 무효분을 공급하여 부하의 역률개선을 위하여 사용
• 역률 개선의 효과
 - 전압강하가 감소
 - 전력손실이 감소
 - 설비용량의 여유분 증가
 - 전기요금 절감
• 역률 과보상 시의 문제 : 역률 과보상은 부하의 지상무효분에 비해서 큰 진상무효분이 공급되는 것으로 여러 가지 문제가 발생한다.
 - 역률의 저하 및 전력손실의 증가
 - 단자전압 상승
 - 계전기의 오동작 발생

06 ★★★★★ 그림과 같은 송전계통 S점에서 3상 단락사고가 발생하였다. 주어진 도면과 조건을 참고하여 다음 각 질문에 답하시오(100[MVA] 기준).

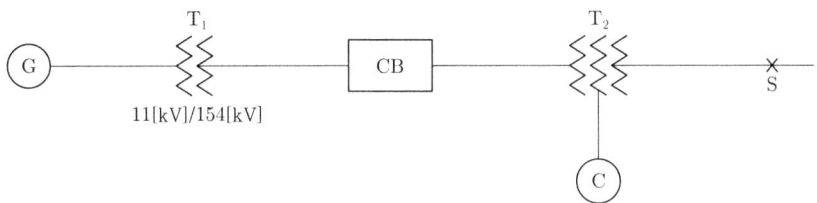

[조건]

번호	기기명	용량	전압	%X
1	발전기(G)	50,000[kVA]	11[kV]	30
2	변압기(T_1)	50,000[kVA]	11/154[kV]	12
3	송전선		154[kV]	10(10,000[kVA] 기준)
4	변압기(T_2)	1차 25,000[kVA]	154[kV]	12(25,000[kVA] 기준 1차~2차)
		2차 25,000[kVA]	77[kV]	15(25,000[kVA] 기준 2차~3차)
		3차 10,000[kVA]	11[kV]	10.8(10,000[kVA] 기준 3차~1차)
5	조상기(C)	10,000[kVA]	11[kV]	20

(1) 발전기, 변압기(T_1), 송전선 및 조상기의 %리액턴스를 기준출력 100[MVA]로 환산하시오.
- 발전기
  - 계산 :   • 답 :
- 변압기(T_1)
  - 계산 :   • 답 :
- 송전선
  - 계산 :   • 답 :
- 조상기
  - 계산 :   • 답 :

(2) 변압기(T_2)의 각각의 %리액턴스를 100[MVA] 출력으로 환산하고, 1차(P), 2차(T), 3차(S) %리액턴스를 구하시오.

(3) 고장점과 차단기를 통과하는 각각의 단락전류를 구하시오.
   • 고장점의 단락전류 :   • 차단기의 단락전류 :

(4) 차단기의 차단용량은 몇 [MVA]인가?

Answer

(1) 계산

발전기 $\%X_G = \dfrac{100}{50} \times 30 = 60[\%]$ 답 : 60[%]

변압기(T_1) $\%X_T = \dfrac{100}{50} \times 12 = 24[\%]$ 답 : 24[%]

송전선 $\%X_l = \dfrac{100}{10} \times 10 = 100[\%]$ 답 : 100[%]

조상기 $\%X_C = \dfrac{100}{10} \times 20 = 200[\%]$ 　　　　　　　　　　　　　답 : 200[%]

(2) 1차~2차간 : $X_{P-T} = \dfrac{100}{25} \times 12 = 48[\%]$

2차~3차간 : $X_{T-S} = \dfrac{100}{25} \times 15 = 60[\%]$

3차~1차간 : $X_{S-P} = \dfrac{100}{10} \times 10.8 = 108[\%]$

1차 $X_P = \dfrac{48 + 108 - 60}{2} = 48[\%]$

2차 $X_T = \dfrac{48 + 60 - 108}{2} = 0[\%]$

3차 $X_S = \dfrac{60 + 108 - 48}{2} = 60[\%]$ 　　　　답 : 1차 X_P=48[%], 2차 X_T=0[%], 3차 X_S=60[%]

(3) 발전기에서 T_2변압기 1차까지 $\%X = 60 + 24 + 100 + 48 = 232[\%]$

조상기에서 T_2변압기 3차까지 $\%X_2 = 200 + 60 = 260[\%]$

합성 %임피던스

$\%Z = \dfrac{\%X_1 \times \%X_2}{\%X_1 + \%X_2} + X_T = \dfrac{232 \times 260}{232 + 260} + 0 = 122.6[\%]$

• 고장 점의 단락전류

계산 : $I_s = \dfrac{100}{\%Z} \times I_n = \dfrac{100}{122.6} \times \dfrac{100 \times 10^6}{\sqrt{3} \times 77 \times 10^3} = 611.59[A]$ 　　답 : 611.59[A]

• 차단기의 단락전류

계산 : $I_{s1} = I_s \times \dfrac{\%X_2}{\%X_1 + \%X_2} = 611.59 \times \dfrac{260}{232 + 260} = 323.2[A]$

이를 154[kV]로 환산하면

$I_{S10} = 323.2 \times \dfrac{77}{154} = 161.6[A]$ 　　　　　　　　　　　　　답 : 161.6[A]

(4) 차단기 차단용량

$P_S = \sqrt{3}\, VI_{S10} = \sqrt{3} \times 170 \times 161.6 \times 10^{-3} = 47.58[MVA]$ 　　답 : 47.58[MVA]

Explanation

• $\%Z$(기준용량) $= \dfrac{기준용량}{자기용량} \times \%Z$(자기용량)

• 3권선 변압기의 %리액턴스 계산

1~2차간의 합성 %리액턴스 $\%X_{P-T} = \%X_P + \%X_T$

2~3차간의 합성 %리액턴스 $\%X_{T-S} = \%X_T + \%X_S$

3~1차간의 합성 %리액턴스 $\%X_{S-P} = \%X_S + \%X_P$

따라서 $X_P = \dfrac{X_{S-P} + X_{P-T} - X_{T-S}}{2}$

$X_T = \dfrac{X_{P-T} + X_{T-S} - X_{S-P}}{2}$

$X_S = \dfrac{X_{S-P} + X_{T-S} - X_{P-T}}{2}$

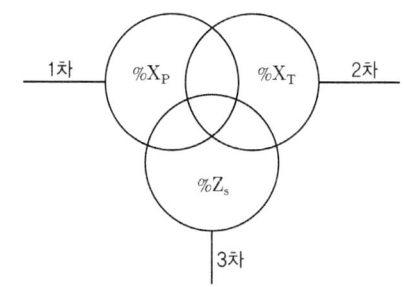

• 등가회로로 구성하면

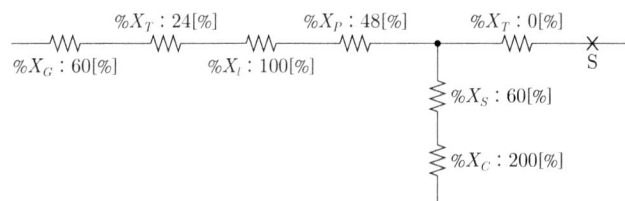

여기서, 발전기에서 T_2변압기 1차까지 $\%X_1 = 60+24+100+48 = 232[\%]$

조상기에서 T_2변압기 3차까지 $\%X_2 = 200+60 = 260[\%]$

고장 점까지의 $\%X = \dfrac{\%X_1 \times \%X_2}{\%X_1 + \%X_2} + X_T = \dfrac{232 \times 260}{232+260} + 0 = 122.6[\%]$

- 고장 점의 단락전류 $I_s = \dfrac{100}{\%Z} \times I_n = \dfrac{100}{\%Z} \times \dfrac{P}{\sqrt{3}\,V}$

  여기서, 고장 점의 전압은 변압기 2차 측이므로 77[kV]

- 차단기의 단락전류 $I_s = \dfrac{100}{\%Z} \times I_n = \dfrac{100}{\%Z} \times \dfrac{P}{\sqrt{3}\,V}$

  여기서, 차단기의 전압은 변압기 1차 측이므로 154[kV]

- 차단기 용량 $P_s = \sqrt{3} \times$ 정격전압 $\times$ 정격차단전류

  여기서, 154[kV]의 차단기 정격전압은 계산하면 $154 \times \dfrac{1.2}{1.1} = 168[kV]$이나 170[kV]로 정해져 있음

  정격차단전류 : 차단기가 차단할 수 있는 단락전류의 한도로서 단락전류가 있는 경우는 단락전류로 계산 한다.

07 ★★★★★

다음과 같은 아파트 단지를 계획하고 있다. 주어진 조건을 이용하여 다음 각 질문에 답하시오.

[규모]
- 아파트 동수 및 세대수 : 2개동, 300세대
- 세대당 면적과 세대수

동별	세대당 면적[m²]	세대수	동별	세대당 면적[m²]	세대수
A동	50	30	B동	50	50
	70	40		70	30
	90	50		90	40
	110	30		110	30

- 계단, 복도, 지하실 등의 공용면적 A동 : 1,700[m²], B동 : 1,700[m²]

[조건]
- 면적의 [m²]당 상정 부하는 다음과 같다.
  - 아파트 : 40[VA/m²]
  - 공용면적 부분 : 5[VA/m²]
- 세대당 추가로 가산하여야 할 상정부하는 다음과 같다.
  - 80[m²] 이하의 세대 : 750[VA]
  - 150[m²] 이하의 세대 : 1,000[VA]
- 아파트 동별 수용률은 다음과 같다.
  - 70세대 이하인 경우 : 65[%]
  - 100세대 이하인 경우 : 60[%]
  - 150세대 이하인 경우 : 55[%]

- 200세대 이하인 경우 : 50[%]
• 공용 부분의 수용률은 100[%] 한다.
• 역률은 100[%]로 계산한다.
• 주변전실로부터 A동까지는 150[m]이며, 동 내부의 전압 강하는 무시한다.
• 각 세대의 공급 방식은 단상2선식 220[V]로 한다.
• 변전실의 변압기는 단상변압기 3대로 구성한다.
• 동간 부등률은 1.4로 한다.
• 주변전실에서 각 동까지의 전압강하는 3[%]로 한다.
• 이 아파트 단지의 수전은 13,200/22,900[V-Y]의 3상 4선식 계통에서 수전한다.

(1) A동의 상정 부하는 몇 [VA]인가?
　　• 계산 :　　　　　　　　　　　　　　• 답 :
(2) B동의 수용(사용) 부하는 몇 [VA]인가?
　　• 계산 :　　　　　　　　　　　　　　• 답 :
(3) 이 단지에는 단상 몇 [kVA]용 변압기 3대를 설치하여야 하는가? (단, 변압기 용량은 10[%]의 여유율을 두도록 하며, 단상변압기의 표준용량은 75, 100, 150, 200, 300[kVA] 등이다.)
　　• 계산 :　　　　　　　　　　　　　　• 답 :

Answer

(1) 계산 :
상정부하 = (바닥면적 ×[m²]당 상정 부하)+가산부하에서

세대당 면적 [m²]	상정 부하 [VA/m²]	가산 부하 [VA]	세대수	상정 부하 [VA]
50	40	750	30	[(50×40)+750]×30=82,500
70	40	750	40	[(70×40)+750]×40=142,000
90	40	1000	50	[(90×40)+1,000]×50=230,000
110	40	1000	30	[(110×40)+1,000]×30=162,000
합계				616,500[VA]

공용면적까지 고려한 상정 부하 = 616,500+1,700×5 = 625,000[VA]　　　답 : 625,000[VA]

(2) 계산 :

세대당 면적 [m²]	상정 부하 [VA/m²]	가산 부하 [VA]	세대수	상정 부하 [VA]
50	40	750	50	[(50×40)+750]×50=137,500
70	40	750	30	[(70×40)+750]×30=106,500
90	40	1000	40	[(90×40)+1,000]×40=184,000
110	40	1000	30	[(110×40)+1,000]×30=162,000
합계				590,000[VA]

공용면적까지 고려한 수용 부하 = 590,000×0.55+1,700×5=333,000[VA]　　　답 : 333,000[VA]

(3) 계산 :
$$\text{변압기 용량} = \frac{\text{설비용량} \times \text{수용률}}{\text{부등률} \times \text{역률}}$$

$$= \frac{616,500 \times 0.55 + 1,700 \times 5 + 590,000 \times 0.55 + 1,700 \times 5}{1.4 \times 1}$$
$$= 486,125 [\text{VA}] = 486.13 [\text{kVA}]$$

변압기 용량 $= \frac{486.13}{3} \times 1.1 = 178.25 [\text{kVA}]$

따라서 표준용량 200[kVA]를 산정한다.

답 : 200[kVA]

Explanation

- 상정부하=(바닥면적 ×[m²]당 상정 부하)+가산부하
- 수용부하=상정부하×수용률
- 변압기 용량[kVA]= $\frac{설비용량 \times 수용률}{부등률 \times 역률}$
- 3상 변압기의 표준용량
  3, 5, 7.5, 10, 15, 20, 30, 50, 75, 100, 150, 200, 300, 500, 750, 1,000[kVA]

08 ★★★★★

가로 10[m], 세로 16[m], 천장 높이 3.85[m], 작업면 높이 0.85[m]인 사무실에 천장 직부 형광등 F40×2를 설치하려고 한다. 다음 질문에 답하시오.

(1) F40×2의 심벌을 그리시오.
(2) 이 사무실의 실지수는 얼마인가?
  • 계산 :   • 답 :
(3) 이 사무실의 작업면 조도를 300[lx], 천장 반사율 70[%], 벽 반사율 50[%], 바닥 반사율 10[%], 40[W] 형광등 1등의 광속 3,150[lm], 보수율 70[%], 조명률 61[%]로 한다면 이 사무실에 필요한 소요 등기구 수는 몇 등인가?
  • 계산 :   • 답 :

Answer

(1)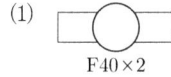

(2) 계산 : 실지수$(R.I) = \frac{XY}{H(X+Y)} = \frac{10 \times 16}{(3.85 - 0.85) \times (10 + 16)} = 2.05$ 답 : 2.0

(3) $N = \frac{ESD}{FU} = \frac{300 \times (10 \times 16)}{(3,150 \times 2) \times 0.61 \times 0.7} = 17.84$ 답 : 18[등]

Explanation

- 실지수(방지수)= $\frac{XY}{H(X+Y)}$
  여기서, H : 등의 높이- 작업면 높이[m], X : 방의 가로[m], Y : 방의 세로[m]
- 조명계산 $FUN = ESD$
  여기서, F[lm] : 광속, U[%] : 조명률, N[등] : 등수
    E[lx] : 조도, S[m²] : 면적, $D = \frac{1}{M}$: 감광보상률 $= \frac{1}{보수율}$
  등수 $N = \frac{ESD}{FU}$ 이며 등수계산에서 소수점은 무조건 절상한다.
- 40[W] 2등용이므로 40[W] 1등의 광속이 3,150[lm]이므로 전광속 $F = 3,150 \times 2 = 6,300$[lm]
- 실지수표

기호	A	B	C	D	E	F	G	H	I	J
실지수	5.0	4.0	3.0	2.5	**2.0**	1.5	1.25	1.0	0.8	0.6
범위	4.5 이상	4.5~3.5	3.5~2.75	2.75~2.25	**2.25~1.75**	1.75~1.38	1.38~1.12	1.12~0.9	0.9~0.7	0.7 이하

09 ★★★★★ 그림과 같은 3상 배전선이 있다. 변전소(A점)의 전압은 3,300[V], 중간(B점) 지점의 부하는 50[A], 역률 0.8(지상), 말단(C점)의 부하는 50[A], 역률 0.8이다. AB 사이의 길이는 2[km], BC 사이의 길이는 4[km]이고 선로의 km당 임피던스 저항 0.9[Ω], 리액턴스 0.4[Ω]이다.

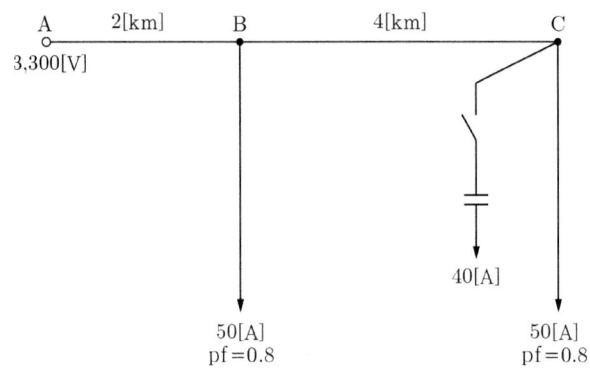

(1) 이 경우 B점, C점의 전압은?
  • B점
    - 계산 :   - 답 :
  • C점
    - 계산 :   - 답 :

(2) C점에 전력용 콘덴서를 설치하여 진상 전류 40[A]를 흘릴 때 B점, C점의 전압은?
  • B점
    - 계산 :   - 답 :
  • C점
    - 계산 :   - 답 :

(3) 전력용 콘덴서를 설치하기 전과 후의 선로의 전력 손실을 구하시오.
  • 설치 전
    - 계산 :   - 답 :
  • 설치 후
    - 계산 :   - 답 :

Answer

(1) ① B점의 전압
   계산 : $V_B = V_A - \sqrt{3}\,I_1(R_1\cos\theta + X_1\sin\theta)$
   $= 3,300 - \sqrt{3} \times 100(1.8 \times 0.8 + 0.8 \times 0.6) = 2,967.45[V]$ 답 : 2,967.45[V]

   ② C점의 전압
   계산 : $V_C = V_B - \sqrt{3}\,I_2(R_2\cos\theta + X_2\sin\theta)$
   $= 2,967.45 - \sqrt{3} \times 50(3.6 \times 0.8 + 1.6 \times 0.6) = 2,634.9[V]$ 답 : 2,634.9[V]

(2) ① B점의 전압

계산 : $V_B = V_A - \sqrt{3} \times \{I_1\cos\theta \cdot R_1 + (I_1\sin\theta - I_C) \cdot X_1\}$
$= 3,300 - \sqrt{3} \times \{100 \times 0.8 \times 1.8 + (100 \times 0.6 - 40) \times 0.8\} = 3,022.87[V]$

답 : 3,022.87[V]

② C점의 전압

계산 : $V_C = V_B - \sqrt{3} \times \{I_2\cos\theta \cdot R_2 + (I_2\sin\theta - I_C) \cdot X_2\}$
$= 3,022.87 - \sqrt{3} \times \{50 \times 0.8 \times 3.6 + (50 \times 0.6 - 40) \times 1.6\} = 2,801.17[V]$

답 : 2,801.17[V]

(3) ① 설치 전

계산 : $P_{L1} = 3I_1^2 R_1 + 3I_2^2 R_2$
$= 3 \times 100^2 \times 1.8 + 3 \times 50^2 \times 3.6 = 81,000[W] = 81[kW]$

답 : 81[kW]

② 설치 후

계산 : $I_1 = 100(0.8 - j0.6) + j40 = 80 - j20 = 82.46[A]$
$I_2 = 50(0.8 - j0.6) + j40 = 40 + j10 = 41.23[A]$
$\therefore P_{L2} = 3 \times 82.46^2 \times 1.8 + 3 \times 41.23^2 \times 3.6 = 55,077[W] = 55.08[kW]$

답 : 55.08[kW]

Explanation

- 전압강하 $e = V_s - V_r = \sqrt{3} I(R\cos\theta + X\sin\theta) = \sqrt{3}(I\cos\theta \cdot R + I\sin\theta \cdot X)[V]$
- $R_1 = 0.9 \times 2 = 1.8[\Omega]$, $R_2 = 0.9 \times 4 = 3.6[\Omega]$
  $X_1 = 0.4 \times 2 = 0.8[\Omega]$, $X_2 = 0.4 \times 4 = 1.6[\Omega]$
- 전력용 콘덴서를 설치하여 진상 전류(I_C)를 흘려주면 무효 전류가 감소하므로
  무효분 전류 $I_X = I\sin\theta - I_c[A]$
- 3상 배전 선로의 전력 손실 : $P_L = 3I^2R[W]$

10 ★★★★★ 불평형 부하의 제한에 관련된 다음 질문에 답하시오.

(1) 저압, 고압 및 특별 고압 수전의 3상 3선식 또는 3상 4선식에서 불평형 부하의 한도는 단상 접속 부하로 계산하여 설비 불평형률을 몇 [%] 이하로 하는 것을 원칙으로 하는가?

(2) "(1)"항 문제의 제한 원칙에 따르지 않아도 되는 경우를 2가지만 쓰시오.
  ①   ②

(3) 부하 설비가 그림과 같을 때 설비 불평형률은 몇 [%]인가? 단, Ⓗ는 전열기 부하이고, Ⓜ은 전동기 부하이다.

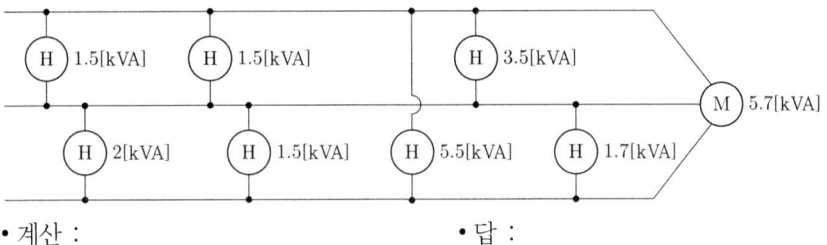

• 계산 :   • 답 :

Answer

(1) 30[%] 이하
(2) ① 저압 수전에서 전용 변압기 등으로 수전하는 경우
    ② 고압 및 특별 고압 수전에서 100[kVA]이하의 단상 부하인 경우

(3) 계산 : 불평형률 = $\dfrac{(3.5+1.5+1.5)-(2+1.5+1.7)}{(1.5+1.5+3.5+5.7+2+1.5+5.5+1.7)\times\dfrac{1}{3}}\times 100 = 17.03[\%]$

답 : 17.03[%]

> **Explanation**

(내선규정 제1,410-1조) 설비 부하평형 시설
저압, 고압 및 특별 고압 수전의 3상 3선식 또는 3상 4선식에서 불평형 부하의 한도는 단상 접속부하로 계산하여 설비불평형률을 30[%]이하로 하는 것을 원칙으로 한다.
다만, 다음 각 호의 경우는 이 제한에 따르지 않을 수 있다.
① 저압 수전에서 전용변압기로 수전하는 경우
② 고압 및 특고압수전에서 100[kVA](kW) 이하의 단상부하인 경우
③ 고압 및 특고압수전에서 단상부하용량의 최대와 최소의 차가 100[kVA](kW) 이하인 경우
④ 특고압수전에서 100[kVA](kW) 이하의 단상 변압기 2대로 역(逆)V결선하는 경우
【주】 이 경우의 설비불평형률이란 각 선간에 접속되는 단상부하 총 설비용량[VA]의 최대와 최소의 차와 총 부하설비용량[VA]평균값의 비(%)를 말하며 다음의 식으로 나타낸다.

설비불평형률 = $\dfrac{\text{각 선간에 접속되는 단상부하[kVA]의 최대와 최소의 차}}{\text{총 부하설비용량[kVA]의 1/3}} \times 100[\%]$

※ 추가 사항
특고압 및 고압수전에서 대용량의 단상전기로 등을 사용하는 경우로 위의 제한에 따르기가 어려울 경우는 전기사업자와 협의하여 다음 각 호에 의하여 시설하는 것을 원칙으로 한다.
① 단상부하 1개의 경우는 2차 역V접속에 의할 것. 다만, 300[kVA]를 초과하지 말 것
② 단상부하 2개의 경우는 스코트접속에 의할 것. 다만, 1개의 용량이 200[kVA] 이하인 경우는 부득이한 경우에 한하여 보통의 변압기 2대를 사용하여 별개의 선간에 부하를 접속할 수 있다.
③ 단상부하 3개 이상인 경우는 가급적 선로전류가 평형이 되도록 각 선간에 부하를 접속할 것

- a상과 b상 사이의 부하 : $1.5+1.5+3.5 = 6.5[\text{kVA}]$
- b상과 c상 사이의 부하 : $2+1.5+1.7 = 5.2[\text{kVA}]$
- c상과 a상 사이의 부하 : $5.5[\text{kVA}]$

11 ★★★★★
선로에서 발생하는 고조파가 전기설비에 미치는 장해를 4가지만 설명하시오.

①   ②
③   ④

> **Answer**

① 통신선의 유도장해
② 보호계전기의 오·부동작
③ 전력용 기기의 과열 및 소손
④ 3상 4선식 회로의 중성선 과열

> **Explanation**

고조파가 기기에 미치는 영향

기기	영향 내용
콘덴서 및 직렬 리액터	고조파 전류에 대한 회로의 임피던스가 감소하여 과대전류가 유입함에 따른 과열, 소손, 진동, 소음 발생
케이블	3상 4선식 선로의 중성선에 고조파 전류가 흐름에 따른 과열
변압기	고조파 전류에 의한 철심의 자화현상에 의한 소음의 발생 고조파 전류, 전압에 의한 철손, 동손의 증가와 함께 용량의 감소
형광등	고조파 전류에 대한 임피던스가 감소하여 과대전류가 역률개선용 콘덴서나 초크코일의 흐름에 따른 과열, 소손
통신선	전자유도에 의한 잡음전압의 발생
유도전동기	고조파 전류에 의한 정상 진동토크 발생에 의하여 회전수의 주기적 변동으로 철손, 동손 등의 증가
보호계전기	고조파 전류 혹은 전압에 의한 설정 레벨의 초과 혹은 위상변화에 의한 오동작, 오부동작
전력 퓨즈	과대한 고조파 전류에 의한 용단
MCCB	과대한 고조파 전류에 의한 오동작

12 ★★★★★

인텔리전트 빌딩(Intelligent building)은 빌딩 자동화시스템, 사무자동화시스템, 정보통신시스템, 건축환경을 총망라한 건설과 유지관리의 경제성을 추구하는 빌딩이라 할수 있다. 이러한 빌딩의 전산시스템을 유지하기 위하여 비상전원으로 사용되고 있는 UPS에 대해서 다음 각 질문에 답하시오.

(1) UPS를 우리말로 하면 어떤 것을 뜻하는가?
 • 답 :

(2) UPS에서 AC → DC부와 DC → AC부로 변환하는 부분의 명칭을 각각 무엇이라 부르는가?
 • 답 :

(3) UPS가 동작되면 전력 공급을 위한 축전지가 필요한데 그 때의 축전지 용량을 구하는 공식을 쓰시오. 단, 사용 기호에 대한 의미로 설명하도록 하시오.

Answer

(1) 무정전 전원 공급 장치
(2) AC → DC : 컨버터, DC → AC : 인버터
(3) $C = \dfrac{1}{L}KI$[Ah] (여기서 C : 축전지의 용량[Ah], L : 보수율(경년 용량 저하율)
 K : 용량 환산 시간 계수, I : 방전 전류[A])

Explanation

• 무정전 전원 공급 장치(UPS : Uninterruptible Power Supply)
 - 구성 : 축전지, 정류 장치(Converter), 역변환 장치(Inverter)
 - 선로의 정전이나 입력 전원에 이상 상태가 발생하였을 경우에도 정상적으로 전력을 부하 측에 공급하는 설비
• UPS의 구성도

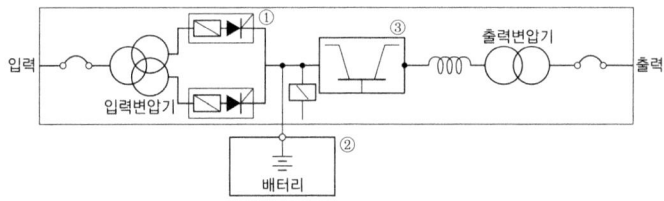

- UPS 구성 장치
  ① 순변환(정류) 장치(Converter) : 교류를 직류로 변환
  ② 축전지 : 정류 장치에 의해 변환된 직류 전력을 저장
  ③ 역변환 장치(Inverter) : 직류를 상용 주파수의 교류 전압으로 변환
- 축전지 용량

  $C = \dfrac{1}{L} KI \text{[Ah]}$

  여기서, C : 축전지의 용량[Ah], L : 보수율(경년용량 저하율)
  K : 용량환산 시간 계수, I : 방전 전류[A]

13 ★★★★★
교류 동기 발전기에 대한 다음 각 물음에 답하시오.

(1) 정격전압 6,000[V], 용량 5,000[kVA]인 3상 교류 동기 발전기에서 여자전류가 300[A], 무부하 단자전압은 6,000[V], 단락전류는 700[A]라고 한다. 이 발전기의 단락비를 구하시오.
- 계산 :   • 답 :

(2) 다음 (   ) 안에 알맞은 내용을 쓰시오.

> "단락비가 큰 교류발전기는 일반적으로 기계의 치수가 (①), 가격이 (②), 풍손, 마찰손, 철손이 (③), 효율은 (④), 전압변동률은 (⑤), 안정도는 (⑥)."

① 　　　　　② 　　　　　③
④ 　　　　　⑤ 　　　　　⑥

(3) 비상용 동기발전기의 병렬운전 조건 4가지를 쓰시오.
-
-
-
-

Answer

(1) 계산 : $I_n = \dfrac{P}{\sqrt{3}\,V} = \dfrac{5,000 \times 10^3}{\sqrt{3} \times 6,000} = 481.13\,\text{[A]}$

  $K_s = \dfrac{I_s}{I_n} = \dfrac{700}{481.13} = 1.45$ 　　　　　　　　　　　　답 : 1.45

(2)

①	②	③	④	⑤	⑥
크고	높고	크고	낮고	적고	높다

(3) ① 기전력의 크기가 같을 것
    ② 기전력의 위상이 같을 것
    ③ 기전력의 주파수가 같을 것
    ④ 기전력의 파형이 같을 것

Explanation

- % 동기 임피던스[PU]

  $Z_s'\,\text{[PU]} = \dfrac{1}{K_s} = \dfrac{P_n Z_s}{V^2} = \dfrac{I_n}{I_s}\,\text{[PU]}$

  여기서, K_s는 단락비

- 단락비(short circuit ratio)

$$K_s = \frac{\text{무부하에서 정격 전압을 유기하는 데 필요한 계자 전류}}{\text{정격 전류와 같은 3상 단락 전류를 흘리는 데 필요한 계자 전류}} = \frac{I_s}{I_n}$$

- "단락비가 크다"의 의미
  - 과부하 내량이 크다.
  - 기기 치수가 크므로 손실이 크고 효율이 떨어진다.
  - 동기임피던스가 적으므로 전압변동이 적고 안정도 우수하다.
  - 전기자반작용이 적다.
  - 수차형, 저속기가 된다.

- 발전기의 병렬 운전 조건

병렬운전 조건	문제점
기전력의 크기가 같을 것	무효순환전류(무효횡류)
기전력의 위상이 같을 것	동기화 전류(유효횡류)
기전력의 주파수가 같을 것	난조 발생
기전력의 파형이 같을 것	고조파 무효순환전류
상회전 방향이 같을 것	

14 ★★★★★
60[mm²](0.3195[Ω/km]) 전장 3.6[km]인 3심 전력케이블의 어떤 지점에서 1선 지락사고가 발생하여 전기적 사고점탐지법의 하나인 머레이루프법으로 측정한 결과 그림과 같은 상태에서 평형이 되었다고 한다. 측정점에서 사고 지점까지의 거리[km]를 구하시오.

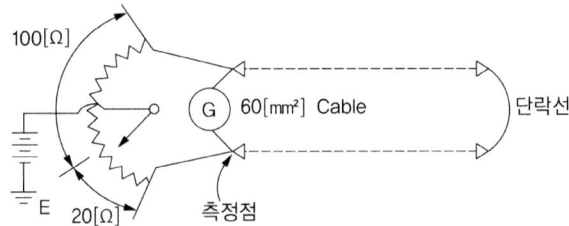

- 계산 :   • 답 :

Answer

- 계산 : 고장 점까지의 거리

$$x = \frac{20}{100+20} \times 2 \times 3.6 = 1.2[\text{km}]$$

답 : 1.2[km]

Explanation

머레이 루프법 : 휘스톤 브리지의 원리 이용하는 방식으로

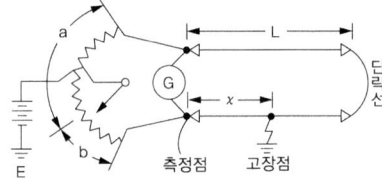

검류계에 전류가 흐르지 않으면 평형 상태이므로
$a \cdot x = b \cdot (2L - x)$

$\therefore \ x = \dfrac{b}{a+b} \times 2L[\text{m}]$ 여기서, L : 선로의 전체길이[m]

15 지중 전선로의 시설에 관한 다음 각 질문에 답하시오.

(1) 지중 전선로는 어떤 방식에 의하여 시설하여야 하는지 그 3가지를 쓰시오.
-
-
-

(2) 특고압용 지중전선에 사용하는 케이블의 종류를 2가지만 쓰시오.
-
-

Answer

(1) 직접매설식, 관로식, 암거식
(2) 알루미늄피케이블, 파이프형 압력 케이블

Explanation

(KEC 334.1조) 지중 전선로의 시설
- 지중 전선로는 전선에 케이블을 사용하고 또한 관로식·암거식(暗渠式) 또는 직접 매설식에 의하여 시설하여야 한다.
- 지중 전선로를 직접 매설식에 의하여 시설하는 경우에는 매설 깊이를 차량 기타 중량물의 압력을 받을 우려가 있는 장소에는 1[m] 이상, 기타 장소에는 0.6[m] 이상으로 하고 또한 지중 전선을 견고한 트라프 기타 방호물에 넣어 시설하여야 한다.

(내선규정 2,150-3) 지중전선의 종류
지중전선은 아래의 케이블을 사용하여야 한다(판단기준 8, 9).

전압의 종류	케이블의 종류	
저압	• 알루미늄피케이블 • 비닐외장케이블 • 미네랄 인슈레이션(MI)케이블	• 클로로프렌 외장케이블 • 폴리에틸렌 외장케이블 • 상기 케이블에 보호피복을 한 케이블
고압	• 알루미늄피케이블 • 비닐외장케이블 • 콤바인덕트(CD) 케이블	• 클로로프렌 외장케이블 • 폴리에틸렌 외장케이블 • 상기 케이블에 보호피복을 한 케이블
특고압	• 알루미늄피케이블 • 폴리에틸렌 혼합물 케이블 • 파이프형 압력 케이블	• 에틸렌 프로필렌고무 혼합물 케이블 • 가교 폴리에틸렌 절연비닐시스케이블(CV) • 상기 케이블에 보호피복을 한 케이블

16 3상 4선식에서 역률 100[%]의 부하가 각 상과 중성선 간에 연결되어 있다. a상, b상, c상에 흐르는 전류가 각각 110[A], 86[A], 95[A]이다. 중성선에 흐르는 전류의 크기 $|I_N|$ 을 구하시오.

- 계산 :   • 답 :

Answer

계산 : $I_n = 110\angle 0° + 86\angle -120° + 95\angle -240°$

$= 110 + 86(-\frac{1}{2} - j\frac{\sqrt{3}}{2}) + 95(-\frac{1}{2} + j\frac{\sqrt{3}}{2})$

$= 110 - 43 - 47.5 - j43\sqrt{3} + j47.5\sqrt{3} = 19.5 + j7.79 = \sqrt{19.5^2 + 7.79^2} = 21[A]$ 답 : 21[A]

Explanation

- 3상 부하가 평형 : $I_n = I_a + I_b + I_c = 0$
- 3상 부하가 불평형 :

$$I_n = I_a + I_b + I_c$$
$$= 110∠0° + 86∠-120° + 95∠-240°$$
$$= 110 + 86(-\frac{1}{2} - j\frac{\sqrt{3}}{2}) + 95(-\frac{1}{2} + j\frac{\sqrt{3}}{2})$$
$$= 110 - 43 - 47.5 - j43\sqrt{3} + j47.5\sqrt{3} = 19.5 + j7.79 = \sqrt{19.5^2 + 7.79^2} = 21[A]$$

17 ★★★★★ 수전전압 6,600[V], 가공전선로의 %임피던스가 58.5[%]일 때, 수전점의 3상 단락전류가 8,000[A]인 경우 기준용량을 구하고, 수전용 차단기의 차단용량을 표에서 선정하시오.

차단기 정격 용량[MVA]

20	30	50	75	100	150	250	300	400

(1) 기준용량
- 계산 :
- 답 :

(2) 차단용량
- 계산 :
- 답 :

Answer

(1) 계산 : 단락전류 $I_s = \frac{100}{\%Z}I_n$ 에서

정격전류 $I_n = \frac{\%Z}{100}I_s = \frac{58.5}{100} \times 8,000 = 4,680[A]$

기준용량 $P_n = \sqrt{3}\,V_n I_n = \sqrt{3} \times 6,600 \times 4,680 \times 10^{-6} = 53.5[MVA]$

답 : 53.5[MVA]

(2) 계산 : $P_s = \sqrt{3}\,V_n I_s = \sqrt{3} \times 6,600 \times \frac{1.2}{1.1} \times 8,000 \times 10^{-6} = 99.77[MVA]$

답 : 표에서 100[MVA]

Explanation

- 단락전류 $I_s = \frac{100}{\%Z}I_n$
- 차단용량 $P_s = \sqrt{3}\,V_n I_s = \sqrt{3} \times$ 정격전압 $\times$ 정격차단전류

여기서, 정격전압=공칭전압$\times\frac{1.2}{1.1}$, 정격차단전류 : 차단기가 차단할 수 있는 단락전류의 한도

18 ★★★★★ 전압 22,900[V], 주파수 60[Hz], 선로 길이 50[km] 1회선의 3상 송전선로가 있다. 이의 3상 무부하 충전용량을 계산하시오(단, 케이블의 1선당 작용 정전용량은 0.01[μF/km]라고 한다).

- 계산 :
- 답 :

Answer

계산 : 3상 선로의 충전용량

$$Q_c = 3EI_c = 3\omega CE^2$$
$$= 3 \times 2\pi \times 60 \times 0.01 \times 10^{-6} \times 50 \times \left(\frac{22,900}{\sqrt{3}}\right)^2 \times 10^{-3} = 98.85[kVA]$$

답 : 98.85[kVA]

Explanation

충전전류

$$I_c = \frac{E}{X_c} = \frac{E}{\frac{1}{\omega C}} = \omega CE = \omega C \frac{V}{\sqrt{3}} = 2\pi f C \frac{V}{\sqrt{3}} [A] = \omega(C_s + 3C_m)\frac{V}{\sqrt{3}}[A]$$

여기서, E : 대지전압, V : 선간전압

$$V = \sqrt{3}\,E \text{이므로 } E = \frac{V}{\sqrt{3}}$$

3상 선로의 충전용량

$$Q_c = 3E \cdot I_c = 3E\frac{E}{X_c} = 3E\frac{E}{\frac{1}{\omega C}} = 3\omega CE^2 \times 10^{-3}\,[\text{kVA}]$$

19 ★★★★★ 그림은 변류기를 영상 접속시켜 그 잔류 회로에 지락 계전기 DG를 삽입시킨 것이다. 선로 전압은 66[kV], 중성점에 300[Ω]의 저항 접지로 하였고, 변류기의 변류비는 300/5[A]이다. 송전 전력 20,000[kW], 역률 0.8(지상)일 때, a상에 완전 지락 사고가 발생하였다고 할 때 다음 각 질문에 답하시오. 단, 부하의 정상, 역상 임피던스 기타의 정수는 무시한다.

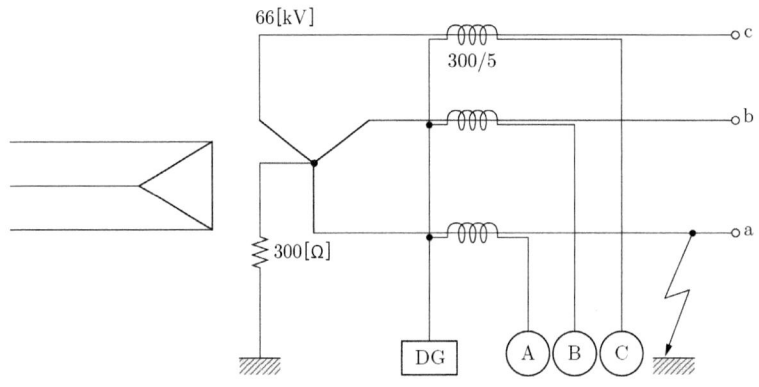

(1) 지락 계전기 DG에 흐르는 전류는 몇 [A]인가?
　• 계산 :　　　　　　　　　　　　• 답 :
(2) a상 전류계 A에 흐르는 전류는 몇 [A]인가?
　• 계산 :　　　　　　　　　　　　• 답 :
(3) b상 전류계 B에 흐르는 전류는 몇 [A]인가?
　• 계산 :　　　　　　　　　　　　• 답 :
(4) c상 전류계 C에 흐르는 전류는 몇 [A]인가?
　• 계산 :　　　　　　　　　　　　• 답 :

Answer

(1) 계산 : 지락전류

$$I_g = \frac{V/\sqrt{3}}{R} = \frac{66,000}{\sqrt{3} \times 300} = 127.02\,[A]$$

지락 계전기에 흐르는 전류

$$I_{DG} = 127.02 \times \frac{5}{300} = 2.12\,[A]$$

답 : 2.12[A]

(2) 계산 : 전류계 A에는 부하 전류와 지락 전류의 합이 흐르므로

$$I_a = \frac{20,000}{\sqrt{3} \times 66 \times 0.8} \times (0.8 - j0.6) + \frac{66 \times 10^3 / \sqrt{3}}{300}$$

$$= 174.95 - j131.22 + 127.02$$
$$= 301.97 - j131.22 = \sqrt{301.97^2 + 131.22^2} = 329.25[\text{A}]$$

전류계 A에 흐르는 전류
$$A_a = 329.25 \times \frac{5}{300} = 5.49[\text{A}]$$

답 : 5.49[A]

(3) 계산 : 전류계 B에는 부하 전류가 흐르므로
$$I_b = \frac{20,000}{\sqrt{3} \times 66 \times 0.8} = 218.69[\text{A}]$$

전류계 B에 흐르는 전류 $A_b = 218.69 \times \frac{5}{300} = 3.64[\text{A}]$

답 : 3.64[A]

(4) 계산 : 전류계 C에도 부하 전류가 흐르므로
$$I_b = \frac{20,000}{\sqrt{3} \times 66 \times 0.8} = 218.69[\text{A}]$$

전류계 C에 흐르는 전류 $A_c = 218.69 \times \frac{5}{300} = 3.64[\text{A}]$

답 : 3.64[A]

Explanation

- 지락전류 $I_g = \dfrac{E}{R_g} = \dfrac{\frac{V}{\sqrt{3}}}{R_g}[\text{A}]$

- a상 지락사고 시
  - a상(지락된 상) : 지락전류+부하전류($I_g + I_L$)
  - 건전 상 b, c : 부하 전류(I_L)

20 ★★★★★
다음 회로를 이용하여 각 질문에 답하여라.

(1) 그림과 같은 회로의 명칭을 써라.
  • 답 :
(2) 논리식을 써라.
  • 답 :
(3) 무접점 논리회로를 그려라.

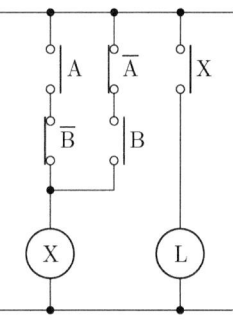

Answer

(1) 배타적 논리합 회로
(2) $X = A\overline{B} + \overline{A}B$
(3)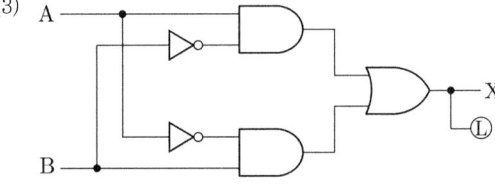

Explanation

XOR(Exclusive OR)
• 기능 : 두 입력의 상태가 다를 때에만 출력이 생기는 판단 기능을 갖는 회로

- 논리 기호와 논리식

논리 기호	논리식
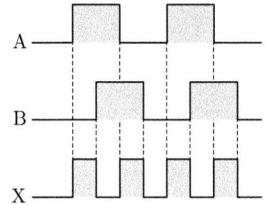	$X = A\overline{B} + \overline{A}B$

- 회로

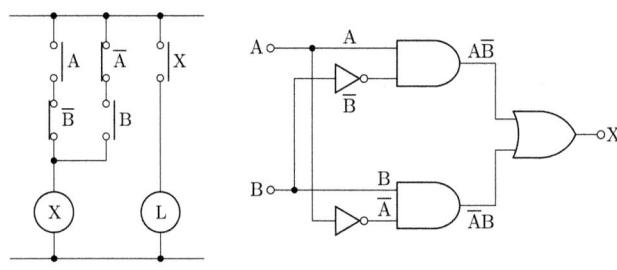

- 타임차트와 진리표

A	B	X
0	0	0
0	1	1
1	0	1
1	1	0

CHAPTER 02 엄선된 필수 기출문제 37선

4회 이상 출제

01 ★★★★
주어진 논리회로의 출력을 입력변수로 나타내고, 이 식을 AND, OR, NOT 소자만의 논리회로로 변환하여 논리식과 논리회로를 그리시오.

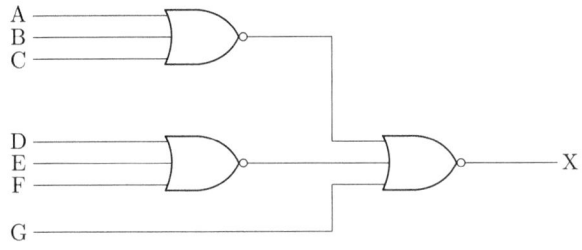

(1) 논리식
(2) 논리회로(AND, OR, NOT 소자만의 논리회로)

Answer

(1) $X = \overline{\overline{(A+B+C)} + \overline{(D+E+F)} + G} = (A+B+C) \cdot (D+E+F) \cdot \overline{G}$

(2) 논리회로(AND, OR, NOT 소자만의 논리회로)

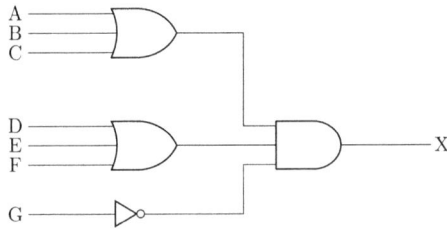

Explanation

- 드모르간(De Morgan)의 정리

$\overline{A+B} = \overline{A}\,\overline{B}$ $A+B = \overline{\overline{A}\,\overline{B}}$

$\overline{AB} = \overline{A} + \overline{B}$ $AB = \overline{\overline{A} + \overline{B}}$

$\overline{\overline{A}} = A$

02 345[kV] 변전소의 단선도와 변전소에 사용되는 주요 제원을 이용하여 다음 각 물음에 답하시오.

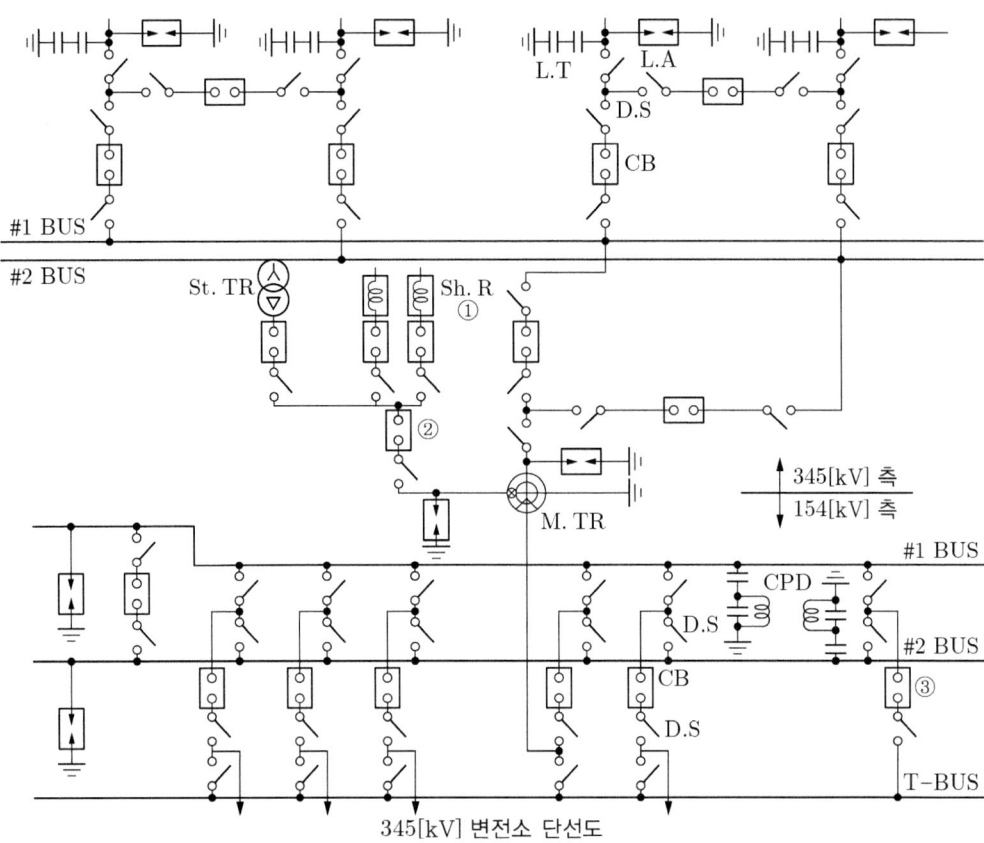

345[kV] 변전소 단선도

* 주변압기
  단권변압기 345[kV]/154[kV]/23[kV](Y-Y-△)
  166.7[MVA] × 3대 ≒ 500[MVA], OLTC부
  %임피던스(500[MVA] 기준) ; 1차-2차 : 10[%], 1차-3차 : 78[%], 2차-3차 : 67[%]
* 차단기
  362[kV] GCB 25 GVA 4,000∼2,000[A]
  170[kV] GCB 15 GVA 4,000∼2,000[A]
  25.8[kV] VCB (   )[MVA], 2,500[A]∼1,200[A]
* 단로기 : 362[kV] DS 4,000∼2,000[A]
  170[kV] DS 4,000∼2,000[A]
  25.8[kV] DS 2,500∼1,200[A]
* 피뢰기 : 288[kV] LA 10[kA], 144[kV] LA 10[kA], 21[kV] LA 10[kA]
* 분로리액터 : 23[kV] Sh.R 30[MVar]
* 주모선 : Al-Tube 200∅

(1) 도면의 345[kV]측 모선방식은 어떤 모선방식인지 쓰시오.
(2) 도면의 1번 기기의 설치목적은 무엇인지 쓰시오.
(3) 도면에 주어진 제원을 참조하여 주변압기에 대한 등가 %임피던스(%Z_H, %Z_M, %Z_L)를 구하고, 2번 23[kV] VCB의 차단용량을 구하시오. (단, 그림과 같은 임피던스 회로는 100[MVA] 기준이다)

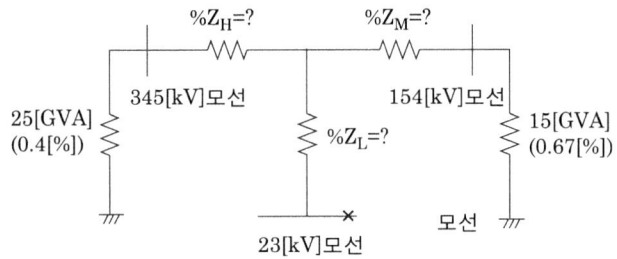

① %임피던스(%Z_H, %Z_M, %Z_L)
   • 계산 :
   • 답 : %Z_H :   %Z_M :   %Z_L :
② 23[kV] VCB 차단용량
   • 계산 :   • 답 :
(4) 도면의 345[kV] GCB에 내장된 계전기용 BCT의 오차계급은 C800이다. 부담은 몇 [VA]인지 구하시오.
   • 계산 :   • 답 :
(5) 도면의 ③번 차단기의 설치목적을 설명하시오.
(6) 주변압기 1Bank(1단×3대)를 증설하여 병렬운전을 하고자 한다. 이때 병렬운전을 할 수 있는 조건 4가지만 쓰시오.
   •
   •
   •
   •

Answer

(1) 2중 모선 방식
(2) 페란티 현상 방지
(3) ① 등가 %임피던스
   500[MVA] 기준 %Z는 1차~2차 $Z_{HM} = 10[\%]$
                    2차~3차 $Z_{ML} = 67[\%]$
                    1차~3차 $Z_{HL} = 78[\%]$ 이므로

   100[MVA] 기준으로 환산하면
   1) 3권선 변압기

   $Z_{HM} = 10 \times \dfrac{100}{500} = 2[\%]$

   $Z_{ML} = 67 \times \dfrac{100}{500} = 13.4[\%]$

   $Z_{HL} = 78 \times \dfrac{100}{500} = 15.6[\%]$

   등가 임피던스
   $Z_H = \dfrac{1}{2}(Z_{HM} + Z_{HL} - Z_{ML}) = \dfrac{1}{2}(2 + 15.6 - 13.4) = 2.1[\%]$

   $Z_M = \dfrac{1}{2}(Z_{HM} + Z_{ML} - Z_{HL}) = \dfrac{1}{2}(2 + 13.4 - 15.6) = -0.1[\%]$

   $Z_L = \dfrac{1}{2}(Z_{HL} + Z_{ML} - Z_{HM}) = \dfrac{1}{2}(15.6 + 13.4 - 2) = 13.5[\%]$

2) 모선

$$345[kV] : \%Z_{345[bus]} = 0.4 \times \frac{100}{25 \times 10^3} = 0.0016[\%]$$

$$154[kV] : \%Z_{154[bus]} = 0.67 \times \frac{100}{15 \times 10^3} = 0.00447[\%]$$

② 23[kV] VCB 차단용량 등가회로로 그리면

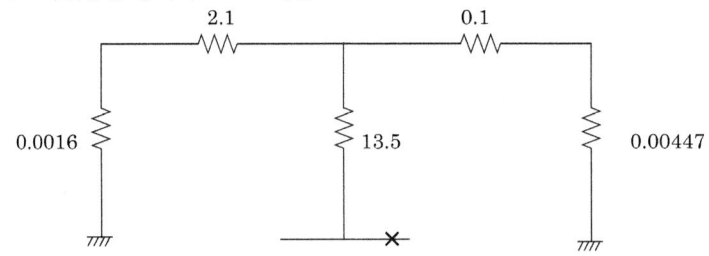

등가회로를 알기 쉽게 다시 그리면 다음과 같이 된다.

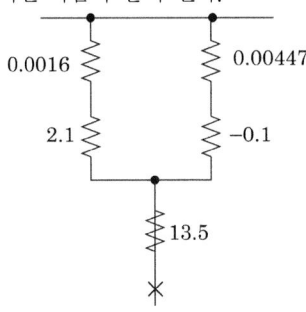

23[kV] VCB 설치 점까지 전체 %임피던스

$$\%Z = 13.5 + \frac{(2.1+0.0016)(-0.1+0.00447)}{(2.1+0.0016)+(-0.1+0.00447)} = 13.4[\%]$$

$$\therefore 23[kV] \text{ VCB 단락 용량 } P_s = \frac{100}{\%Z} P_n = \frac{100}{13.4} \times 100 = 746.27[MVA]$$

(4) 오차 계급 C800에서 임피던스 8[Ω]이므로
부담 $I^2 R = 5^2 \times 8 = 200[VA]$

(5) 모선절체용 차단기로 선로 점검 시 무정전으로 점검하기 위해 사용

(6) ① 1, 2차 정격 전압(전압비)가 같을 것
② 극성 및 권수비가 같을 것
③ %강하가 같을 것
④ 내부 저항과 누설 리액턴스 비가 같을 것

Explanation

- 2중 모선방식 : 선로 점검 시에도 무정전으로 점검이 가능
- 페란티 현상 : 무부하(경부하 시) 선로의 정전용량에 의해 송전단 전압보다 수전단 전압이 상승하게 되는 현상
  대책 : 분로리액터(sh.R)
- 3권선 변압기의 %임피던스 계산
  1~2차간의 합성 %임피던스 $\%Z_{12} = \%Z_1 + \%Z_2$

  2~3차간의 합성 %임피던스 $\%Z_{23} = \%Z_2 + \%Z_3$

  3~1차간의 합성 %임피던스 $\%Z_{31} = \%Z_1 + \%Z_3$

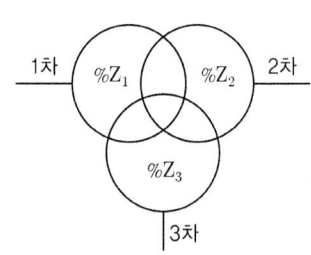

- 오차 계급 C800에서의 임피던스 : 8[Ω]
  정격부담[VA] : 변성기 2차 측에 설치할 수 있는 부하의 한도
- 변압기 병렬운전 조건
  ① 극성 및 권수비가 같을 것

② 1, 2차 정격전압이 같을 것(용량, 출력 무관)
③ %강하가 같을 것
④ 변압기 내부저항과 리액턴스의 비가 같을 것
⑤ 상회전 방향과 각 변위가 같을 것(3상 변압기)

03 ★★★★☆
그림과 같이 50[kW], 30[kW], 15[kW], 25[kW]인 부하설비의 수용률이 각각 50[%], 65[%], 75[%], 60[%]라 할 경우, 변압기 TR은 몇 [kVA]가 필요한지를 구하고, 변압기 표준 용량 표[kVA]를 이용하여 선정하시오.(단, 부등률은 1.2, 종합부하역률은 80%라 한다.)

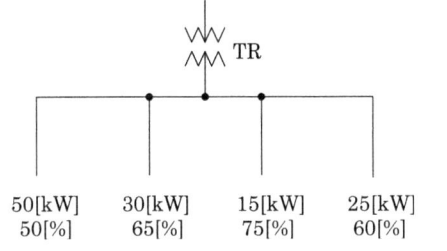

변압기 표준 용량표 [kVA]						
25	30	50	75	100	150	200

• 계산 :   • 답 :

Answer

계산 : 변압기 용량 = $\dfrac{\text{설비용량} \times \text{수용률}}{\text{부등률} \times \text{역률} \times \text{효율}}$

$= \dfrac{50 \times 0.5 + 30 \times 0.65 + 15 \times 0.75 + 25 \times 0.6}{1.2 \times 0.8} = 73.7 \text{[kVA]}$

답 : 표준 용량 75[kVA] 선정

Explanation

• 변압기 용량[kVA] = $\dfrac{\text{설비용량} \times \text{수용률}}{\text{부등률} \times \text{역률}}$

• 문제에 표준용량이 있는 경우에 이를 기준으로 변압기 용량 선정

04 ★★★★☆
제3고조파의 유입으로 인한 사고를 방지하기 위하여 커패시터 회로에 커패시터 용량의 11[%]인 직렬 리액터를 설치하였다. 이 경우에 커패시터의 정격전류(정상 시 전류)가 10[A]라면 커패시터 투입 시의 전류는 몇 [A]가 되는지 구하시오.

• 계산 :   • 답 :

Answer

계산 : 콘덴서 투입시 돌입 전류 $I = I_C \left(1 + \sqrt{\dfrac{X_C}{X_L}} \right)$

$I = 10 \left(1 + \sqrt{\dfrac{X_C}{0.11 X_C}} \right) = 40.15 \text{[A]}$

답 : 40.15[A]

Explanation

전력용 콘덴서 투입 시 콘덴서 돌입전류 $I = I_C \left(1 + \sqrt{\dfrac{X_C}{X_L}} \right)$ [A]

05 역률 0.6의 유도전동기 부하 30[kW]와 전열기 부하 24[kW]가 있다. 이 부하에 공급할 주상변압기의 표준용량[kVA]을 선정하시오.(단, 주상변압기의 표준용량[kVA]은 30, 50, 75, 100, 150, 200, 250에서 선정하시오.)

- 계산 :
- 답 :   [kVA]

Answer

계산 : 유효전력 $P = 30 + 24 = 54[\text{kW}]$

무효전력 $P_r = 30 \times \dfrac{0.8}{0.6} = 40[\text{kVar}]$

변압기용량 $P_a = \sqrt{P^2 + P_r^2} = \sqrt{54^2 + 40^2} = 67.2[\text{kVA}]$

답 : 표준 용량 75[kVA] 선정

Explanation

- 변압기 용량[kVA] $= \dfrac{\text{설비용량[kW]} \times \text{수용률}}{\text{부등률} \times \text{역률}}$
- 전열기나 전등의 경우는 주어지지 않으면 역률은 1로 계산한다.

---

06 내선규정에 따라 다음의 설치장소별 적용조건에 따른 피뢰기의 공칭방전전류[A]를 쓰시오.

(1) 변전소로 아래의 적용 조건

- 154[kV] 이상의 계통
- 66[kV] 및 그 이하의 계통에서 뱅크용량이 3,000[kVA] 초과하거나 특히 중요한 곳
- 장거리 송전선 케이블(배전선로 인출용 단거리 케이블은 제외)
- 배전선로 인출측(배전 간선 인출용 장거리 케이블은 제외)

• 답 :

(2) 변전소로 66[kV] 및 그 이하 계통에서 뱅크용량이 3,000[kVA] 이하인 곳

• 답 :

(3) 배전선로

• 답 :

Answer

(1) 10,000[A]
(2) 5,000[A]
(3) 2,500[A]

Explanation

(내선규정 제3,250-2조) 피뢰기
피뢰기에 흐르는 정격방전전류는 변전소의 차폐유무와 그 지방의 연간 뇌우(雷雨)발생일수와 관계되나 모든 요소를 고려한 경우 일반적인 시설장소별 적용할 피뢰기의 공칭방전전류는 다음과 같다.

[설치장소별 피뢰기 공칭방전전류]

공칭방전전류	설치장소	적용 조건
10,000[A]	변전소	• 154[kV] 이상의 계통 • 66[kV] 및 그 이하의 계통에서 Bank 용량이 3,000[kVA]를 초과하거나 특히 중요한 곳 • 장거리 송전케이블(배전선로 인출용 단거리 케이블은 제외) 및 정전축전지 Bank를 개폐하는 곳

| 5,000[A] | 변전소 | • 66[kV] 및 그 이하의 계통에서 Bank 용량이 3,000[kVA] 이하인 곳 |
| 2,500[A] | 선로 | • 배전선로 |

【주】전압 22.9[kV-Y] 이하(22[kV] 비접지 제외)의 배전선로에서 수전하는 설비의 피뢰기 공칭방전전류는 일반적으로 2,500[A]의 것을 적용한다.

07 ★★★★

다음은 컴퓨터 등의 중요한 부하에 대한 무정전 전원공급을 위한 그림이다. ①~⑤에 적당한 전기시설물의 명칭을 쓰시오.

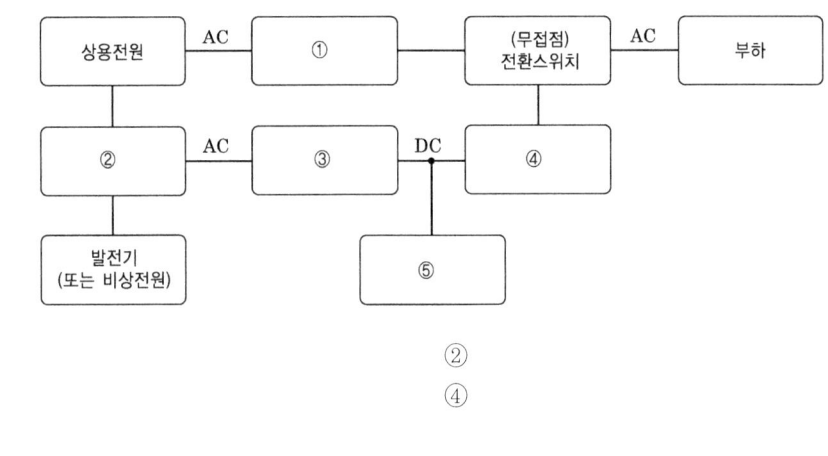

①
③
⑤

②
④

Answer

① 자동전압조정기(AVR)
② 절체용 개폐기(절체 스위치)
③ 정류기(컨버터)
④ 인버터
⑤ 축전지

Explanation

UPS(Uninterruptible Power Supply)는 무정전 전원 공급 장치로서 직류 전원 장치(축전지)와 컨버터, 인버터로 구성되며 블록선도와 같이 상시에는 교류 전원을 정류기(컨버터)를 이용하여 직류로 변환하고 축전지에 저장하고 인버터에 의하여 안정된 교류로 역변환하여 부하에 전력을 공급하며 전원의 정전 시에는 축전지가 방전하여 이것을 인버터로써 교류로 역변환하여 부하에 전력을 공급하는 장치이다.

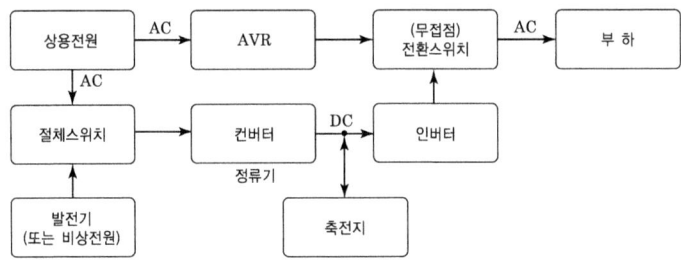

08 한국전기설비규정(KEC)에 의해 피뢰기를 시설하여야 하는 장소를 3가지만 쓰시오.

-
-
-

Answer

① 발전소·변전소 또는 이에 준하는 장소의 가공전선 인입구 및 인출구
② 특고압 가공전선로에 접속하는 배전용 변압기의 고압 측 및 특고압 측
③ 고압 및 특고압 가공전선로로부터 공급을 받는 수용장소의 인입구

Explanation

(KEC 341.13조) 피뢰기의 시설
고압 및 특고압의 전로 중 다음 각 호에 열거하는 곳 또는 이에 근접한 곳에는 피뢰기를 시설하여야 한다.
① 발전소·변전소 또는 이에 준하는 장소의 가공전선 인입구 및 인출구
② 특고압 가공전선로에 접속하는 배전용 변압기의 고압 측 및 특고압 측
③ 고압 및 특고압 가공전선로로부터 공급을 받는 수용장소의 인입구
④ 가공전선로와 지중전선로가 접속되는 곳

09 어느 건물의 부하는 하루에 240[kW]로 5시간, 100[kW]로 8시간, 75[kW]로 나머지 시간을 사용한다. 이에 따른 수전설비를 450[kVA]로 하였을 때, 부하의 평균역률이 0.8인 경우 다음 각 물음에 답하시오.

(1) 이 건물의 수용률[%]을 구하시오.
  • 계산 :   • 답 :
(2) 이 건물의 일부하율[%]을 구하시오.
  • 계산 :   • 답 :

Answer

(1) 계산 : 수용률 = $\dfrac{\text{최대 수용 전력}}{\text{부하 설비 용량}} \times 100 = \dfrac{240}{450 \times 0.8} \times 100 = 66.67[\%]$ 답 : 66.67[%]

(2) 계산 : 부하율 = $\dfrac{\text{평균 전력}}{\text{최대 수용 전력}} \times 100 = \dfrac{240 \times 5 + 100 \times 8 + 75 \times 11}{240 \times 24} \times 100 = 49.05[\%]$ 답 : 49.05[%]

Explanation

- 수용률 = $\dfrac{\text{최대수용 전력}}{\text{부하설비 용량}} \times 100[\%]$
- 부하율 = $\dfrac{\text{평균전력}}{\text{최대수용 전력}} \times 100[\%] = \dfrac{\text{사용전력량/시간}}{\text{최대수용 전력}} \times 100[\%]$

10 그림은 전자개폐기 MC에 의한 시퀀스 회로를 개략적으로 그린 것이다. 이 그림을 보고 다음 각 질문에 답하시오.

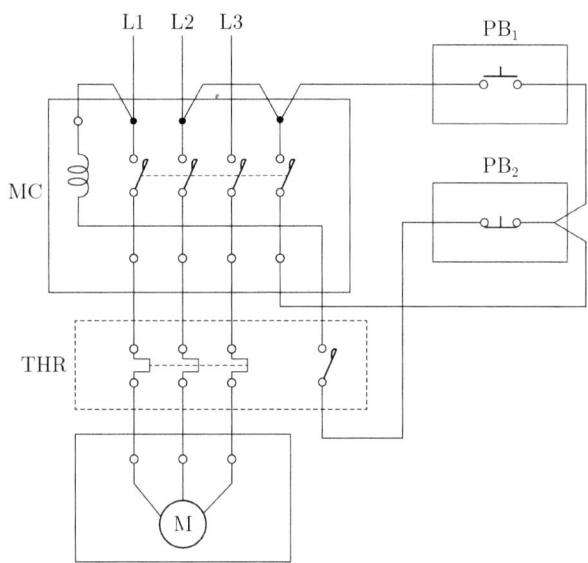

(1) 그림과 같은 회로용 전자개폐기 MC의 보조 접점을 사용하여 자기유지가 될 수 있는 일반적인 시퀀스 회로로 다시 작성하여 그리시오.

(2) 시간 t_3에 열동계전기가 작동하고, 시간 t_4에서 수동으로 복귀하였다. 이때의 동작을 타임차트로 표시하시오.

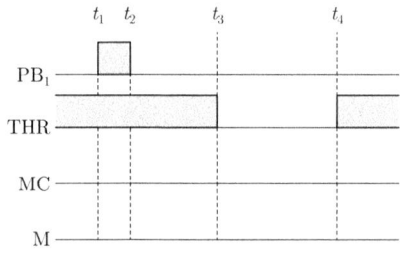

Answer

(1)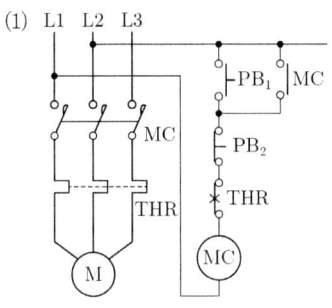

(2)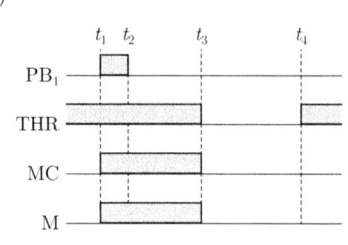

Explanation

주회로도 작성 시의 유의 사항
- 주회로에서 보조회로로 인출되는 선은 일반적으로 L1상과 L3상이나 문제에서는 주회로에서 보조회로로 인출되는 선은 일반적으로 L1상과 L2상이라는 것에 유의
- L2상이 PB₁과 연결되므로 L2상이 (+)선이 되고 L1상이 PB₂와 연결되므로 L1상이 (−)선이 된다.

11 ★★★★☆ Y-△ 기동방식에 대한 다음 각 질문에 답하시오. 단, 전자접촉기 MC₁은 Y용, MC₂는 △ 용이다.

(1) 다음 그림과 같은 주회로 부분에 대한 미완성 부분의 결선도를 완성하시오.

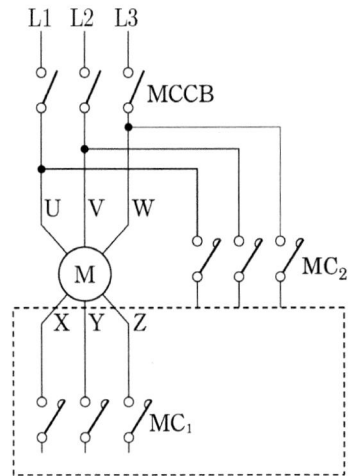

(2) Y-△ 기동시와 전전압 기동시의 기동전류를 수치를 나타내면서 비교 설명하시오.

(3) 전동기를 운전할 때 실제로 Y-△ 기동·운전한다고 생각하면서 기동 순서를 자세하게 설명하시오. 단, 동시투입 여부를 포함하여 설명하시오.

Answer

(1)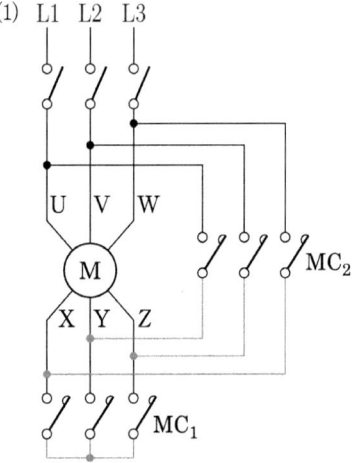

(2) Y-△ 기동 시의 기동전류는 전전압 기동 전류의 1/3배

(3) 전원 투입 후 Y결선(MC₁)으로 기동한 후 타이머의 설정 시간이 되면 △ 결선(MC₂)으로 운전한다. 이때 Y결선은 정지하며 Y와 △ 는 동시투입이 되어선 안 된다.

Explanation

• Y-△ 기동의 주회로 결선

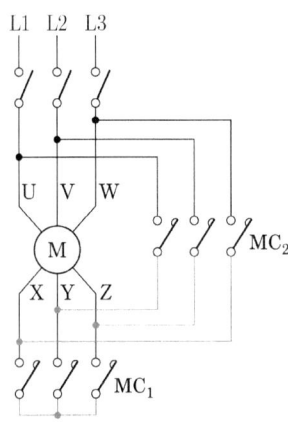

- Y-△ 기동 시의 기동전류

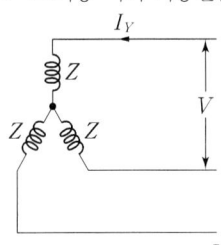

상전류 $I_Y = \dfrac{V_p}{Z} = \dfrac{\frac{V}{\sqrt{3}}}{Z} = \dfrac{V}{\sqrt{3}\,Z}$

상전류 $I_\triangle = \dfrac{V_p}{Z} = \dfrac{V}{Z}$

선전류(정격전류) $I_Y = I_{Yl} = \dfrac{V}{\sqrt{3}\,Z}$

선전류(정격전류) $I_{\triangle l} = \sqrt{3}\,I_\triangle = \dfrac{\sqrt{3}\,V}{Z}$

따라서 선전류(정격전류)의 비 $\dfrac{I_{Yl}}{I_{\triangle l}} = \dfrac{\frac{V}{\sqrt{3}\,Z}}{\frac{\sqrt{3}\,V}{Z}} = \dfrac{1}{3}$ ∴ $I_{Yl} = \dfrac{1}{3} I_{\triangle l}$

12 ★★★★☆
고조파 전류는 각종 선로나 간선에 에너지 절약 기기나 무정전 전원장치 등이 증가되면서 선로에 발생하여 전원의 질을 떨어뜨리고 과열 및 이상 상태를 발생시키는 원인이 되고 있다. 고조파 전류를 방지하기 위한 대책을 3가지만 적으시오.

-
-
-

Answer

① 전력 변환 장치의 Pulse수를 크게 한다.
② 전력 변환 장치의 전원 측에 교류 리액터를 설치한다.
③ 부하 측 부근에 고조파 필터를 설치한다.

Explanation

- 고조파의 발생 원인
  - 정지형 전력변환장치
  - 변압기, 전동기
  - 용접기, 아크로
  - 전력전자응용기기(컴퓨터, 댐퍼 스위치, 다양한 전동기 구동장치)

• 고조파 경감 대책
- 전력변환기의 다펄스화
- 리액터 설치
- 능동 필터에 의한 억제
- 수동 필터에 의한 억제
- 역률 개선 커패시터에 의한 억제

13 ★★★★☆

가로 20[m], 세로 50[m]인 사무실에서 평균조도 300[lx]를 얻고자 형광등 40[W] 2등용을 시설할 경우 다음 각 물음에 답하시오. 단, 40[W] 2등용 형광등 기구의 전체광속은 4,600[lm], 조명률은 0.5, 감광보상률은 1.3, 전기방식은 단상 2선식 200[V]이며, 40[W] 2등용 형광등의 전체 입력전류는 0.87[A]이고, 1회로의 최대전류는 16[A]로 한다.

(1) 형광등 기구 수를 구하시오.
- 계산 :
- 답 :

(2) 최소분기회로 수를 구하시오.
- 계산 :
- 답 :

Answer

(1) 계산 : $N = \dfrac{E \cdot S \cdot D}{F \cdot U} = \dfrac{300 \times 20 \times 50 \times 1.3}{4,600 \times 0.5} = 169.57 ≒ 170[등]$ 　　답 : 170[등]

(2) 계산 : $\dfrac{170 \times 0.87}{16} = 9.24$ 　　답 : 16[A]분기 10회로 선정

Explanation

조명계산
$FUN = ESD$
여기서, F[lm] : 광속, U : 조명률, N : 등수
E[lx] : 조도, S[m²] : 면적, $D = \dfrac{1}{M}$: 감광보상률 $= \dfrac{1}{보수율}$

등수 $N = \dfrac{ESD}{FU}$ 이며 등수계산은 소수점은 무조건 절상한다.

부하상정 및 분기회로
1. 표준 부하
    1) 건축물의 종류에 따른 표준 부하

건축물의 종류	표준 부하[VA/m²]
공장, 공회당, 사원, 교회, 극장, 영화관, 연회장 등	10
기숙사, 여관, 호텔, 병원, 학교, 음식점, 다방, 대중 목욕탕	20
사무실, 은행, 상점, 이발소, 미장원	30
주택, 아파트	40

    2) 건축물 중 별도 계산할 부분의 표준 부하 (주택, 아파트는 제외)

건축물의 부분	표준 부하[VA/m²]
복도, 계단, 세면장, 창고, 다락	5
강당, 관람석	10

    3) 표준 부하에 따라 산출한 수치에 가산하여야 할 [VA]수
        ① 주택, 아파트(1세대마다)에 대하여는 500~1,000[VA]
        ② 상점의 진열창에 대하여는 진열창 폭 1[m]에 대하여 300[VA]

③ 옥외의 광고등, 전광사인, 네온 사인 등의 [VA]수
④ 극장, 댄스홀 등의 무대조명, 영화관 등의 특수전등부하의 [VA] 수

2. 부하의 상정
   부하 설비 용량= $PA+QB+C$
   여기서, P : 건축물의 바닥 면적[m²](Q 부분 면적 제외)
   Q : 별도 계산할 부분의 바닥면적[m²]
   A : P 부분의 표준 부하[VA/m²]
   B : Q 부분의 표준 부하[VA/m²]
   C : 가산해야 할 부하[VA]

3. 분기 회로수
   분기 회로수 = $\dfrac{\text{표준 부하 밀도}[VA/m^2] \times \text{바닥 면적}[m^2]}{\text{전압}[V] \times \text{분기 회로의 전류}[A]}$

   【주1】 계산결과에 소수가 발생하면 절상한다.
   【주2】 220 [V]에서 3[kW] (110 [V] 때는 1.5 [kW])를 초과하는 냉방기기, 취사용 기기 등 대형 전기 기계 기구를 사용하는 경우에는 단독분기회로를 사용하여야 한다.

※ 분기회로 계산 시, 등기구의 전류가 주어지면 등수를 곱하고 분기회로 전류로 나누어 계산한다.
※ 분기회로 전류는 보통 문제에서 주어지지 않으면 16[A] 분기회로임

14 ★★★★☆
전력용 퓨즈에서 퓨즈에 대한 역할과 기능에 대해서 다음 각 물음에 답하시오.

(1) 퓨즈의 역할을 크게 2가지로 대별하여 간단하게 설명하시오.
(2) 표와 같은 각종 기구의 능력 비교표에서 관계(동작)되는 해당란에 ○표로 표시하시오.

기구 \ 능력	회로 분리		사고 차단	
	무부하시	부하시	과부하시	단락시
퓨즈				
차단기				
개폐기				
단로기				
전자접촉기				

(3) 퓨즈의 성능(특성) 3가지를 쓰시오.
 ·
 ·
 ·

Answer

(1) ① 부하전류를 안전하게 통전한다.
    ② 어떤 일정 값 이상의 과전류는 차단하여 전로나 기기를 보호

(2)

기구 \ 능력	회로 분리		사고 차단	
	무부하시	부하시	과부하시	단락시
퓨즈				○
차단기	○	○	○	○
개폐기	○	○	○	
단로기	○			
전자접촉기	○	○	○	

(3) ① 용단 특성
② 단시간 허용 특성
③ 전차단 특성

Explanation

(내선규정 3,220-5) 전력 퓨즈
- 전력 퓨즈(Power Fuse)

장 점	단 점
• 한류효과가 크다. • 고속도 차단할 수 있다. • 소형이며 차단 용량이 크다. • 소형, 경량이다.	• 재투입이 불가능하다. • 차단 시 과전압을 발생한다. • 순간적인 과도전류에 용단하기 쉽다. • 동작 시간 : 전류 특성을 계전기처럼 자유롭게 조정할 수 없다.

- 전력 퓨즈의 특성
  - 용단 특성
  - 단시간 허용 특성
  - 전차단 특성
- 전력퓨즈의 정격전류 표준값[A]
  1, 2, 3, 5, 7, 10, 15, 20, 25, 30, 40, 50, 65, 80, 100, 125, 150, 200, 250, 300, 400
- 전력 퓨즈의 정격

계통 전압	퓨즈 정격	
	퓨즈 정격전압[kV]	최대 설계전압[kV]
6.6	6.9 또는 7.5	— 8.25
6.6/11.4Y	11.5 또는 15.0	— 15.5
13.2	15.0	15.5
22 또는 22.9	23.0	25.8
66	69.0	72.5
154	161.0	169

- 전자접촉기(MC) : 개폐기와 같은 특성

15 조명 설비에 대한 다음 각 질문에 답하시오.

(1) 배선 도면에 ○ $_{N400}$으로 표현되어 있다. 이것의 의미를 쓰시오.

(2) 평면이 15×10[m2]인 사무실에 32[W], 전광속 3,100[lm]인 형광등을 사용하여 평균조도를 300[lx]로 유지하도록 설계하고자 한다. 이 사무실에 필요한 형광등 수를 산정하시오. 단, 조명률은 0.6이고 감광보상률은 1.3이다.
- 계산 :
- 답 :

Answer

(1) 400[W] 나트륨등

(2) 계산 : $N = \dfrac{ESD}{FU} = \dfrac{300 \times (15 \times 10) \times 1.3}{3{,}100 \times 0.6} = 31.451$ ∴ 32[등]   답 : 32[등]

Explanation

- 고휘도 방전램프(HID 램프)
  나트륨등, 수은등, 메탈 할라이드등

- ○ H_{400} : 400[W] 수은등
  ○ M_{400} : 400[W] 메탈 헬라이드등
  ○ N_{400} : 400[W] 나트륨등

- 조명계산
  $FUN = ESD$
  여기서, F[lm] : 광속, U[%] : 조명률, N[등] : 등수
  E[lx] : 조도, S[m^2] : 면적, $D = \dfrac{1}{M}$: 감광보상률 = $\dfrac{1}{보수율}$

  등수 $N = \dfrac{ESD}{FU}$ 이며 등수계산은 소수점은 무조건 절상한다.

16. ★★★★
어떤 인텔리전트 빌딩에 대한 등급별 추정 전원 용량에 대한 다음 표를 이용하여 각 질문에 답하시오.

등급별 추정 전원 용량[VA/m^2]

내용 \ 등급별	0등급	1등급	2등급	3등급
조명	32	22	22	29
콘센트	–	13	5	5
사무자동화(OA)기기	–	–	34	36
일반동력	38	45	45	45
냉방동력	40	43	43	43
사무자동화(OA)동력	–	2	8	8
합계	110	125	157	166

(1) 연면적 10,000[m^2]인 인텔리전트 2등급인 사무실 빌딩의 전력 설비 부하의 용량을 상기 "등급별 추정 전원용량[VA/m^2]"을 이용하여 빈칸에 계산과정과 답을 쓰시오.

부하 내용	면적을 적용한 부하용량[kVA]
조명	
콘센트	
OA 기기	
일반동력	
냉방동력	
OA 동력	
합계	

(2) 물음 "(1)"에서 조명, 콘센트, 사무자동화기기의 적정 수용률은 0.7, 일반 동력 및 사무자동화 동력의 적정 수용률은 0.5, 냉방동력의 적정 수용률은 0.8이고, 주변압기 부등률은 1.2로 적용한다. 이때 전압방식을 2단 강압 방식으로 채택할 경우 변압기의 용량에 따른 변전설비의 용량을 산출하시오.(단, 조명, 콘센트, 사무자동화 기기를 3상 변압기 1대로, 일반동력 및 사무 자동화 동력을 3상 변압기 1대로, 냉방동력을 3상 변압기 1대로 구성하고 상기 부하에 대한 주변압기 1대를 사용하도록 하며, 변압기 용량은 일반 규격 용량으로 정하도록 한다.)
① 조명, 콘센트, 사무자동화 기기에 필요한 변압기 용량 산정
 • 계산 :   • 답 :
② 일반동력, 사무자동화동력에 필요한 변압기 용량 산정
 • 계산 :   • 답 :
③ 냉방동력에 필요한 변압기 용량 산정
 • 계산 :   • 답 :
④ 주변압기 용량 산정
 • 계산 :   • 답 :

(3) 주변압기에서부터 각 부하에 이르는 변전설비의 단선 계통도를 간단하게 그리시오.

Answer

(1)

부하 내용	면적을 적용한 부하용량[kVA]
조 명	$22 \times 10,000 \times 10^{-3} = 220[\text{kVA}]$
콘센트	$5 \times 10,000 \times 10^{-3} = 50[\text{kVA}]$
OA 기기	$34 \times 10,000 \times 10^{-3} = 340[\text{kVA}]$
일반동력	$45 \times 10,000 \times 10^{-3} = 450[\text{kVA}]$
냉방동력	$43 \times 10,000 \times 10^{-3} = 430[\text{kVA}]$
OA 동력	$8 \times 10,000 \times 10^{-3} = 80[\text{kVA}]$
합 계	$157 \times 10,000 \times 10^{-3} = 1,570[\text{kVA}]$

(2) • 조명, 콘센트, 사무자동화 기기에 필요한 변압기 용량 산정
 계산 : $Tr_1 = (220 + 50 + 340) \times 0.7 = 427[\text{kVA}]$
                                                                답 : 500[kVA]

• 일반동력, 사무자동화동력에 필요한 변압기 용량 산정
 계산 : $Tr_2 = (450 + 80) \times 0.5 = 265[\text{kVA}]$
                                                                답 : 300[kVA]

• 냉방동력에 필요한 변압기 용량 산정
 계산 : $Tr_3 = 430 \times 0.8 = 344[\text{kVA}]$
                                                                답 : 500[kVA]

• 주변압기 용량 산정
 계산 : $STr = \dfrac{427 + 265 + 344}{1.2} = 863.33[\text{kVA}]$
                                                                답 : 1,000[kVA]

(3)

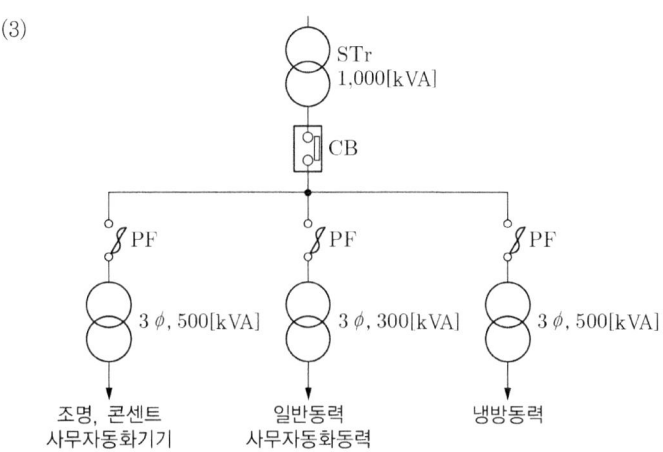

Explanation

등급별 추정 전원 용량[VA/m²]

내용 \ 등급별	0등급	1등급	2등급	3등급
조명	32	22	22	29
콘센트	–	13	5	5
사무자동화(OA)기기	–	–	34	36
일반동력	38	45	45	45
냉방동력	40	43	43	43
사무자동화(OA)동력	–	2	8	8
합 계	110	125	157	166

• 변압기 용량[kVA] = $\dfrac{\text{최대전력} \times \text{수용률}}{\text{역률} \times \text{부등률}}$ [kVA]

• 3상 변압기의 표준용량
  3, 5, 7.5, 10, 15, 20, 30, 50, 75, 100, 150, 200, 300, 500, 750, 1,000[kVA]

• 변압기 1차 측에는 COS(컷아웃 스위치)가 사용되나 변압기 용량이 300[kVA] 이상인 경우는 PF(전력용 퓨즈)를 사용한다.

17 ★★★★☆
다음의 임피던스 맵(impedance map)과 조건을 보고 다음 각 질문에 답하시오.

[조건]

$\%Z_S$: 한전 s/s의 154[kV] 인출 측의 전원 측 정상 임피던스 1.2[%](100[MVA] 기준)

Z_{TL} : 154[kV] 송전 선로의 임피던스 1.83[Ω]

$\%Z_{TR_1} = 10[\%]$(15[MVA] 기준)

$\%Z_{TR_2} = 10[\%]$(30[MVA] 기준)

$\%Z_c = 50[\%]$(100[MVA] 기준)

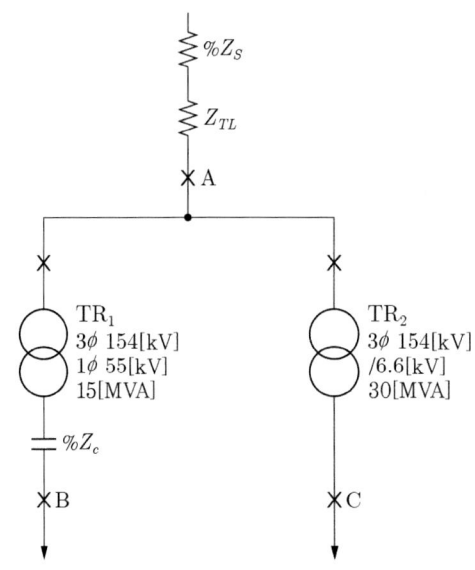

(1) 다음 임피던스 100[MVA] 기준의 %임피던스를 구하시오.
  ① $\%Z_{TL}$
   • 계산 :   답 :
  ② $\%Z_{TR_1}$
   • 계산 :   답 :
  ③ $\%Z_{TR_2}$
   • 계산 :   답 :

(2) A, B, C 각 점에서 합성 %임피던스를 구하시오.
  ① $\%Z_A$
   • 계산 :   답 :
  ② $\%Z_B$
   • 계산 :   답 :
  ③ $\%Z_C$
   • 계산 :   답 :

(3) A, B, C 각점에서 차단기의 소요 차단 전류는 몇 [kA]가 되겠는가? 단, 비대칭분을 고려한 상승 계수는 1.6으로 한다.
  ① I_A
   • 계산 :   답 :
  ② I_B
   • 계산 :   답 :
  ③ I_C
   • 계산 :   답 :

Answer

(1) ① $\%Z_{TL} = \dfrac{Z \cdot P}{10 V^2} = \dfrac{1.83 \times 100 \times 10^3}{10 \times 154^2} = 0.77[\%]$

② $\%Z_{TR_1} = 10[\%] \times \dfrac{100}{15} = 66.67[\%]$

③ $\%Z_{TR_2} = 10[\%] \times \dfrac{100}{30} = 33.33[\%]$

답 : $\%Z_{TL} = 0.77[\%]$, $\%Z_{TR_1} = 66.67[\%]$, $\%Z_{TR_2} = 33.33[\%]$

(2) ① $\%Z_A = \%Z_S + \%Z_{TL} = 1.2 + 0.77 = 1.97[\%]$

② $\%Z_B = \%Z_S + Z_{TL} + \%Z_{TR_1} - \%Z_C = 1.2 + 0.77 + 66.67 - 50 = 18.64[\%]$

③ $\%Z_C = \%Z_S + Z_{TL} + \%Z_{TR_2} = 1.2 + 0.77 + 33.33 = 35.3[\%]$

답 : $\%Z_A = 1.97[\%]$, $\%Z_B = 18.64[\%]$, $\%Z_C = 35.3[\%]$

(3) ① $I_A = \dfrac{100}{\%Z_A} I_n = \dfrac{100}{1.97} \times \dfrac{100 \times 10^3}{\sqrt{3} \times 154} \times 1.6 \times 10^{-3} = 30.45[\text{kA}]$

② $I_B = \dfrac{100}{\%Z_B} I_n = \dfrac{100}{18.64} \times \dfrac{100 \times 10^3}{55} \times 1.6 \times 10^{-3} = 15.61[\text{kA}]$

③ $I_C = \dfrac{100}{\%Z_C} I_n = \dfrac{100}{35.3} \times \dfrac{100 \times 10^3}{\sqrt{3} \times 6.6} \times 1.6 \times 10^{-3} = 39.65[\text{kA}]$

답 : I_A=30.45[kA], I_B=15.61[kA], I_C=39.65[kA]

Explanation

- %임피던스 $\%Z = \dfrac{PZ}{10V^2}$ 여기서, P[kVA], V[kV]
- %임피던스 $\%Z \propto P \propto \dfrac{1}{V^2}$ 이므로 용량에 비례한다.
- 단락전류 $I_s = \dfrac{100}{\%Z} I_n = \dfrac{100}{\%Z} \times \dfrac{P}{\sqrt{3}\,V}$[A] (3상) = $\dfrac{100}{\%Z} \times \dfrac{P}{V}$[A] (단상)

18 ★★★★☆ 다음과 같은 충전 방식에 대해 간단히 서술하시오.

(1) 보통충전
(2) 세류충전
(3) 균등충전
(4) 부동충전
(5) 급속충전

Answer

(1) 보통충전 : 필요할 때마다 표준 시간율로 소정의 충전을 하는 방식
(2) 세류충전 : 축전지의 방전을 보충하기 위하여 부하를 off 한 상태에서 미소 전류로 항상 충전하는 방식
(3) 균등충전 : 각 전해조에서 일어나는 전위차를 보정하기 위하여 1~3개월 마다 1회, 정전압 충전하여 각 전해조의 용량을 균일화하기 위하여 행하는 충전 방식
(4) 부동충전 : 축전지의 자기 방전을 보충함과 동시에 사용 부하에 대한 전력공급은 충전기가 부담하도록 하되 충전기가 부담하기 어려운 일시적인 대전류의 부하는 축전지가 부담하도록 하는 방식
(5) 급속충전 : 짧은 시간에 보통 충전 전류의 2~3배의 전류로 충전하는 방식

Explanation

축전지의 충전방식
- 초기충전 : 전지에 전해액을 넣지 않은 미충전 축전지에 전해액을 주입하여 충전 하는 방식
- 보통충전 : 필요한 경우 표준 시간율로 소정의 충전을 시행
- 급속충전 : 비교적 단시간에 보통충전 전류의 2~3배의 전류로 충전
- 부동충전 : 축전지의 자기 방전을 보충하는 동시에 상용 부하에 대한 전력공급은 충전기가 부담하고 충전기가

부담하기 어려운 일시적인 대전류 부하는 축전지가 부담하도록 하는 방식

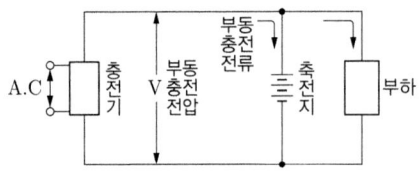

$$\text{충전기 2차 전류[A]} = \frac{\text{축전지 용량[Ah]}}{\text{정격 방전율[h]}} + \frac{\text{상시 부하용량[VA]}}{\text{표준전압[V]}}$$

- 세류충전 : 자기 방전량만 항상 충전하는 방식
- 균등충전 : 각 전해조에 일어나는 전위차를 보정하기 위해 1~3개월 마다 1회 정전압으로 10~12시간 충전하는 방식

19 ★★★★☆
비접지 선로의 접지전압을 검출하기 위하여 그림과 같은 [Y-Y-개방△]결선을 한 GPT가 있다. 다음 질문에 답하시오.

[GPT 결선]

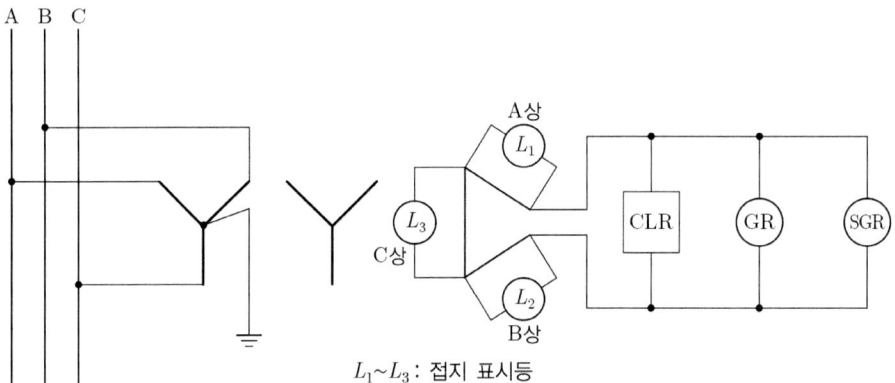

$L_1 \sim L_3$: 접지 표시등

(1) A상고장 시(완전지락 시), 2차 접지표시등 L_1, L_2, L_3의 점멸과 밝기를 비교하시오.
(2) 1선 지락사고 시 건전 상(사고가 안난 상)의 대지 전위의 변화를 간단히 설명하시오.
(3) GR, SGR의 정확한 명칭을 우리말로 쓰시오.
 • GR :   • SGR :

Answer

(1) L_1 : 소등
 L_2와 L_3 : 점등(더욱 밝아짐)
(2) 평상시 : 건전상의 대지 전위는 $110/\sqrt{3}$ [V]
 1선 지락 사고 시 : 건전상의 대지전위가 $\sqrt{3}$ 배로 증가하여 110[V]가 된다.
(3) GR : 지락 계전기, SGR : 선택 지락계전기

Explanation

- 지락 사고 시
 - 지락 된 상 : 0[V], 램프소등
 - 지락 되지 않은 상 : 건전상의 대지전위가 $\sqrt{3}$ 배로 증가, 램프의 밝기 증가
- GR(Ground Relay) : 지락 계전기
 SGR(Selective Ground Relay) : 선택 지락 계전기

20 2중 모선에서 평상시에 No.1 T/L은 A모선에서 No.2 T/L은 B모선에서 공급하고 모선연락용 CB는 개방되어 있다.

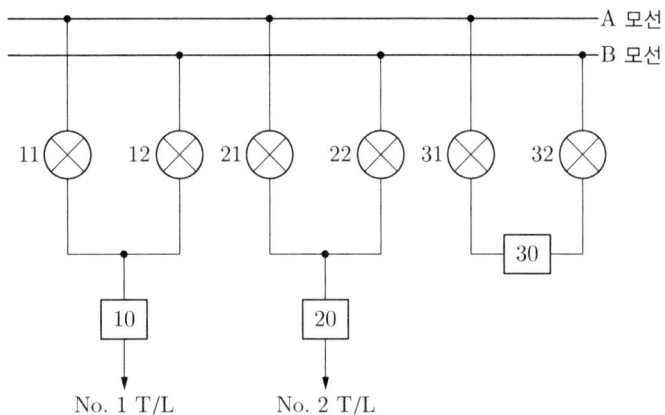

(1) B모선을 점검하기 위하여 절체하는 순서는? (단, 10- OFF, 20- ON 등으로 표시)
(2) B모선을 점검 후 원상 복구하는 조작 순서는? (단, 10- OFF, 20- ON 등으로 표시)
(3) 10, 20, 30에 대한 기기의 명칭은?
(4) 11, 21에 대한 기기의 명칭은?
(5) 2중 모선의 장점은?

Answer

(1) 31- ON, 32- ON, 30- ON, 21- ON, 22- OFF, 30- OFF, 31- OFF, 32- OFF
(2) 31- ON, 32- ON, 30- ON, 22- ON, 21- OFF, 30- OFF, 31- OFF, 32- OFF
(3) 차단기
(4) 단로기
(5) 모선 점검 시에도 부하의 운전을 무정전 상태로 할 수 있어 전원 공급의 신뢰도가 높다.

Explanation

- 11⊗ : 단로기
- 10 : 차단기
- 2중모선 : 모선 점검 시에도 부하의 운전을 무정전 상태로 할 수 있어 전원 공급의 신뢰도가 높다.
- 모선 점검 시 : 절환모선을 우선적으로 ON하며 모선 절환이 끝나고 나면 절환모선을 OFF한다.

21 그림은 유도전동기의 정·역 운전의 미완성 회로도이다. 주어진 조건을 이용하여 주회로 및 보조회로의 미완성 부분을 완성하여 그리시오. 단, 전자접촉기의 보조 a, b 접점에는 전자접촉기의 기호도 함께 표시하도록 한다.

[조건]
- Ⓕ는 정회전용, Ⓡ는 역회전용 전자접촉기이다.
- 정회전을 하다가 역회전을 하려면 전동기를 정지시킨 후, 역회전 시키도록 한다.
- 역회전을 하다가 정회전을 하려면 전동기를 정지시킨 후, 정회전 시키도록 한다.
- 정회전시 정회전용 램프 Ⓦ가 점등되고, 역회전 시 역회전용 램프 Ⓨ가 점등되며, 정지 시에는 정지

용 램프 ⓖ가 점등되도록 한다.
- 과부하시에는 전동기가 정지되고 정회전용 램프와 역회전용 램프는 소등되며, 정지시의 램프만 점등되도록 한다.
- 스위치는 누름버튼 스위치 ON용 2개를 사용하고, 전자접촉기의 보조 a접점은 F- a 1개, R- a 1개, b접점은 F- b 2개, R- b 2개를 사용하도록 한다.

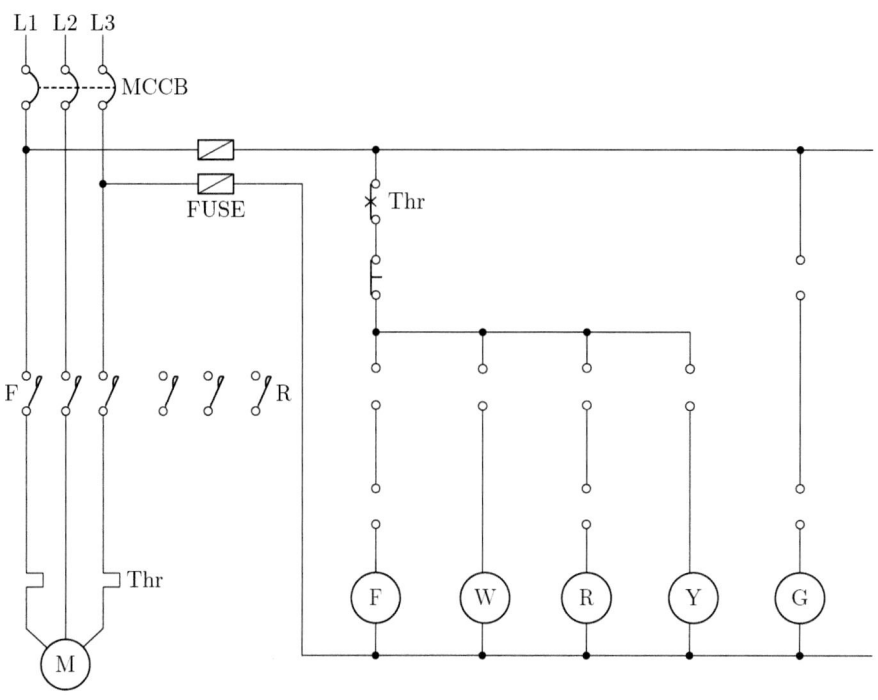

Answer

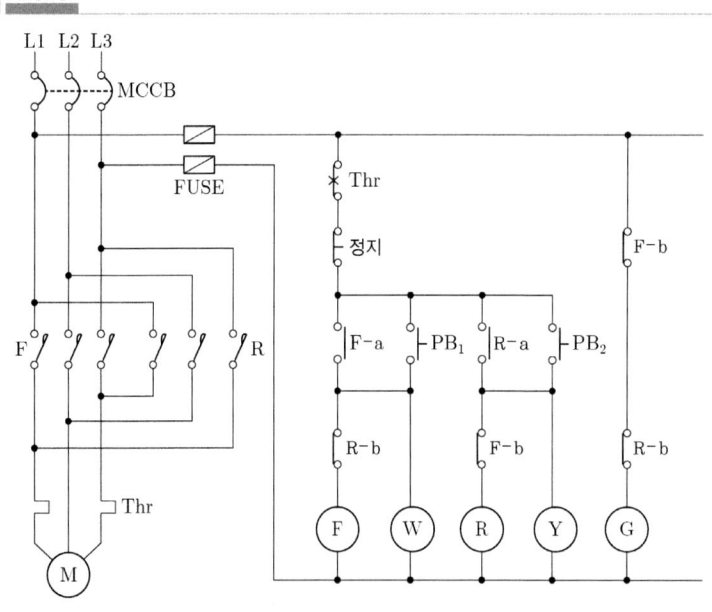

Explanation

- 정 · 역 운전회로의 구성
  - 자기유지회로
  - 인터록 회로
- 정 · 역 운전 주회로 결선 : 전원의 3선 중 2선의 접속을 바꾼다.

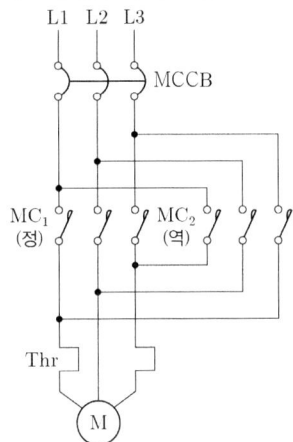

22 ★★★★ 그림은 22.9[kV-Y] 1,000[kVA] 이하에 적용 가능한 특별고압 간이 수전설비 결선도이다. 각 질문에 답하시오.

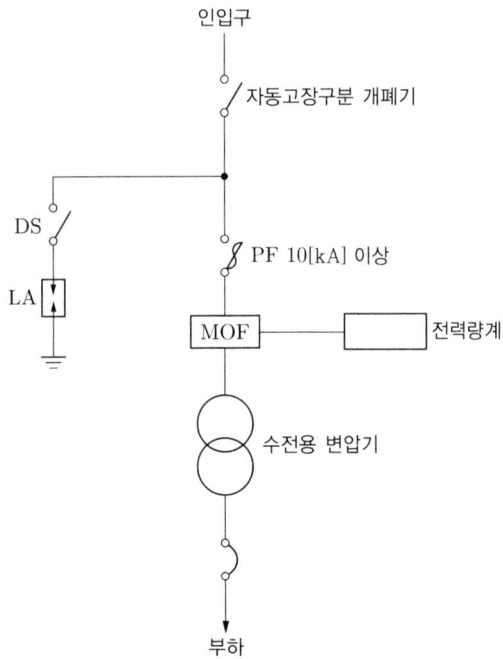

(1) 위 결선도에서 생략할 수 있는 것은?
(2) 22.9[kV-Y]용의 LA는 어떤 것을 사용하여야 하는가?
(3) 인입선을 지중선으로 시설하는 경우로 공동주택 등 고장 시 정전피해가 큰 경우에는 예비 지중선을 포함하여 몇 회선으로 시설하는 것이 바람직한가?
(4) 지중인입선의 경우에 22.9[kV-Y] 계통은 CNCV-W 케이블(수밀형) 또는 TR CNCV-W(트리억제형)을 사용하여야 한다. 다만, 전력구·공동구·덕트·건물구내 등 화재의 우려가 있는 장소에서는 어떤 케이블을 사용하는 것이 바람직한가?

(5) 300[kVA] 이하인 경우는 PF 대신 어떤 것을 사용할 수 있는가?

Answer

(1) LA용 DS
(2) Disconnector 또는 Isolator 붙임형
(3) 2회선
(4) FR CNCO-W(난연) 케이블
(5) COS(비대칭 차단 전류 10[kA] 이상의 것)

Explanation

22.9[kV-Y] 1,000[kVA] 이하를 시설하는 경우

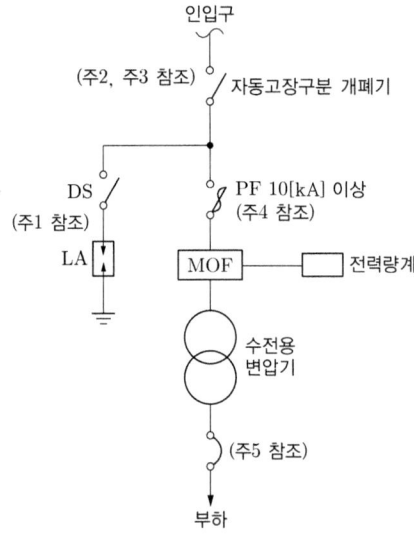

【주1】 LA용 DS는 생략할 수 있으며 22.9[kV-Y]용의 LA는 Disconnector(또는 Isolator) 붙임형을 사용하여야 한다.
【주2】 인입선을 지중선으로 시설하는 경우로서 공동주택 등 사고 시 정전 피해가 큰 수전 설비인입선은 예비선을 포함하여 2회선으로 시설하는 것이 바람직하다.
【주3】 지중 인입선의 경우에 22.9[kV-Y] 계통은 CNCV-W 케이블(수밀형) 또는 TR CNCV-W(트리억제형)을 사용하여야 한다. 다만, 전력구, 공동구, 덕트, 건물구내 등 화재의 우려가 있는 장소에서는 FR CNCO-W(난연)케이블을 사용하는 것이 바람직하다.
【주4】 300[kVA] 이하인 경우는 PF대신 COS(비대칭 차단전류 10[kA] 이상의 것)을 사용할 수 있다.
【주5】 특별고압 간이 수전설비는 PF의 용단 등의 결상사고에 대한 대책이 없으므로 변압기 2차측에 설치되는 주차단기에는 결상계전기 등을 설치하여 결상사고에 대한 보호능력이 있도록 함이 바람직하다.

23 현장에서 시험용 변압기가 없을 경우 그림과 같이 주상 변압기 2대와 수저항기를 사용하여 변압기의 절연내력 시험을 할 수 있다. 이때 다음 각 질문에 답하시오. (단, 최대 사용 전압 6,900[V]의 변압기의 권선을 시험할 경우이며, $\dfrac{E_1}{E_2} = 105/6{,}300$ 임)

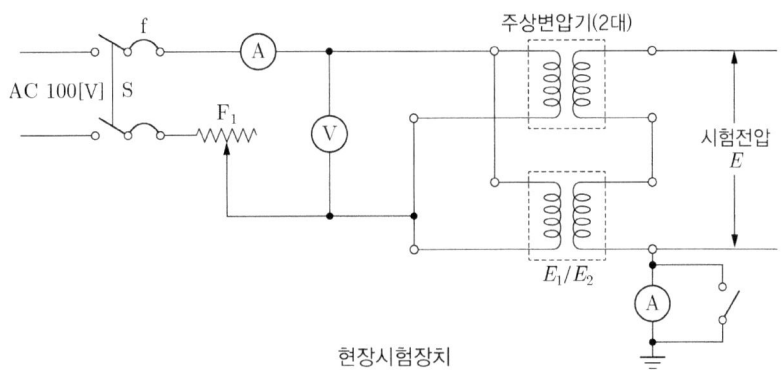

현장시험장치

(1) 절연내력시험전압은 몇 [V]이며, 이 시험전압을 몇 분간 가하여 이에 견디어야 하는가?
  ① 절연내력시험전압
    • 계산 :   • 답 :
  ② 가하는 시간 :
(2) 시험 시 전압계 (V)로 측정되는 전압은 몇 [V]인가?
  • 계산 :   • 답 :
(3) 도면에서 오른쪽 하단에 접지되어 있는 전류계는 어떤 용도로 사용되는가?

Answer

(1) ① 절연내력시험전압
    계산 : 절연내력시험전압 $V = 6{,}900 \times 1.5 = 10{,}350$ [V]   답 : 10,350[V]
  ② 가하는 시간 : 10분
(2) 계산 : $V = 10{,}350 \times \dfrac{1}{2} \times \dfrac{105}{6{,}300} = 86.25$ 답 : 86.25[V]
(3) 전류계의 용도 : 누설 전류의 측정

Explanation

(KEC 135조) 변압기 전로의 절연내력

구분		배율	최저 전압
중성점 직접 접지식이 아닌 경우	7[kV] 이하	1.5	500[V]
	7[kV] 초과 ~ 60[kV] 이하	1.25	10.5[kV]
	60[kV] 초과(비접지식)	1.25	
	60[kV] 초과(중성점 접지식) (성형결선, 또는 스콧결선의 것에 한한다)	1.1	75[kV]
중성점 직접 접지식	7[kV] 초과 ~ 25[kV] 이하 (중성점 다중 접지식)	0.92	
	60[kV] 초과 ~ 170[kV]까지	0.72	
	170[kV] 초과	0.64	
	최대사용전압이 60[kV]를 초과하는 정류기에 접속되고 있는 전로	1.1	

- 전압계 V_1에는 변압기 1대에 걸리는 전압이므로 $\frac{1}{2}$만 측정된다.

$$V_1 = 10,350 \times \frac{105}{6,300} \times \frac{1}{2} = 86.25 [\text{V}]$$

24 ★★★★☆ 그림과 같은 릴레이 시퀀스도를 이용하여 다음 각 질문에 답하시오.

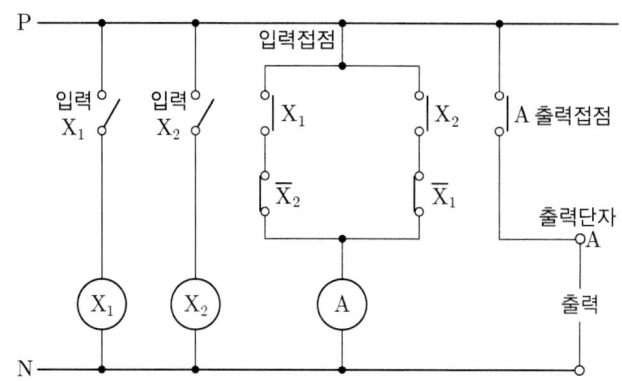

(1) AND, OR, NOT 등의 논리게이트를 이용하여 주어진 릴레이 시퀀스도를 논리회로로 바꾸어 그리시오.
(2) 물음 "(1)"에서 작성된 회로에 대한 논리식을 적으시오.
(3) 논리식에 대한 진리표를 완성하시오.

X_1	X_2	A
0	0	
0	1	
1	0	
1	1	

(4) 진리표를 만족할 수 있는 로직회로(Logic circuit)를 간소화하여 그리시오.
(5) 주어진 타임차트를 완성하시오.

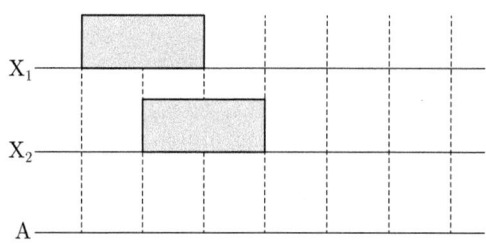

Answer

(1)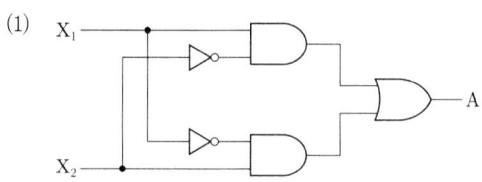

(2) $A = X_1 \overline{X_2} + \overline{X_1} X_2$

(3)

X_1	X_2	A
0	0	0
0	1	1
1	0	1
1	1	0

(4)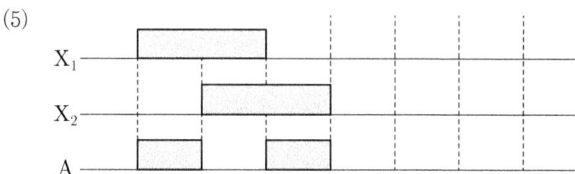

(5)

Explanation

XOR (Exclusive OR)
- 기능 : 두 입력의 상태가 다를 때에만 출력이 생기는 판단 기능을 갖는 회로
- 논리 기호와 논리식

논리 기호	논리식
	$X = A\overline{B} + \overline{A}B$

- 회로

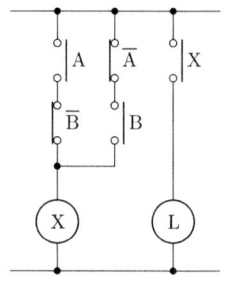 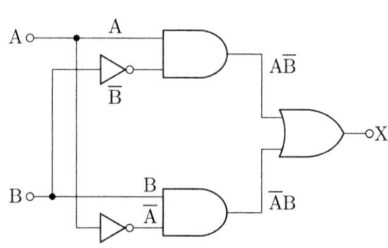

- 타임 차트와 진리표

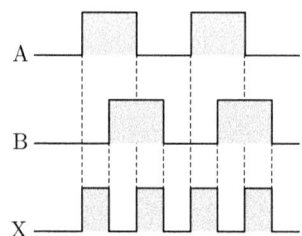

A	B	X
0	0	0
0	1	1
1	0	1
1	1	0

25 ★★★★☆ 그림은 3상 4선식 전력량계의 결선도를 나타낸 것이다. PT와 CT를 사용하여 미완성 부분의 결선도를 완성하시오.

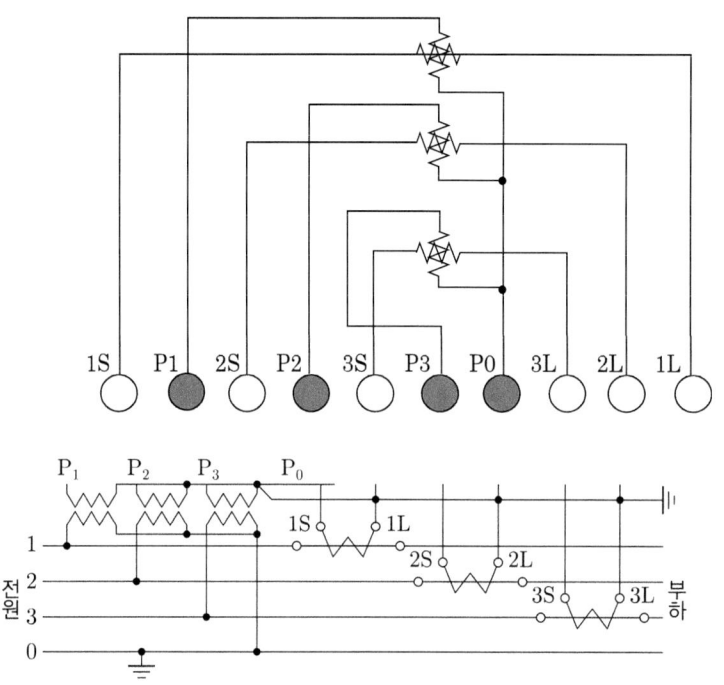

Answer

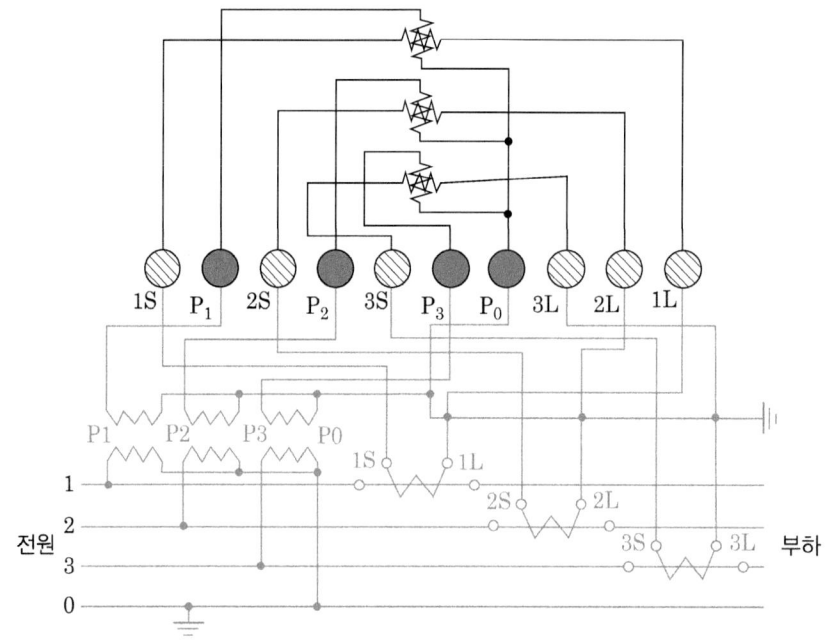

Explanation

적산전력계 결선(3상 4선식) : Y결선을 이용
- PT : P_1, P_2, P_3, P_0

- CT : $1S$, $1L$, $2S$, $2L$, $3S$, $3L$
여기서, PT, CT 2차 측은 접지하며 PT P_0와 CT $1L$, $2L$, $3L$을 접지한다.

26 도면은 통상적인 단락, 지락보호에 사용되는 방식으로 주보호와 후비보호의 기능을 가지고 있다. 도면을 보고 다음 각 물음에 답하시오.

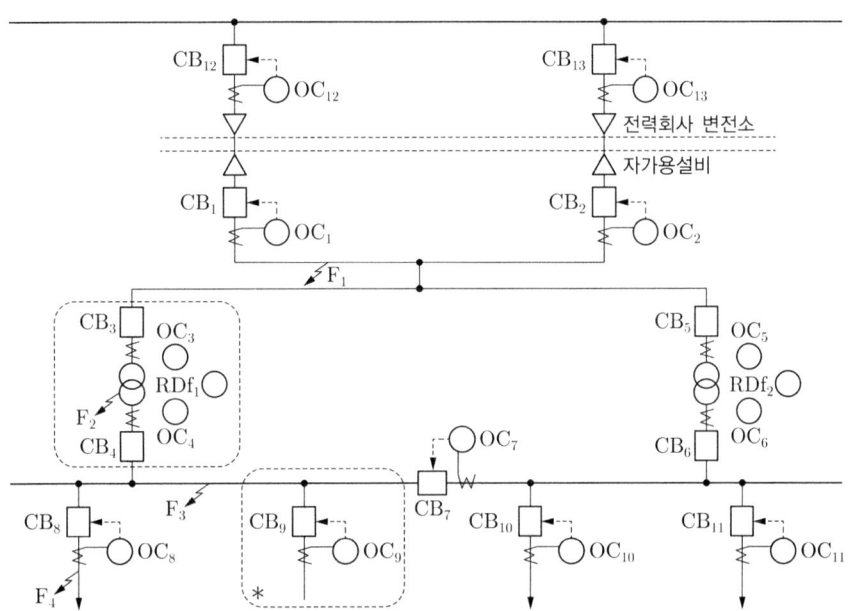

(1) 사고점이 F_1, F_2, F_3, F_4라고 할 때 주보호와 후비보호에 대한 다음 표의 ( ) 안을 채우시오.

사고점	주보호	후비보호
F_1	OC_1+CB_1 And OC_2+CB_2	①
F_2	②	OC_1+CB_1 And OC_2+CB_2
F_3	OC_4+CB_4 And OC_7+CB_7	OC_3+CB_3 And OC_6+CB_6
F_4	OC_8+CB_8	OC_4+CB_4 And OC_7+CB_7

① :   ② :

(2) 그림은 도면의 *표 부분을 좀 더 상세하게 나타낸 도면이다. 각 부분 ①~④에 대한 명칭을 쓰고, 보호 기능 구성상 ⑤~⑦의 부분을 검출부, 판정부, 동작부로 나누어 표현하시오.

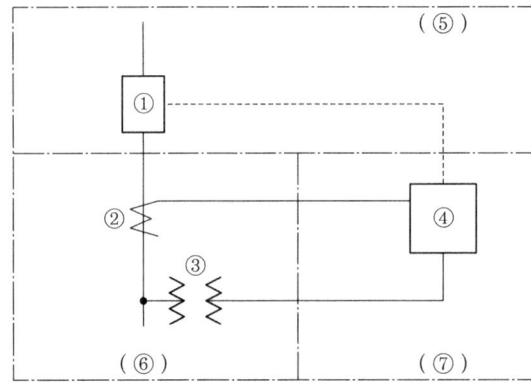

①　　　　　　　　　　②　　　　　　　　　　③
④　　　　　　　　　　⑤　　　　　　　　　　⑥
⑦

(3) 답란의 그림 F_2 사고와 관련된 검출부, 판정부, 동작부의 도면을 완성하시오. 단, 질문 "(2)"의 도면을 참고하시오.

(4) 자가용 전기설비에 발전시설이 구비되어 있을 경우, 자가용 수용가에 설치되어야 할 계전기는 어떤 계전기인지 쓰시오.
①　　　　　　　　　　②　　　　　　　　　　③
④　　　　　　　　　　⑤

Answer

(1) ① $OC_{12} + CB_{12}$ And $OC_{13} + CB_{13}$
　　② $RDf_1 + OC_4 + CB_4$ And $OC_3 + CB_3$

(2) ① 차단기　　② 변류기　　③ 계기용 변압기　　④ 과전류 계전기
　　⑤ 동작부　　⑥ 검출부　　⑦ 판정부

(3)

(4) ① 과전류 계전기　　② 주파수 계전기　　③ 부족전압 계전기
　　④ 비율 차동 계전기　　⑤ 과전압 계전기

Explanation

- 보호계전 시스템
  - 검출부(PT, CT, 센서)
  - 판정부(계전기)
  - 동작부(차단기)
- 주보호 : 주 사고 차단
  후비보호 : 주보호 장치가 제대로 동작하지 않을 시에 동작
- 비율 차동 계전기(RDfR) : 발, 변압기 층간, 단락 보호
- 자가용 전기 설비에 발전 시설이 구비되어 있을 경우에 시설되는 계전기
  - 과전류 계전기
  - 과전압 계전기
  - 부족 전압 계전기
  - 비율 차동 계전기
  - 주파수 계전기(발전설비가 있는 경우)

27 다음은 $3\phi 4W$ 22.9[kV] 수전설비 단선결선도이다. 다음 물음에 답하시오.

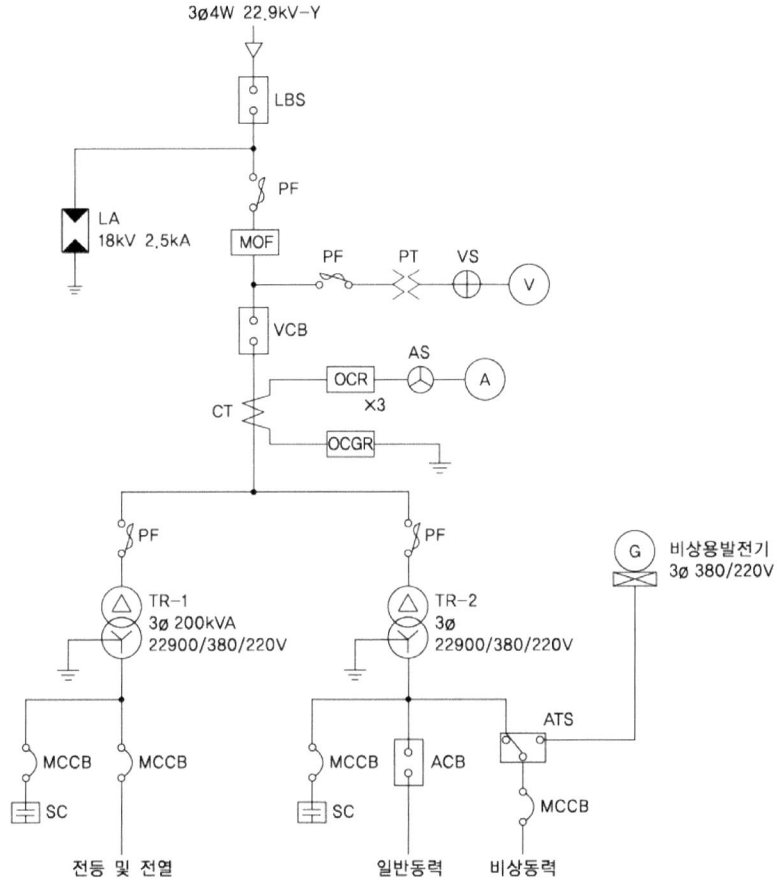

(1) 위 수전설비 단선결선도의 LA에 대하여 물음에 답하시오.
   ① 한글 명칭을 쓰시오.
   ② 기능과 역할에 대해 간단히 설명하시오.
   ③ 요구되는 성능조건을 2가지만 쓰시오.
   •
   •

(2) 수전설비 단선결선도 부하집계 및 입력환산표의 ①~③을 구하시오. 단, 입력환산[kVA]은 계산 값의 소수 둘째자리에서 반올림한다.

구분	전등 및 전열	일반 동력	비상 동력		
설비용량 및 효율	합계 350[kW] 100[%]	합계 635[kW] 85[%]	유도전동기1 7.5[kW] 2대 85[%] 유도전동기2 11[kW] 1대 85[%] 유도전동기3 15[kW] 1대 85[%] 비상 조명 8,000[W] 100[%]		
평균(종합)역률	80[%]	90[%]	90[%]		
수용률	60[%]	45[%]	100[%]		

[부하집계 및 입력환산표]

구분		설비용량[kW]	효율[%]	역률[%]	입력환산[kVA]
전등 및 전열		350			
일반 동력		635			Ⓐ
비상 동력	유도전동기1	7.5×2			
	유도전동기2				Ⓑ
	유도전동기3	15			
	비상 조명				Ⓒ
	소계	−	−	−	

① Ⓐ에 들어갈 입력환산[kVA]을 구하시오.
 • 계산 :   • 답 :

② Ⓑ에 들어갈 입력환산[kVA]을 구하시오.
 • 계산 :   • 답 :

③ Ⓒ에 들어갈 입력환산[kVA]을 구하시오.
 • 계산 :   • 답 :

(3) 단선결선도와 (2)항의 부하집계표에 의한 TR-2의 적정용량은 몇 [kVA]인지 선정하시오.

> [참고사항]
> − 일반동력군과 비상동력군 간의 부등률은 1.3으로 본다.
> − 변압기 용량은 15[%] 정도의 여유를 갖게 한다.
> − 변압기의 표준규격[kVA]은 200, 300, 400, 500, 600 등으로 한다.

 • 계산 :
 • 답 :

(4) 단선결선도에서 TR-2의 2차 측 중성점의 접지도체의 굵기[mm^2]를 선정하시오.

> [참고사항]
> − 접지도체는 GV전선을 사용하고 표준굵기[mm^2]는 6, 10, 16, 25, 35, 50, 70 중에서 선정한다.
> − GV전선의 표준굵기[mm^2]의 선정은 전기기기의 선정 및 설치-접지설비 및 보호도체(KS C IEC 60364-5-54)에 따른다.
> − 과전류차단기를 통해 흐를 수 있는 예상 고장전류는 변압기 2차 정격전류의 20배로 본다.
> − 도체, 절연물, 그밖의 부분의 재질 및 초기온도와 최종온도에 따라 정해지는 계수는 143(구리 도체)으로 한다.
> − 변압기 2차의 과전류차단기는 고장전류에서 0.1초에 차단되는 것이다.

 • 계산 :
 • 답 :

Answer

(1) ① 피뢰기
  ② 이상전압 내습시 대지로 방전하고 그 속류를 차단한다.
  ③ • 상용 주파 방전 개시전압이 높을 것
   • 충격 방전 개시전압이 낮을 것
   • 제한 전압이 낮을 것
   • 속류 차단 능력이 클 것

(2) ① 계산 : $\dfrac{635}{0.85 \times 0.9} = 830.06$

답 : 830.1[kVA]

② 계산 : $\dfrac{11}{0.85 \times 0.9} = 14.37$

답 : 14.4[kVA]

③ 계산 : $\dfrac{8,000}{0.9} \times 10^{-3} = 8.88$

답 : 8.9[kVA]

(3) 계산 : $\dfrac{830.1 \times 0.45 + 62.5 \times 1}{1.3} \times 1.15 = 385.7$

$335.4 \times 1.15 = 385.71$

답 : 400[kVA]

(4) 계산 : $S = \dfrac{\sqrt{I^2 t}}{k} = \dfrac{\sqrt{\left(\dfrac{400 \times 10^3}{\sqrt{3} \times 380} \times 20\right)^2 \times 0.1}}{143} = 26.88\,[\text{mm}^2]$

답 : 35[mm²]

Explanation

(1) 피뢰기 : 이상전압 내습 시 뇌전압을 방전하고 그 속류를 차단
피뢰기 구비조건
- 상용주파 방전 개시 전압이 높을 것
- 충격 방전 개시 전압이 낮을 것
- 제한 전압이 낮을 것
- 속류 차단 능력이 우수할 것
- 내구성이 우수할 것

(2) 효율 $\eta = \dfrac{\text{출력}}{\text{입력}}$ ∴ 입력 $= \dfrac{\text{출력}}{\eta} = \dfrac{\text{kW}}{\eta \times \text{역률}(\cos\theta)}$ [kVA]

(3) 변압기 용량

$[\text{kVA}] = \dfrac{\text{설비용량} \times \text{수용률}}{\text{부등률} \times \text{역률}} \times \text{여유분}$

(4) 보호도체 및 접지도체의 굵기 산정 식

$S = \dfrac{\sqrt{I^2 t}}{k}$ [mm²]

여기서, S : 단면적[mm²]
I : 보호장치를 통해 흐를 수 있는 예상 고장전류 실효값[A]
t : 자동차단을 위한 보호장치의 동작시간[s]
k : 보호도체, 절연, 기타 부위의 재질 및 초기온도와 최종온도에 따라 정해지는 계수

28 다음은 3φ4W, 22.9[kV] 수전설비 단선결선도이다. 도면의 내용을 보고 다음 각 물음에 답하시오.

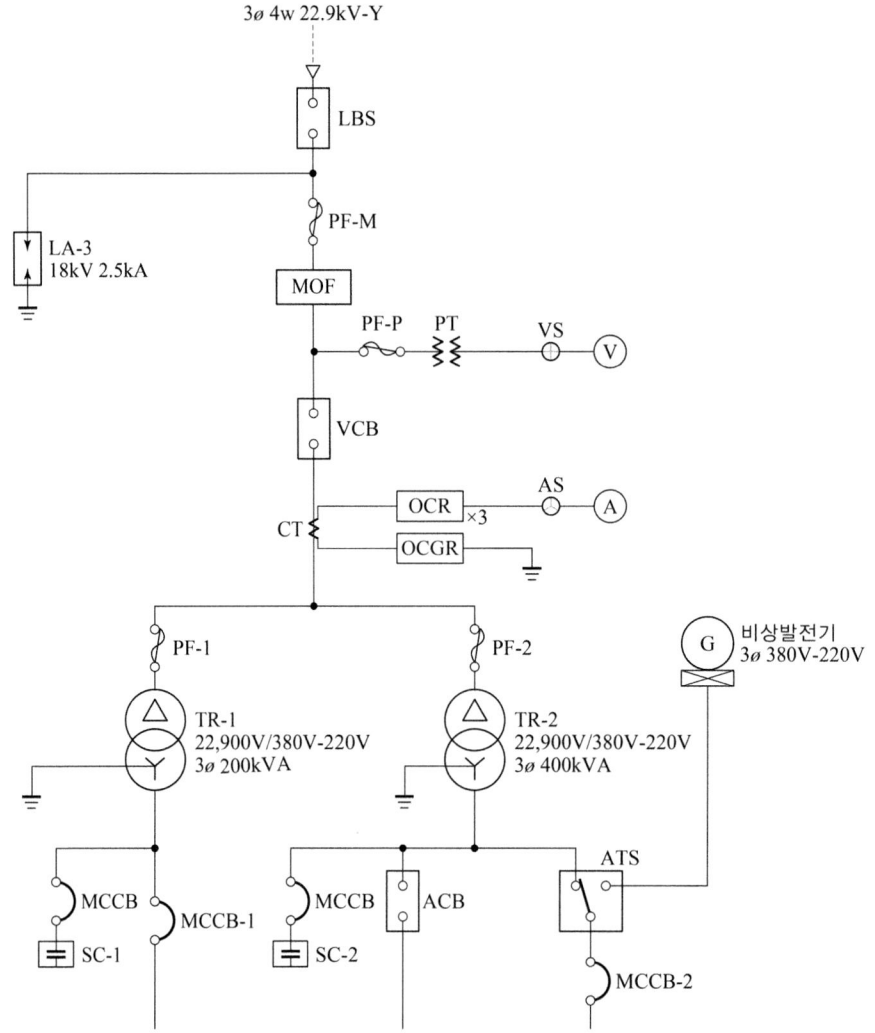

구분	전등 및 전열	일반 동력	비상 동력
설비용량 및 효율	합계 350[kW] 100[%]	합계 635[kW] 85[%]	유도전동기 7.5[kW] 2대 85[%] 유도전동기 11[kW] 1대 85[%] 유도전동기 15[kW] 1대 85[%] 비상조명 8,000[W] 100[%]
평균(종합)역률	80[%]	90[%]	90[%]
수용률	45[%]	45[%]	100[%]

(1) 수전설비 단선결선도에서 LBS에 대하여 답하시오.
  ① 우리말의 명칭을 쓰시오.
    • 답 :
  ② 기능과 역할에 대해 간단히 설명하시오.
  ③ 같은 용도로 사용되는 기기를 2종류만 쓰시오.
    •
    •

(2) 부하집계 및 입력 환산표를 완성하시오. 단, 입력환산[kVA]의 계산에서 소수점 둘째자리 이하는 버린다.

구분		설비용량[kW]	효율[%]	역률[%]	입력환산[kVA]
전등 및 전열		350			
일반 동력		635			
비상 동력	유도전동기 1	7.5×2			
	유도전동기 2	11			
	유도전동기 3	15			
	비상조명	8			
	소계	-	-	-	

(3) 위의 수전설비 단선결선도에서 비상동력부하 중에서 (기동[kW]−입력[kW])의 값이 최대로 되는 전동기를 최후에 기동하는 데 필요한 발전기 용량은 몇 [kVA]인지 구하시오.

[참고사항]
① 유도전동기의 출력 1[kW] 당 기동 [kVA]는 7.2로 한다.
② 유도전동기의 기동방식은 모두 직입 기동방식이다. 따라서 기동방식에 따른 계수는 1로 한다.
③ 부하의 종합효율은 0.85를 적용한다.
④ 발전기의 역률은 0.9로 한다.
⑤ 전동기의 기동 시 역률은 0.4로 한다.

• 계산 :   • 답 :

(4) 위의 수전설비 단선결선도에서 VCB의 개폐 시 발생하는 이상전압으로부터 TR-1과 TR-2를 보호하기 위한 보완대책을 도면에 그리시오. 단, 보호대책은 변압기 별로 각각 시행한다.

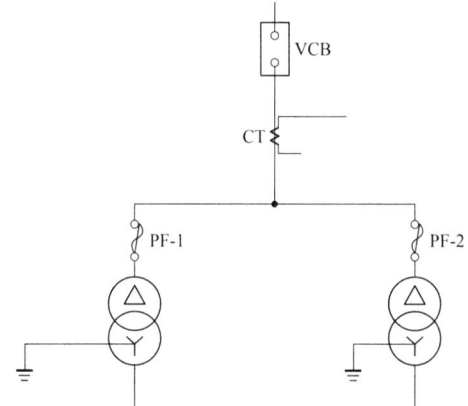

Answer

(1) ① 부하개폐기
② 부하전류는 개폐할 수 있으나 고장전류는 차단할 수 없음
LBS(PF부)는 단로기(또는 개폐기) 기능과 차단기로의 PF성능을 만족시키는 국가 공인기관의 시험성적이 있는 경우에 한하여 사용가능
③ 기중부하개폐기(IS), 자동고장구분개폐기(ASS)

(2)

구분		설비용량[kW]	효율[%]	역률[%]	입력환산[kVA]
전등 및 전열		350	100[%]	80[%]	437.5
일반 동력		635	85[%]	90[%]	830
비상 동력	유도전동기 1	7.5×2	85[%]	90[%]	19.6
	유도전동기 2	11	85[%]	90[%]	14.3
	유도전동기 3	15	85[%]	90[%]	19.6
	비상조명	8	100[%]	90[%]	8.8
	소계	−	−	−	62.3

(3) 계산 $\left[\dfrac{(7.5\times 2+11+15+8)-15}{0.85}+(15\times 7.2\times 1\times 0.4)\right]\times \dfrac{1}{0.9}=92.44[kVA]$ 답 92.44[kVA]

(4)

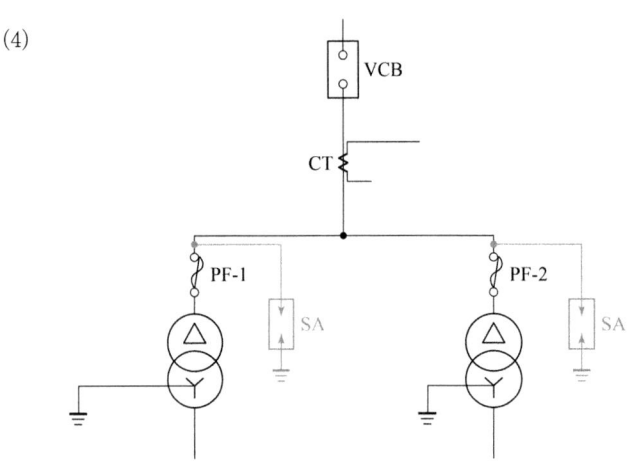

Explanation

- 부하개폐기(LBS) : 부하전류는 개폐할 수 있으나 고장전류는 차단할 수 없음
- 자가 발전 설비
  최대 기동전류의 전동기를 최후에 기동하는 데 필요한 용량
  $PG=\left[\dfrac{\sum P_L - P_m}{\eta_L}+(P_m\cdot \beta\cdot C\cdot Pf_M)\right]\times \dfrac{1}{\cos\theta_G}[kVA]$

  여기서, $\sum P_L$: 부하 용량의 합계[kW]
  P_m : 최대 기동전류 전동기의 용량[kW]
  η_L : 부하의 종합효율
  β : 전동기 기동 계수(출력 당 기동)
  C : 전동기 기동방식에 따른 계수
  $\cos\theta_G$: 발전기의 역률

29 ★★★★ 고압 선로에서의 접지사고 검출 및 경보장치를 그림과 같이 시설하였다. A선에 누전사고가 발생하였을 때 다음 각 질문에 답하시오. 단, 전원이 인가되고 경보벨의 스위치는 닫혀있는 상태라고 한다.

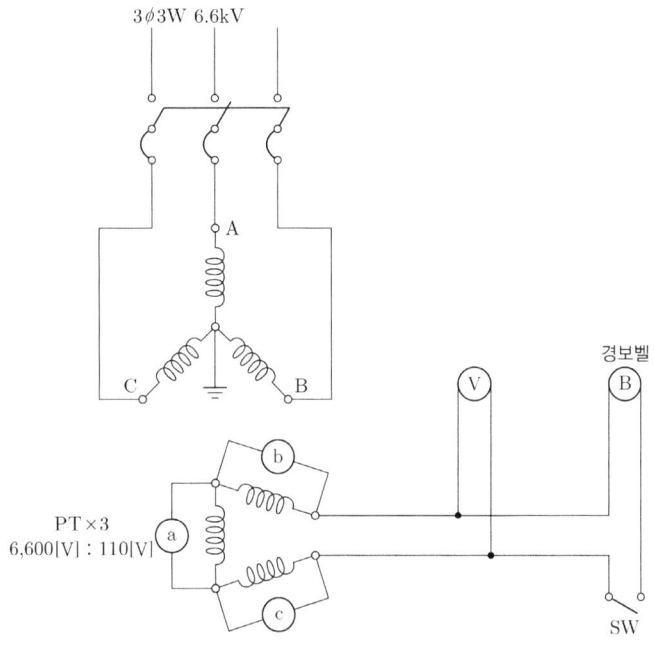

(1) 1차 측 A선의 대지 전압이 0[V]인 경우 B선 및 C선의 대지전압은 각각 몇 [V]인가?
  ① B선의 대지전압
    • 계산 :   • 답 :
  ② C선의 대지전압
    • 계산 :   • 답 :

(2) 2차측 전구 ⓐ의 전압이 0[V]인 경우 ⓑ 및 ⓒ 전구의 전압과 전압계 Ⓥ의 지시 전압, 경보벨 Ⓑ에 걸리는 전압은 각각 몇 [V]인가?
  ① ⓑ 전구의 전압
    • 계산 :   • 답 :
  ② ⓒ 전구의 전압
    • 계산 :   • 답 :
  ③ 전압계 □의 지시 전압
    • 계산 :   • 답 :
  ④ 경보벨 □에 걸리는 전압
    • 계산 :   • 답 :

Answer

(1) 계산 :
  ① $\dfrac{6,600}{\sqrt{3}} \times \sqrt{3} = 6,600$ 답 : 6,600[V]
  ② $\dfrac{6,600}{\sqrt{3}} \times \sqrt{3} = 6,600$ 답 : 6,600[V]

(2) 계산 :

① $\frac{110}{\sqrt{3}} \times \sqrt{3} = 110$ 　　　　　　　　　　　　　　　　　답 : 110[V]

② $\frac{110}{\sqrt{3}} \times \sqrt{3} = 110$ 　　　　　　　　　　　　　　　　　답 : 110[V]

③ $\frac{110}{\sqrt{3}} \times 3 = 190.53$ 　　　　　　　　　　　　　　　　答 : 190.53[V]

④ $\frac{110}{\sqrt{3}} \times 3 = 190.53$ 　　　　　　　　　　　　　　　　답 : 190.53[V]

Explanation

- 1선 지락 시
  - 지락 된 상 : 0[V]
  - 지락 되지 않은 상(건전 상) : 대지전위 $\sqrt{3}$ 배 상승
- a상 지락 시 1차 측 대지전압
  - a상 : 0[V]
  - b, c상 : 대지전압 $\frac{6,600}{\sqrt{3}}$ 의 $\sqrt{3}$ 배 상승하므로 대지전압은 $\frac{6,600}{\sqrt{3}} \times \sqrt{3} = 6,600$[V]
- a상 지락 시 2차 측 대지전압
  - a상(a 전구) : 0[V]
  - b, c상(b, c 전구) : 대지전압 $\frac{110}{\sqrt{3}}$ 의 $\sqrt{3}$ 배 상승하므로 대지전압은 $\frac{110}{\sqrt{3}} \times \sqrt{3} = 110$[V]
- 1선 지락 시 : 영상분 존재

$V_0 = \frac{1}{3}(V_a + V_b + V_c)$ 에서 $V_a + V_b + V_c = 3V_0$ 이므로

따라서 전압계, 경보벨에 걸리는 전압은 1상의 대지전압의 3배가 되므로

Ⓥ $= \frac{110}{\sqrt{3}} \times 3 = 190.53$[V]

30 ★★★★☆
3상 배전선로의 말단에 늦은 역률 80[%]인 평형 3상의 집중 부하가 있다. 변전소 인출구의 전압이 3,300[V]인 경우 부하의 단자전압을 3,000[V] 이하로 떨어뜨리지 않으려면 부하 전력은 얼마인가? (단, 전선 1선의 저항은 2[Ω], 리액턴스 1.8[Ω]으로 하고 그 이외의 선로정수는 무시)

• 계산 :　　　　　　　　　　　　　　　• 답 :

Answer

계산 : 전압강하 $e = V_s - V_r = \frac{P}{V_r}(R + X\tan\theta) = 3,300 - 3,000 = 300$[V]

부하전력 $P = \frac{eV_r}{R + X\tan\theta} \times 10^{-3}$[kW]

부하전력 $P = \frac{300 \times 3,000}{2 + 1.8 \times \frac{0.6}{0.8}} \times 10^{-3} = 268.66$[kW]　　　　답 : 268.66[kW]

Explanation

전압강하 $e = \sqrt{3}I(R\cos\theta + X\sin\theta) = \sqrt{3}\frac{P_r}{\sqrt{3}V_r\cos\theta}(R\cos\theta + X\sin\theta) = \frac{P_r}{V_r}(R + X\tan\theta)$

31 그림과 같은 전자 릴레이 회로를 미완성 다이오드매트릭스 회로에 다이오드를 추가시켜 다이오드매트릭스로 바꿔 그리시오.

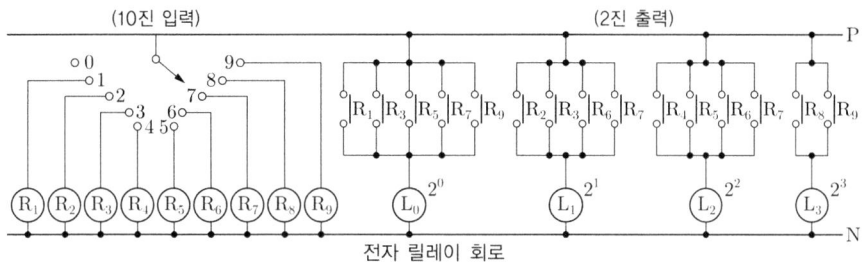

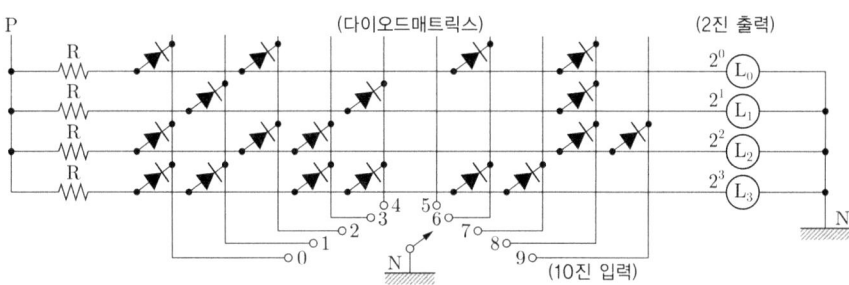

Answer

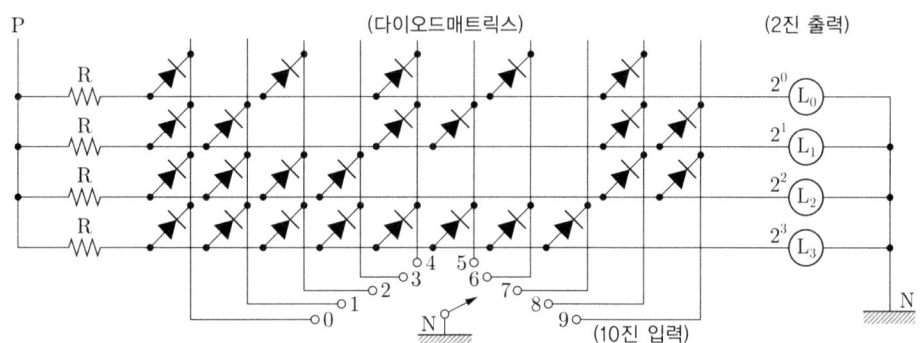

Explanation

- 램프 L_0를 ON 하려면 R_1, R_3, R_5, R_7, R_9 중 하나가 동작하면 되므로 동작이 되지 말아야 할 R_0, R_2, R_4, R_6, R_8을 다이오드와 연결한다.
- 램프 L_1를 ON 하려면 R_2, R_3, R_6, R_7 중 하나가 동작하면 되므로 동작이 되지 말아야 할 $R_0, R_1, R_4, R_5, R_8, R_9$을 다이오드와 연결한다.
- 램프 L_2를 ON 하려면 R_4, R_5, R_6, R_7 중 하나가 동작하면 되므로 동작이 되지 말아야 할 $R_0, R_1, R_2, R_3, R_8, R_9$을 다이오드와 연결한다.
- 램프 L_3를 ON 하려면 R_8, R_9 중 하나가 동작하면 되므로 동작이 되지 말아야 할 $R_0, R_1, R_2, R_3, R_4, R_5, R_6, R_7$을 다이오드와 연결한다.

32 Spot Network 수전방식에 대해 설명하고 장점 4가지를 서술하시오.

(1) Spot Network 방식이란?

(2) 장점

Answer

(1) Spot Network 방식 : 배전용 변전소로부터 2회선 이상의 배전선으로 수전하는 방식으로 1회선의 고장이 발생한 경우에도 2차 측 병렬모선을 통해 부하 측의 무정전 공급이 가능한 방식이다.

(2) 장점
   ① 무정전 전력공급이 가능하다.
   ② 공급신뢰도가 높다.
   ③ 전압 변동이 낮다.
   ④ 부하증가에 대한 적응성이 좋다.

Explanation

Spot Network 방식
각기 다른 전력용 변압기(Main Transformer)에서 인출된 2~4회선의 고압 배전선로를 통하여 동일 수용 장소에 공급하는 1차 배전계통과 네트워크 변압기와 보호 차단기를 통하여 저압 측(2차 측) 모선을 연결하여 병렬운전에 의해 부하에 공급하는 2차 배전 계통으로 구성된 전력공급 체계로서 공급 배전선 가운데 1개 선로에서 고장이 발생하더라도 동일모선에 연결된 다른 선로부터 전력을 공급받기 때문에 배전선로 고장 시에도 무정전으로 공급이 가능하며 고장 발생 시 부하절환에 따른 인력과 시간을 절약할 수 있는 고신뢰성 배전방식이다.

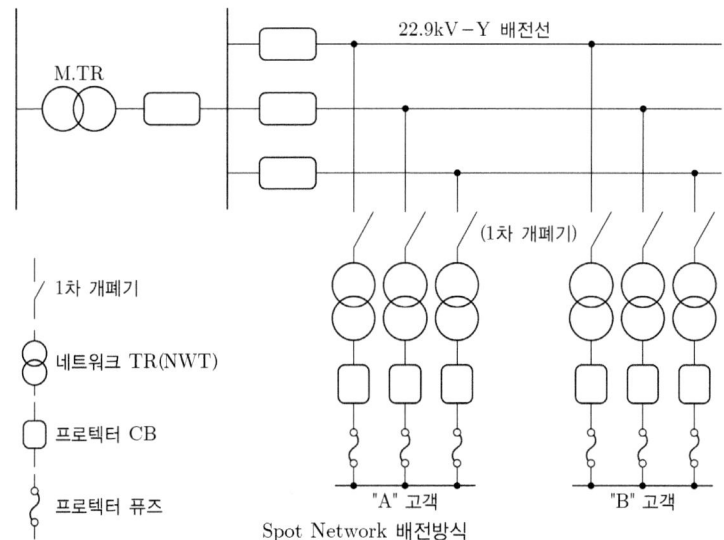

Spot Network 배전방식

33 양수량 15[m³/min], 양정 20[m]의 양수 펌프용 전동기의 소요 전력[kW]를 구하시오. 단, $K = 1.1$, 펌프 효율은 80[%]로 한다.

• 계산 :   • 답 :

Answer

계산 : $P = \dfrac{9.8\,QHK}{\eta} = \dfrac{9.8 \times \dfrac{15}{60} \times 20 \times 1.1}{0.8} = 67.375$ [kW] 답 : 67.38[kW]

계산 : $P = \dfrac{KQH}{6.12\eta} = \dfrac{1.1 \times 15 \times 20}{6.12 \times 0.8} = 67.4$ [kW] 답 : 67.4[kW]

두 개의 풀이와 답안이 전부 인정됨

Explanation

양수펌프용 전동기 출력 $P = \dfrac{9.8\,QHK}{\eta}$ [kW]

여기서, Q : 유량(양수량)[m³/s], H : 양정[m], K : 여유계수

34 ★★★★☆
송전단 전압이 3,300[V]인 변전소로부터 6[km] 떨어진 곳까지 지중으로 역률 0.9(지상) 600[kW]의 3상 동력 부하에 전력을 공급할 때 케이블의 허용전류(또는 안전전류) 범위 내에서 전압강하가 10[%]를 초과하지 않는 케이블을 다음 표를 보고 선정하시오. (단, 도체(동선)의 고유저항 1/55[Ω · mm²/m]로 하고 케이블의 정전용량 및 리액턴스 등은 무시)

심선의 굵기와 허용 전류

심선의 굵기[mm²]	35	50	95	150	185
허용전류[A]	175	230	300	410	465

• 계산 :   • 답 :

Answer

전압 강하율 $\delta = \dfrac{V_s - V_r}{V_r} \times 100 = 10\,[\%]$에서

수전단 전압 $V_r = \dfrac{V_s}{1+\delta} = \dfrac{3{,}300}{1+0.1} = 3{,}000\,[V]$

전류 $I = \dfrac{P}{\sqrt{3}\,V\cos\theta} = \dfrac{600 \times 10^3}{\sqrt{3} \times 3{,}000 \times 0.9} = 128.3\,[A]$

전압강하 $e = V_s - V_r = 3{,}300 - 3{,}000 = \sqrt{3}\,I(R\cos\theta + X\sin\theta)$ [V]

조건에서 리액턴스를 무시하면 전압강하 $e = \sqrt{3}\,IR\cos\theta$에서

저항 $R = \dfrac{e}{\sqrt{3}\,I\cos\theta} = \dfrac{300}{\sqrt{3} \times 128.3 \times 0.9} = 1.5\,[\Omega]$

여기서, 저항 $R = \rho\dfrac{l}{A}$에서 단면적 $A = \rho\dfrac{l}{R}$이므로

$\therefore A = \dfrac{1}{55} \times \dfrac{6{,}000}{1.5} = 72.73\,[\text{mm}^2]$ 표에서 95[mm²] 선정 답 : 95[mm²]

Explanation

• 전압 강하율 $\delta = \dfrac{V_s - V_r}{V_r} \times 100\,[\%]$

• 전압강하 $e = V_s - V_r = \sqrt{3}\,I(R\cos\theta + X\sin\theta)$ [V]

• 고유저항이 $\dfrac{1}{55}$ [Ω · mm²/m]이므로 굵기는 [mm²]이며 선로의 길이는 [m]로 계산

• 부하 전류 $I = 128.3$ [A]이므로 표에서 35[mm²]가 적정하나 문제에서 전압강하가 주어졌으므로 허용전압강하 10[%]를 초과하지 않는 굵기를 선정. 만약 전압강하가 주어지지 않았다면 표의 허용전류만 고려하여 선정할 수 있다.

35. 전기설비의 방폭 대책에 따른 방폭 구조의 종류 4가지를 작성하시오.

Answer

(1) 내압 방폭 구조
(2) 유입 방폭 구조
(3) 압력 방폭 구조
(4) 안전증 방폭 구조

Explanation

방폭구조 종류와 정의

방폭구조	정의	기호
내압 방폭구조	용기 내 폭발 시 용기가 폭발압력을 견디며, 접합면, 개구부를 통해 외부에 인화될 우려가 없는 구조	Ex d
압력 방폭구조	용기 내에 보호가스를 압입시켜 폭발성 가스나 증기가 용기 내부에 유입되지 않도록 된 구조	Ex p
안전증 방폭구조	정상 운전 중에 점화원 발생 방지를 위해 기계적, 전기적 구조상 혹은 온도 상승에 대해 안전도를 증가한 구조	Ex e
유입 방폭구조	전기 불꽃, 아크, 고온 발생 부분을 기름으로 채워 폭발성 가스 또는 증기에 인화되지 않도록 한 구조	Ex o
본질안전 방폭구조	정상 시 및 사고 시(단선, 단락, 지락)에 폭발 점화원 (전기 불꽃, 아크, 고온)의 발생이 방지된 구조	Ex ia Ex ib

36. 전력계통의 발전기, 변압기 등의 증설이나 송전선의 신·증설로 인하여 단락·지락전류가 증가하여 송·변전 기기에의 손상이 증대되고, 부근에 있는 통신선의 유도장해가 증가하는 등의 문제점이 예상된다. 따라서 이러한 문제점을 해결하기 위하여 전력계통의 단락용량의 경감대책을 세워야 한다. 이 대책을 3가지만 쓰시오.

-
-
-

Answer

(1) 고 임피던스 기기를 채택한다.
(2) 모선계통을 분리 운용한다.
(3) 한류 리액터를 설치한다.

Explanation

- 단락용량 $P_s = \dfrac{100}{\%Z} P_n$
- 단락용량 저감법
  - 고 임피던스 기기를 채택한다(임피던스가 커지면 %임피던스가 증가하므로 단락용량 감소).
  - 모선계통을 분리 운용한다(계통을 연계하면 병렬회선이 증가하여 임피던스가 작아져 단락용량이 증가하므로 계통을 분리하면 단락용량이 감소).
  - 한류 리액터를 설치한다(한류리액터는 직렬로 시설되므로 %임피던스가 증가하여 단락용량이 감소).

37 도면은 어느 154[kV] 수용가의 수전 설비 단선 결선도의 일부분이다. 주어진 표와 도면을 이용하여 다음 각 질문에 답하시오.

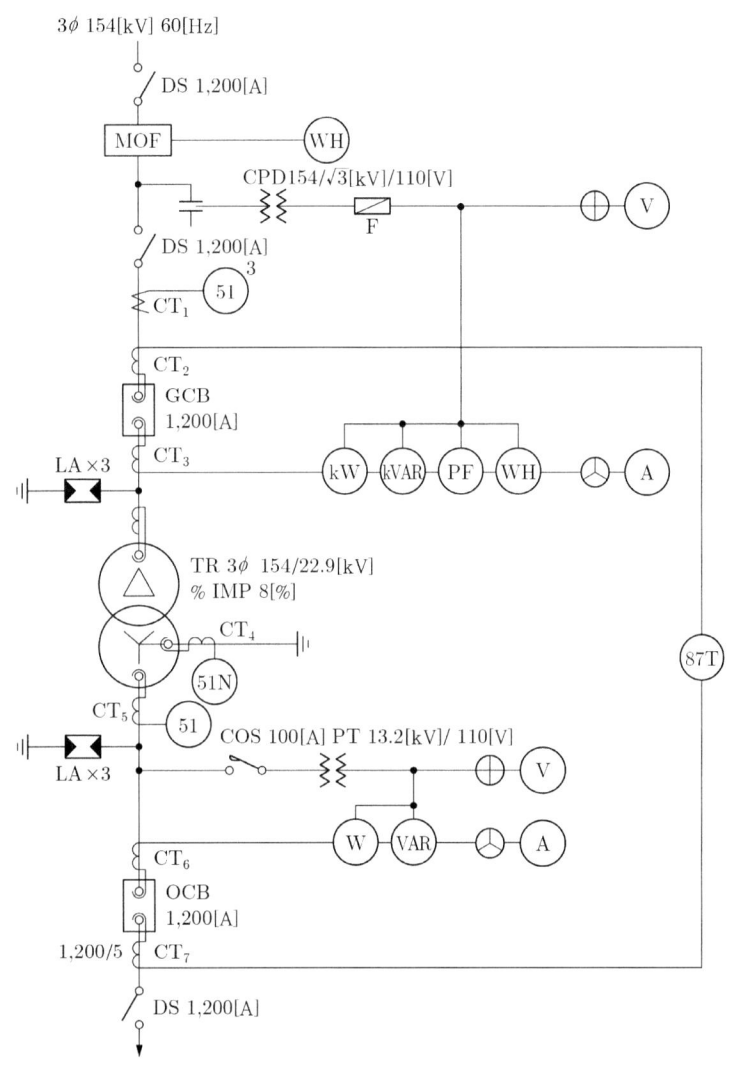

CT의 정격

1차 정격 전류[A]	200	400	600	800	1,200
2차 정격 전류[A]	\multicolumn{5}{c}{5}				

(1) 변압기 2차 부하 설비 용량이 51[MW], 수용률이 70[%], 부하역률이 90[%]일 때 도면의 변압기 용량은 몇 [MVA]가 되는가?
  • 계산 :   • 답 :
(2) 변압기 1차 측 DS의 정격전압은 몇 [kV]인가?
(3) CT_1의 비는 얼마인지를 계산하고 표에서 선정하시오.
  • 계산 :   • 답 :
(4) GCB의 정격전압은 몇 [kV]인가?
(5) 변압기 명판에 표시되어 있는 OA/FA의 뜻을 설명하시오.

• OA :　　　　　　　　　　　　　　　• FA :
(6) GCB 내에 사용되는 가스는 주로 어떤 가스가 사용되는지 그 가스의 명칭을 쓰시오.
(7) 154[kV] 측 LA의 정격전압은 몇 [kV]인가?
(8) OLTC의 구조상의 종류 2가지를 쓰시오.
　　①　　　　　　　　　　　　　　　②
(9) CT_5의 비는 얼마인지를 계산하고 표에서 선정하시오.
　　• 계산 :　　　　　　　　　　　　　　• 답 :
(10) OCB의 정격 차단전류가 23[kA]일 때, 이 차단기의 차단용량은 몇 [MVA]인가?
　　• 계산 :　　　　　　　　　　　　　　• 답 :
(11) 변압기 2차 측 DS의 정격전압은 몇 [kV]인가?
(12) 과전류 계전기의 정격부담이 9[VA]일 때 이 계전기의 임피던스는 몇 [Ω]인가?
　　• 계산 :　　　　　　　　　　　　　　• 답 :
(13) CT_7 1차 전류가 600[A]일 때 CT_7의 2차에서 비율 차동 계전기의 단자에 흐르는 전류는 몇 [A]인가?
　　• 계산 :　　　　　　　　　　　　　　• 답 :

Answer

(1) 계산 : 변압기 용량[MVA]= $\dfrac{설비용량 \times 수용률}{역률} = \dfrac{51 \times 0.7}{0.9} = 39.67$[MVA]　　　답 : 39.67[MVA]

(2) 170[kV]

(3) 계산 : CT의 1차 전류= $\dfrac{39.67 \times 10^6}{\sqrt{3} \times 154 \times 10^3} = 148.72$[A]

　　배수 적용하면 $148.72 \times (1.25 \sim 1.5) = 185.9 \sim 223.08$[A]
　　∴ 표에서 200/5 선정　　　　　　　　　　　　　　　　　　　　　　　답 : 200/5

(4) 170[kV]

(5) OA : 유입자냉식
　　FA : 유입풍냉식

(6) SF6

(7) 144[kV]

(8) ① 병렬 구분식　　② 단일 회로식

(9) 계산 : CT의 1차 전류= $\dfrac{39.67 \times 10^6}{\sqrt{3} \times 22.9 \times 10^3} = 1,000.15$

　　배수 적용하면 $1,000.15 \times (1.25 \sim 1.5) = 1,250.19 \sim 1,500.23$
　　표에서 주어진 정격이 1,200[A]가 최대이므로 1,200/5 선정　　　　　답 : 1,200/5

(10) $P_s = \sqrt{3}\, V_n I_s$[MVA]= $\sqrt{3} \times 25.8 \times 23 = 1,027.8$[MVA]　　　답 : 1,027.8[MVA]

(11) 25.8[kV]

(12) 계산 : $P = I^2 Z$ [VA]

　　임피던스 $Z = \dfrac{P}{I^2} = \dfrac{9}{5^2} = 0.36$[Ω]　　　　　　　　　　　　답 : 0.36[Ω]

(13) $I_2 = 600 \times \dfrac{5}{1,200} \times \sqrt{3} = 4.33$[A]　　　　　　　　　　　답 : 4.33[A]

Explanation

• 변압기 용량[MVA]= $\dfrac{설비용량 \times 수용률}{역률}$

• 변압기 1차 측은 154[kV]이므로 기계, 기구의 정격(단로기, 차단기 등)은
　$154 \times \dfrac{1.2}{1.1} = 168$[kV]로 계산되며 내선규정에서 정격은 170[kV]로 한다.

- 피뢰기의 정격전압

전력 계통		피뢰기의 정격전압[kV]	
전압[kV]	중성점 접지방식	변전소	배전 선로
345	유효 접지	288	
154	유효 접지	144	
66	PC 접지 또는 비접지	72	
22	PC 접지 또는 비접지	24	
22.9	3상 4선 다중접지	21	18

- OA : 유입자냉식
  FA : 유입풍냉식

- 변압기 2차 측은 22.9[kV]이므로 기계, 기구의 정격(단로기, 차단기 등)은
  $22.9 \times \dfrac{1.2}{1.1} = 24.98$[kV]로 계산되며 내선규정에서 정격은 25.8[kV]로 한다.

- 차단기 용량 $P_s = \sqrt{3} \times$정격전압$\times$정격차단전류
  여기서, 22.9[kV]의 차단기 용량이므로
  $P_s = \sqrt{3} \, V_n I_s$[MVA] $= \sqrt{3} \times 25.8 \times 23 = 1{,}027.8$[MVA]

- OLTC(On Load Tap Changer) : 부하 시 탭 절환장치
  병렬 구분식, 단일 회로식

- 정격부담 : 변성기 2차 측의 걸 수 있는 부하의 한도[VA]
  따라서 CT 2차측의 전류의 한도가 5[A]이므로 I^2Z 형태로 계산

- 비율차동계전기 결선

변압기 결선	비율차동계전기 결선
Y-△	△-Y
△-Y	Y-△

3상 변압기의 경우 변압기 1차 측과 2차 측 사이에 위상차가 30°있기 때문에 비율 차동 계전기는 위상차를 보정하기 위하여 변압기 결선과 반대로 결선한다.
여기서, 변압기 결선이 △-Y이므로 비율 차동 계전기의 CT 결선은 Y-△로 한다. 또한 비율 차동 계전기 2차 측에 흐르는 전류는 △결선의 선전류로 상전류의 $\sqrt{3}$ 배가 된다.

CHAPTER 03 엄선된 필수 기출문제 57선

3회 이상 출제

01 ★★★☆☆ 그림과 같은 3상 3선식 220[V]의 수전회로가 있다. ㈐는 전열부하이고, ㉺은 역률 0.8의 전동기이다. 그림을 보고 다음 각 물음에 답하시오.(단, 전열부하의 역률은 1로 본다)

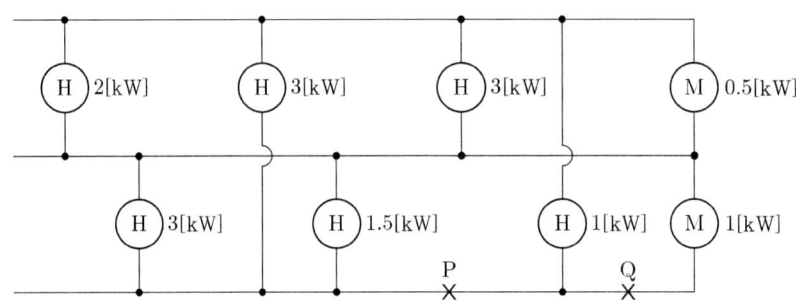

(1) 저압수전의 3상 3선식 선로인 경우에 불평형부하의 한도는 단상접속부하로 계산하여 설비불평형 율을 몇 [%] 이하로 하는 것을 원칙으로 하는지 쓰시오.
(2) 그림에서 설비불평형율[%]을 구하시오.(단, P점 및 Q점은 단선이 아닌 것으로 계산)
 • 계산 :   • 답 :
(3) 그림에서 P점 및 Q점에서 단선이 되었다면 설비불평형율은 몇 [%]가 되는지 구하시오.
 • 계산 :   • 답 :

Answer

(1) 30[%]

(2) 계산 : 설비불평형률 = $\dfrac{\left(3+1.5+\dfrac{1}{0.8}\right)-(3+1)}{(2+3+3+\dfrac{0.5}{0.8}+3+1.5+1+\dfrac{1}{0.8})\times\dfrac{1}{3}} \times 100 = 34.15[\%]$ 답 : 34.15[%]

(3) 계산 : 설비불평형률 = $\dfrac{\left(2+3+\dfrac{0.5}{0.8}\right)-3}{(2+3+3+\dfrac{0.5}{0.8}+3+1.5)\times\dfrac{1}{3}} \times 100 = 60[\%]$ 답 : 60[%]

Explanation

(내선규정 제1,410-1조) 설비 부하평형 시설
저압, 고압 및 특별 고압 수전의 3상 3선식 또는 3상 4선식에서 불평형 부하의 한도는 단상 접속부하로 계산하여 설비불평형률을 30[%] 이하로 하는 것을 원칙으로 한다.
다만, 다음 각 호의 경우는 이 제한에 따르지 않을 수 있다.
① 저압 수전에서 전용변압기로 수전하는 경우
② 고압 및 특고압수전에서 100[kVA](kW) 이하의 단상부하인 경우
③ 고압 및 특고압수전에서 단상부하용량의 최대와 최소의 차가 100[kVA](kW) 이하인 경우
④ 특고압수전에서 100[kVA](kW) 이하의 단상 변압기 2대로 역(逆)V결선하는 경우
【주】이 경우의 설비불평형률이란 각 선간에 접속되는 단상부하 총 설비용량[VA]의 최대와 최소의 차와 총 부하설비용 량[VA]평균값의 비[%]를 말하며 다음의 식으로 나타낸다.

$$설비불평형률 = \frac{각\ 선간에\ 접속되는\ 단상부하[kVA]의\ 최대와\ 최소의\ 차}{총\ 부하\ 설비용량[kVA]의\ 1/3} \times 100[\%]$$

- a상과 b상 사이의 부하 : $2 + 3 + \frac{0.5}{0.8} = 5.625[kVA]$

  b상과 c상 사이의 부하 : $3 + 1.5 + \frac{1}{0.8} = 5.75[kVA]$

  c상과 a상 사이의 부하 : $3 + 1 = 4[kVA]$

- P, Q점에서 단선 후 변경된 회로

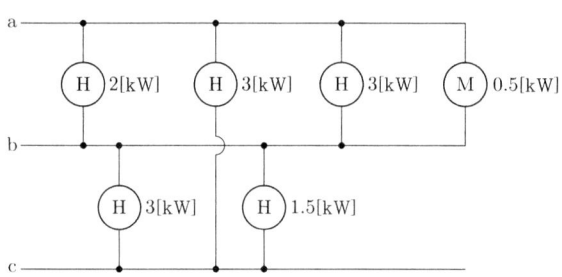

a상과 b상 사이의 부하 : $2 + 3 + \frac{0.5}{0.8} = 5.625[kVA]$

b상과 c상 사이의 부하 : $3 + 1.5 = 4.5[kVA]$

c상과 a상 사이의 부하 : $3[kVA]$

02 ★★★☆

한국전기설비규정에서 정하는 기구 등의 전로의 절연내력 시험전압[V]에 대한 내용이다. 다음 ( ) 안에 들어갈 내용을 적으시오.

공칭전압	최대사용전압	시험전압
6,600[V]	6,900[V]	(①)
13,200[V](중성점 다중 접지식 전로)	13,800[V]	(②)
22,900[V](중성점 다중 접지식 전로)	22,400[V]	(③)

Answer

① 10,350[V] ② 12,696[V] ③ 20,608[V]

Explanation

(KEC 136조) 기구 등의 전로의 절연내력

구분		배율	최저 전압
중성점 직접 접지식이 아닌 경우	7[kV] 이하	1.5	500[V]
	7[kV] 초과 ~ 60[kV] 이하	1.25	10.5[kV]
	60[kV] 초과(비접지식)	1.25	
	60[kV] 초과(중성점 접지식)	1.1	75[kV]
중성점 직접 접지식	7[kV] 초과 ~ 25[kV] 이하 (중성점 다중 접지식)	0.92	
	60[kV] 초과 ~ 170[kV]까지	0.72	
	170[kV] 초과	0.64	
	최대사용전압이 60[kV]를 초과하는 정류기에 접속되고 있는 전로	1.1	

03 부하의 역률 개선에 대한 다음 각 물음에 답하시오.

(1) 역률을 개선하는 원리를 간단히 설명하시오.
(2) 부하설비의 역률이 저하하는 경우 수용가가 볼 수 있는 손해를 2가지만 쓰시오.
   ①   ②
(3) 어느 공장의 3상 부하가 30[kW]이고 역률이 65[%]이다. 이것의 역률을 90[%]로 개선하려면 전력용 콘덴서가 몇 [kVA] 필요한지 구하시오.
   • 계산 :   • 답 :

Answer

(1) 유도성 부하를 사용하게 되면 역률이 저하하게 되며 이를 개선하기 위하여 부하의 전단에 병렬로 콘덴서(용량성)를 설치하여 진상 전류를 흘려줌으로써 지상무효전력을 감소시켜 역률을 개선한다.
(2) ① 전력 손실이 커진다.
    ② 전기 요금이 증가한다.
(3) 계산 : $Q_c = P(\tan\theta_1 - \tan\theta_2) = 30 \times \left(\dfrac{\sqrt{1-0.65^2}}{0.65} - \dfrac{\sqrt{1-0.9^2}}{0.9} \right) = 20.54 [kVA]$ 답 : 20.54[kVA]

Explanation

• 역률 개선
  - 전력용 콘덴서는 진상 무효분을 공급하여 부하의 역률 개선을 위하여 사용
  - 부하의 역률 저하 원인 : 유도 전동기의 경부하 운전 및 형광방전등의 안정기 등

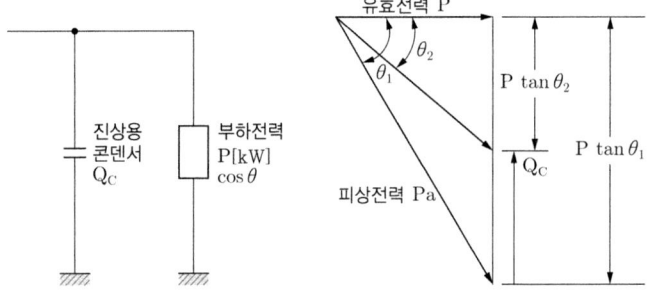

• 전력용 콘덴서 용량
$$Q_c = P(\tan\theta_1 - \tan\theta_2) = P\left(\dfrac{\sin\theta_1}{\cos\theta_1} - \dfrac{\sin\theta_2}{\cos\theta_2}\right) = P\left(\dfrac{\sqrt{1-\cos^2\theta_1}}{\cos\theta_1} - \dfrac{\sqrt{1-\cos^2\theta_2}}{\cos\theta_2}\right) [kVA]$$
여기서, $\cos\theta_1$: 개선 전 역률, $\cos\theta_2$: 개선 후 역률
• 역률 개선의 효과
  - 전압강하가 감소
  - 전력손실이 감소
  - 설비용량의 여유분 증가
  - 전기요금 절감

04 도면은 유도 전동기 IM의 정회전 및 역회전 운전의 단선 결선도이다. 이 도면을 이용하여 다음 각 질문에 답하시오. 단, 52F는 정회전용 전자접촉기이고, 52R은 역회전용 전자접촉기이다.

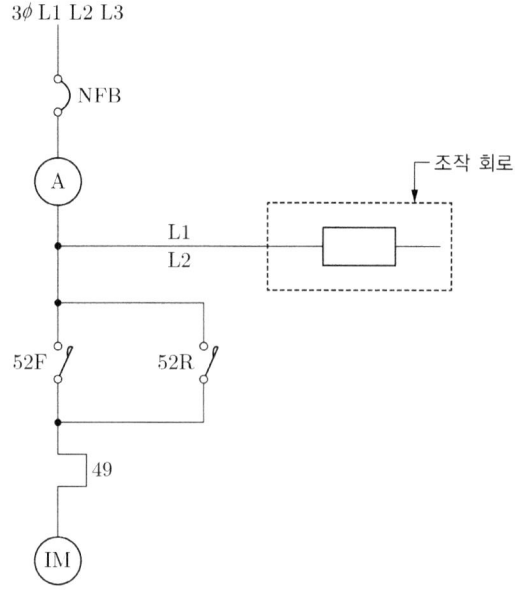

(1) 단선 결선도를 이용하여 3선 결선도를 그리시오. 단, 점선 내의 조작회로는 제외하도록 한다.
(2) 주어진 단선 결선도를 이용하여 정·역회전을 할 수 있도록 조작회로를 그리시오. 단, 누름버튼 스위치 OFF 버튼 2개, ON 버튼 2개 및 정회전 표시램프 RL, 역회전 표시램프 GL도 사용하도록 하고 동시에 투입 되지 않도록 한다.

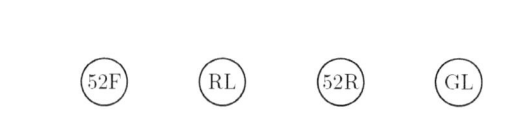

(1)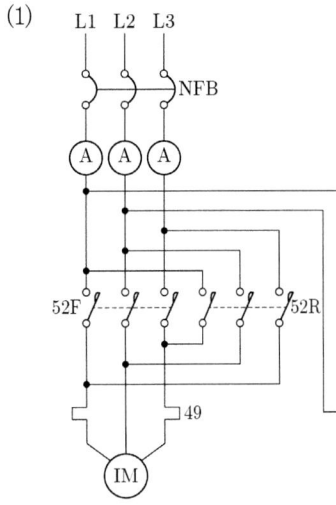

(2)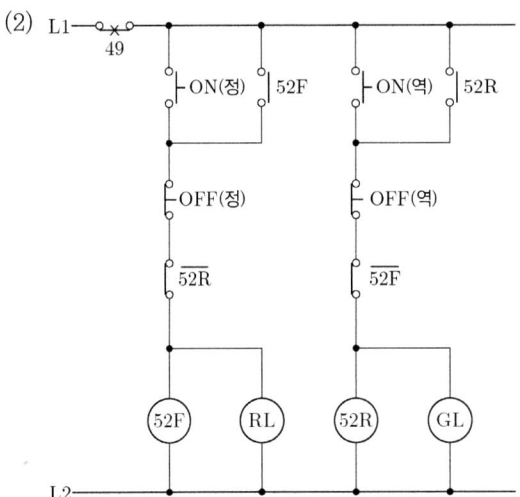

> **Explanation**

- 정·역 운전회로의 구성
  - 자기유지회로
  - 인터록 회로
- 정·역 운전 주회로 결선 : 전원의 3선 중 2선의 접속을 바꾼다.

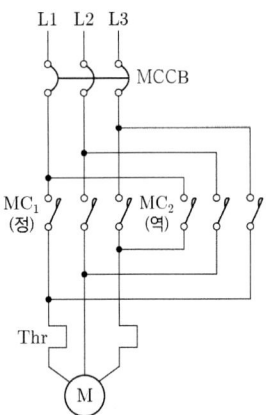

05 어느 변전소에서 그림과 같은 일부하 곡선을 가진 3개의 부하 A, B, C의 수용가에 있을 때, 다음 각 물음에 대하여 답하시오. 단, 부하 A, B, C의 역률은 각각 100[%], 80[%], 60[%]라 한다.

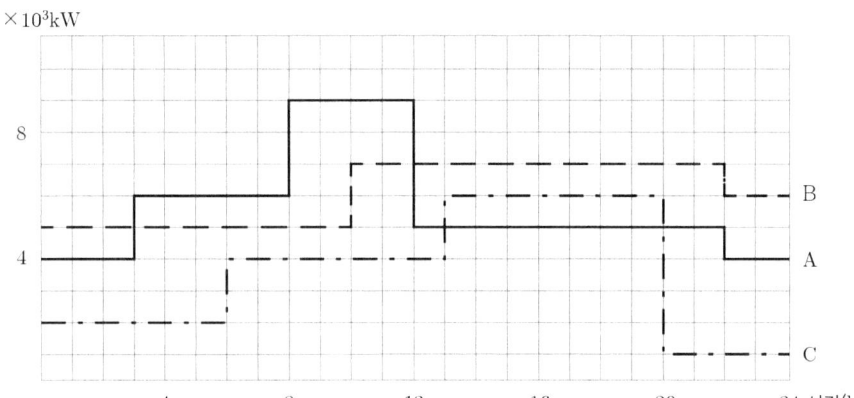

(1) 합성 최대 전력[kW]을 구하시오.
　• 계산 :　　　　　　　　　　　　　• 답 :
(2) 종합 부하율[%]을 구하시오.
　• 계산 :　　　　　　　　　　　　　• 답 :
(3) 부등률을 구하시오.
　• 계산 :　　　　　　　　　　　　　• 답 :
(4) 최대 부하시의 종합 역률[%]을 구하시오.
　• 계산 :　　　　　　　　　　　　　• 답 :
(5) A수용가에 관한 다음 물음에 답하시오.
　① 첨두부하는 몇 [kW]인가?
　② 첨두부하가 지속되는 시간은 몇 시부터 몇 시까지인가?

Answer

(1) 계산 : $(9+7+4) \times 10^3 = 20{,}000$ [kW] 　　　　　　　　　　　답 : 20,000[kW]

(2) 계산 :
A수용가 사용전력량 = $[(4 \times 3)+(6 \times 5)+(9 \times 4)+(5 \times 10)+(4 \times 2)] \times 10^3 = 136{,}000$[kWh]
B수용가 사용전력량 = $[(5 \times 10)+(7 \times 12)+(6 \times 2)] \times 10^3 = 146{,}000$[kWh]
C수용가 사용전력량 = $[(2 \times 6)+(4 \times 7)+(6 \times 7)+(1 \times 4)] \times 10^3 = 86{,}000$[kWh]

종합부하율 = $\dfrac{(136{,}000+146{,}000+86{,}000)/24}{20{,}000} \times 100 = 76.67[\%]$ 　　답 : 76.67[%]

(3) 계산 : 부등률 = $\dfrac{9{,}000+7{,}000+6{,}000}{20{,}000} = 1.1$ 　　　　　　　답 : 1.1

(4) 계산 : A : $P = 9{,}000$ [kW], $Q = 0$ [kVar]
　　　　　B : $P = 7{,}000$ [kW], $Q = 7{,}000 \times \dfrac{0.6}{0.8} = 5{,}250$ [kVar]
　　　　　C : $P = 4{,}000$ [kW], $Q = 4{,}000 \times \dfrac{0.8}{0.6} = 5{,}333.33$ [kVar]
　　　　　전체 : $P = 9{,}000+7{,}000+4{,}000 = 20{,}000$ [kW]
　　　　　　　　$Q = 5{,}250 + 5{,}333.33 = 10{,}583.33$ [kVar]

$$\therefore \cos\theta = \frac{20{,}000}{\sqrt{20{,}000^2 + 10{,}583.33^2}} \times 100 = 88.39[\%]$$ 답 : 88.39[%]

(5) ① 9,000[kW] ② 8시 ~ 12시

Explanation

- 부등률 $= \dfrac{\text{개별 부하의 최대 수요 전력의 합}}{\text{합성 최대 전력}} \geq 1$
  - 전력소비기기를 동시에 사용하는 정도
  - 각 수용가에서의 최대수용 전력의 발생시각은 시간적으로 차이가 있다.
  - 배전 변압기 또는 간선에서의 합성 최대 수용 전력은 각 수용가에서의 최대 수용 전력의 합보다 적게 되는데 이 비를 부등률이라고 한다.
- 부하율 $= \dfrac{\text{평균 수용 전력}[kW]}{\text{합성 최대 수용 전력}[kW]} \times 100[\%]$
  $= \dfrac{\text{사용전력량}[kWh]/\text{사용시간}}{\text{합성 최대 수용 전력}[kW]} \times 100[\%]$

06 ★★★☆☆
지중선을 가공선에 비교할 때 그 장점과 단점을 각각 3가지만 쓰시오.

(1) 장점

(2) 단점

Answer

(1) 지중선의 장점
   - 수용 밀도가 높은 곳에 유리
   - 보안상 유리
   - 도시 미관에 유리
   - 뇌해, 풍수해에 대한 영향이 적다.
(2) 지중선의 단점
   - 가공선에 비해 송전용량이 적다.
   - 비용이 크다.
   - 고장점 탐색이 어렵다.
   - 전식 우려가 있다.
   - 케이블의 유전체손이 있다.

Explanation

지중전선로는 가공전선로에 비해 도시의 미관을 해치지 않고 교통상의 지장이 없을 뿐더러 자연재해나 지락사고 등의 발생 염려가 적어 공급신뢰도가 우수하나 건설비가 고가이며 고장점을 찾기 어렵다는 문제도 있다.

07 고압 동력부하의 사용 전력량을 측정하려고 한다. CT, PT 부착 3상 적산전력량계를 그림과 같이 오결선(1S와 1L 및 P1과 P3가 바뀜)하였을 경우 어느 기간 동안의 사용 전력량이 300[kWh]이었다면 그 기간 동안의 실제 사용 전력량은 몇 [kWh]가 되는지 구하시오.(단, 부하의 역률은 0.8)

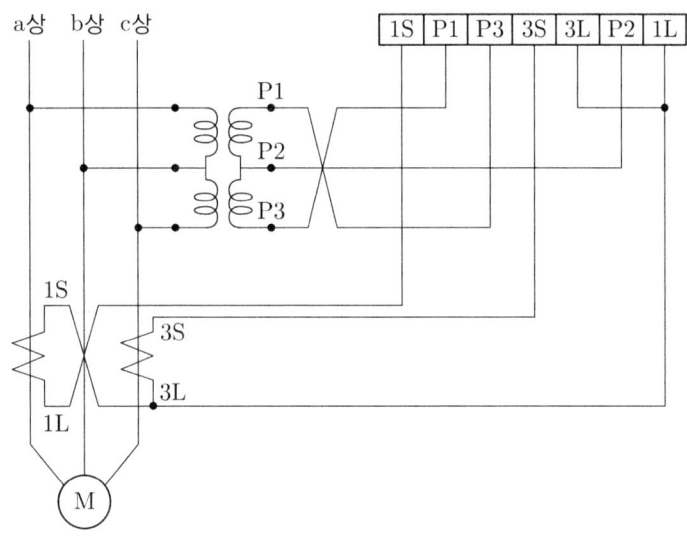

• 계산 :   • 답 :

Answer

$W = W_1 + W_2 = 2VI\sin\theta$

$VI = \dfrac{W_1 + W_2}{2\sin\theta} = \dfrac{300}{2 \times 0.6} = \dfrac{150}{0.6}$

따라서 전력량 $W = \sqrt{3}\,VI\cos\theta = \sqrt{3} \times \dfrac{150}{0.6} \times 0.8 = 346.41\,[\text{kWh}]$

Explanation

$W_1 = V_{32}I_1\cos(90° - \theta) = VI\cos(90° - \theta)$
$W_2 = V_{12}I_3\cos(90° - \theta) = VI\cos(90° - \theta)$
$\therefore W = W_1 + W_2 = 2VI\cos(90 - \theta) = 2VI\sin\theta$
여기서, $I_1 = I_3 = I$: 선전류
$V_{32} = V_{12} = V$: 선간전압

08 출력 100[kW]의 디젤 발전기를 8시간 운전하여 발열량 10,000[kcal/kg]의 연료를 215[kg] 소비할 때 발전기 종합 효율은 몇 [%]인지 계산하여 구하여라.

• 계산 :   • 답 :

Answer

계산 : $\eta = \dfrac{860Pt}{MH} \times 100 = \dfrac{860 \times 100 \times 8}{215 \times 10{,}000} \times 100 = 32\,[\%]$ 답 : 32[%]

Explanation

발전기의 효율 $\eta = \dfrac{전기}{열} \times 100[\%]$

$\eta = \dfrac{860Pt}{MH} \times 100\ [\%]$

여기서, H : 발열량[kcal/kg], M : 연료량[kg], $W(=Pt)$: 전력량[kWh]

09 ★★★☆☆ 그림과 같은 22.9[kV-y] 간이 수전설비에 대한 단선결선도를 보고 다음 각 물음에 답하시오.

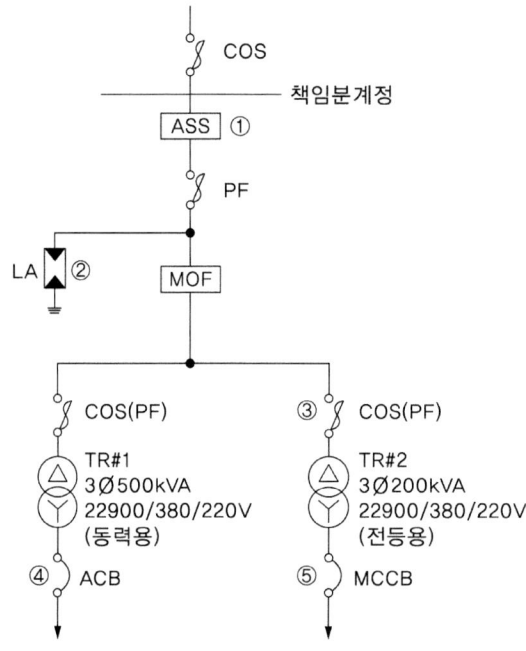

(1) 수변전실의 형태를 Cubicle Type으로 할 경우 고압반(HV : High Voltage) 4면과 저압반(LV : Low Voltage) 2면으로 구성되어 있다. 수용되는 수배전반과 기기의 명칭을 쓰시오.
  • 고압반 :   • 저압반 :
(2) 도면에 표시된 ①, ②, ③ 기기의 최대 설계전압과 정격전류를 쓰시오.
  ①
  ②
  ③
(3) ④, ⑤ 차단기의 용량[AF, AT]을 구하여 선정하시오.
  ① ACB
    • 계산 :   • 답 :
  ② MCCB
    • 계산 :   • 답 :

Answer

(1) • 고압반 : 4면(수용기기 : 피뢰기, 전력 수급용 계기용변성기, 전등용변압기, 동력용 변압기, 컷아웃 스위치, 전력 퓨즈)
  • 저압반 : 2면(수용기기 : 기중 차단기, 배선용 차단기)
(2) ① 자동 고장 구분 개폐기 : 25.8[kV], 200[A]
  ② 피뢰기 : 18[kV], 2,500[A]
  ③ COS : 25[kV], 100[AF], 8[AT]

(3) ① ACB

계산 : $I_1 = \dfrac{500 \times 10^3}{\sqrt{3} \times 380} = 759.67[A]$ 답 : AF : 800[A], AT : 800[A]

② MCCB

계산 : $I_1 = \dfrac{200 \times 10^3}{\sqrt{3} \times 380} = 303.87[A]$ 답 : AF : 400[A], AT : 350[A]

Explanation

- 큐비클 : 폐쇄식 배전반
  배전반의 옆면 및 뒷면을 폐쇄하여 만든 것으로 모선, 계기용 변성기, 차단기 등을 하나의 함내에 시설한 것
- 큐비클의 종류

종류	수전 용량	주 차단기
CB형	500[kVA] 이하	차단기를 사용한 것
PF-CB형	500[kVA] 이하	한류형 전력 퓨즈와 차단기를 조합 사용한 것
PF-S형	300[kVA] 이하	PF와 고압 개폐기를 사용한 것

- 고압반(4면) : PF+LA
  　　　　　　MOF
  　　　　　　COS+TR#1
  　　　　　　COS+TR#2
- 저압반(2면) : ACB(동력용)
  　　　　　　MCCB(전등용)
- ASS : 자동 고장 구분 개폐기
- AF : 차단기 프레임 용량(차단기의 최대 정격 전류치)
  AT : 차단기 트립 용량(차단기 접점의 허용 전류치)
- 배선용 차단기(MCCB)

Frame	100			225			400		
기본형식	A11	A12	A13	A21	A22	A23	A31	A32	A33
극수	2	3	4	2	3	4	2	3	4
정격전류[A]	60, 75, 100			125, 150, 175, 200, 225			250, 300, **350**, 400		

- 기중 차단기(ACB)

TYPE	G1	G2	G3	G4
정격전류[A]	600	**800**	1,000	1,250
정격 절연전압[V]	1,000	1,000	1,000	1,000
정격사용전압[V]	660	660	660	660
극수	3, 4	3, 4	3, 4	3, 4
과전류 Trip 장치의 정격전류	200, 400, 630	400, 630, **800**	630, 800, 1,000	800, 1,000, 1,250

10 ★★★☆☆
폭 15[m]의 도로에 20[m] 간격으로 가로등이 양쪽에 대칭 배치되어 점등되고 있다고 한다. 1등당 광속은 3,500[lm]이고, 조명률은 45[%]일 때, 도로의 평균조도는 얼마인지 계산하시오.

- 계산 :　　　　　　　　　　• 답 :

계산 : $E = \dfrac{FUN}{SD} = \dfrac{3{,}500 \times 0.45 \times 1}{(\dfrac{1}{2} \times 15 \times 20) \times 1} = 10.5$ 답 : 10.5[lx]

Explanation

- 조명계산
  $FUN = ESD$
  여기서, F[lm] : 광속, U[%] : 조명률, N[등] : 등수,
  E[lx] : 조도, S[m²] : 면적, $D = \dfrac{1}{M}$: 감광보상률 = $\dfrac{1}{보수율(유지율)}$

- 도로조명 설계 시
  - 등수는 1등을 기준으로 계산
  - 면적(a : 도로 폭, b : 등기구 간격)
    중앙배열, 한쪽배열(편측배열) : $S = a \cdot b$
    양쪽배열(대칭배열), 지그재그 식 : $S = \dfrac{a \cdot b}{2}$

11 ★★★☆☆ 교류용 적산전력량계에 대한 다음 각 물음에 답하시오.

(1) 잠동(Creeping)현상에 대하여 설명하고 잠동을 방지하기 위한 유효한 방법을 2가지만 쓰시오.
  - 잠동현상 :
  - 잠동현상을 방지하기 위한 유효한 방법 :
(2) 적산전력량계가 구비해야 할 전기적, 기계적 및 기능상의 특성을 3가지만 쓰시오.
  -
  -
  -

Answer

(1) • 잠동현상 : 무부하 상태에서 정격 주파수 및 정격 전압의 110[%]를 인가하여 계기의 원판이 1회전 이상 회전하는 현상
  • 잠동현상을 방지하기 위한 유효한 방법 : 원판에 작은 구멍을 뚫는다. 원판에 작은 철편을 붙인다.
(2) • 오차가 적을 것
  • 온도나 주파수 변화에 보상이 되도록 할 것
  • 기계적 강도가 클 것

Explanation

- 잠동현상 : 무부하 상태에서 정격 주파수 및 정격 전압의 110[%]를 인가하여 계기의 원판이 1회전 이상 회전하는 현상으로 원판의 회전력 및 잔류여자전류에 의한 것
- 잠동현상의 대책
  - 원판에 작은 구멍을 뚫는다.
  - 원판에 작은 철편을 붙인다.
  - 제조사에서는 잠동제어장치 설치(참고사항)
- 적산전력계 구비조건
  - 오차가 적을 것
  - 온도나 주파수 변화에 보상이 되도록 할 것
  - 기계적 강도가 클 것
  - 부하특성이 좋을 것
  - 과부하 내량이 클 것

12 ★★★
오실로스코프의 감쇠 Probe는 입력전압의 크기를 10배의 배율로 감소시키도록 설계되어 있다. 다음 각 물음에 답하시오. 단, 그림에서 오실로스코프의 입력 임피던스 R_s는 1[MΩ]이고, Probe의 내부저항 R_p는 9[MΩ]이다.

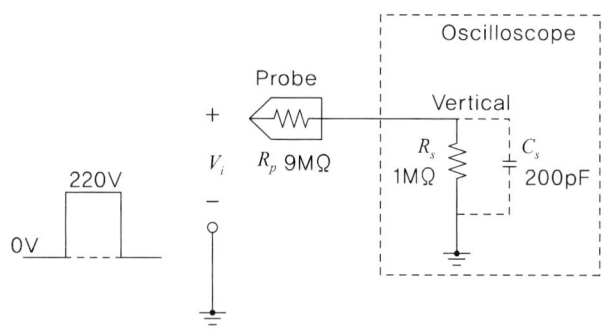

(1) 이때 Probe의 입력전압을 $V_i = 220$[V]라면 Oscilloscope에 나타나는 전압은 몇 [V]인지 구하시오.
 • 계산 :
 • 답 :

(2) Oscilloscope의 내부저항 R_s는 1[MΩ]과 $C_s = 200$[pF]의 콘덴서가 병렬로 연결되어 있을 때 콘덴서 C_s에 대한 테브난의 등가회로가 다음과 같다면 시정수 τ와 $V_i = 220$[V]일 때의 테브난의 등가전압 E_{th}를 구하시오.

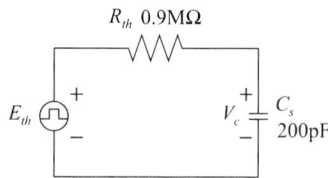

① 시정수 τ
 • 계산 :   • 답 :
② 등가전압 E_{th}
 • 계산 :   • 답 :

(3) 인가 주파수가 10[kHz]일 때 주기는 몇 [ms]인지 구하시오.
 • 계산 :   • 답 :

Answer

(1) 계산 : $V_o = \dfrac{220}{10} = 22$[V] 답 : 22[V]

(2) ① 시정수 τ
  계산 : $\tau = R_{th} C_s = 0.9 \times 10^6 \times 200 \times 10^{-12} = 180 \times 10^{-6}$[sec] = 180[μsec] 답 : 180[μsec]
 ② 등가전압 E_{th}
  계산 : $E_{th} = \dfrac{R_s}{R_p + R_s} \times v_i = \dfrac{1}{9+1} \times 220 = 22$[V] 답 : 22[V]

(3) 계산 : $T = \dfrac{1}{f} = \dfrac{1}{10 \times 10^3} = 10^{-4} = 0.1$[msec] 답 : 0.1[msec]

Explanation

• 오실로스코프에 감쇠 Probe는 입력 전압의 크기를 10배의 배율로 감소하므로, 출력전압 $V_o = \dfrac{220}{10} = 22$[V]

- 위의 시스템을 C_s를 제외하고 테브난 회로로 구성하면

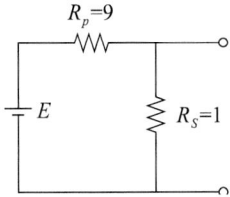

여기서, 테브난 저항 $R_{th} = \dfrac{1 \times 9}{1+9} = 0.9[\text{M}\Omega]$

테브난 전압 $V_{th} = \dfrac{1}{9+1} \times 220 = 22[\text{V}]$

- RC 회로의 시정수 $\tau = RC[\text{sec}]$
- 주기 $T = \dfrac{1}{f}[\text{sec}]$, 주파수 $f = \dfrac{1}{T}[\text{Hz}]$

13 ★★★☆☆ 어느 빌딩의 수용가가 자가용 디젤발전기 설비를 계획하고 있다. 발전기의 용량 산출에 필요한 부하의 종류 및 특성이 다음과 같을 때 주어진 조건과 참고자료를 이용하여 부하용량표의 빈칸을 채우고, 전체 부하를 운전하는 데 필요한 발전기 용량[kVA]을 선정하시오.

부하의 종류	출력[kW]	극수[극]	대수[대]	적용부하	기동방법
전동기	37	6	1	소화전 펌프	리액터 기동
	22	6	2	급수 펌프	리액터 기동
	11	6	2	배풍기	Y-△ 기동
	5.5	4	1	배수 펌프	직입 기동
전등, 기타	50	-	-	비상조명	-

- 발전기 용량 :   [kVA] 선정

[조건]
- 참고자료의 수치는 최소치를 적용한다.
- 전동기 기동 시에 필요한 용량은 무시한다.
- 수용률 적용
  - 동력 : 적용부하에 대한 전동기의 대수가 1대인 경우에는 100[%]
           2대인 경우에는 80[%]를 적용한다.
  - 전등, 기타 : 100[%]를 적용한다.
- 부하의 종류가 전등, 기타인 경우의 역률은 100[%]를 적용한다.
- 수용률을 적용한 용량[kVA]의 합계는 유효분과 무효분을 고려하여 구한다.
- 자가용 디젤발전기 용량은 50, 100, 150, 200, 300, 400, 500에서 선정한다(단위 : [kVA]).

[발전기 부하 용량]

부하의 종류	출력[kW]	극수	전부하 특성			수용률[%]	수용률을 적용한 [kVA] 용량
			역률[%]	효율[%]	입력[kVA]		
전동기	37×1	6					
	22×2	6					
	11×2	6					
	5.5×1	4					
전등, 기타	50	-	100	100			
합계	158.5	-	-	-		-	

[참고자료] 전동기 전부하 특성표

정격출력 [kW]	극수	동기회전 속도 [rpm]	전부하 특성		참고값		
			효율 η [%]	역률 Pf [%]	무부하 I_o (각 상의 평균치) [A]	전부하전류 I (각 상의 평균치) [A]	전부하슬립 s [%]
0.75	4	1,800	71.5 이상	70.0 이상	2.5	3.8	8.0
1.5			78.0 이상	75.0 이상	3.9	6.6	7.5
2.2			81.0 이상	77.0 이상	5.0	9.1	7.0
3.7			83.0 이상	78.0 이상	8.2	14.6	6.5
5.5			85.0 이상	77.0 이상	11.8	21.8	6.0
7.5			86.0 이상	78.0 이상	14.5	29.1	6.0
11			87.0 이상	79.0 이상	20.9	40.9	6.0
15			88.0 이상	79.5 이상	26.4	55.5	5.5
18.5			88.5 이상	80.0 이상	31.8	67.3	5.5
22			89.0 이상	80.5 이상	36.4	78.2	5.5
30			89.5 이상	81.5 이상	47.3	105.5	5.5
37			90.0 이상	81.5 이상	56.4	129.1	5.5
0.75	6	1,200	70.0 이상	63.0 이상	3.1	4.4	8.5
1.5			76.0 이상	69.0 이상	4.7	7.3	8.0
2.2			79.5 이상	71.0 이상	6.2	10.1	7.0
3.7			82.5 이상	73.0 이상	9.1	15.8	6.5
5.5			84.5 이상	72.0 이상	13.6	23.6	6.0
7.5			85.5 이상	73.0 이상	17.3	30.9	6.0
11			86.5 이상	74.5 이상	23.6	43.6	6.0
15			87.0 이상	75.5 이상	30.0	58.2	6.0
18.5			88.0 이상	76.0 이상	37.3	71.8	5.5
22			88.5 이상	77.0 이상	40.0	82.7	5.5
30			89.0 이상	78.0 이상	50.9	111.8	5.5
37			90.0 이상	78.5 이상	60.9	136.4	5.5

Answer

【 발전기 용량 선정 】

부하의 종류	출력 [kW]	극수	전부하 특성			수용률 [%]	수용률을 적용한 [kVA] 용량
			역률[%]	효율[%]	입력[kVA]		
전동기	37×1	6	78.5	90	52.37	100	52.37
	22×2	6	77	88.5	64.57	80	51.66
	11×2	6	74.5	86.5	34.14	80	27.31
	5.5×1	4	77	85	8.4	100	8.4
전등, 기타	50	–	100	–	50	100	50
합계	158.5	–	–	–	209.48	–	181.08

답 : 발전기 용량 : 200[kVA] 선정

Explanation

(1) 입력 용량[KVA]

① 37[kW]×1대 : $P = \dfrac{37}{0.785 \times 0.9} = 52.37 [\text{kVA}]$

② 22[kW]×2대 : $P = \dfrac{22 \times 2}{0.77 \times 0.885} = 64.57 [\text{kVA}]$

③ 11[kW]×2대 : $P = \dfrac{11 \times 2}{0.745 \times 0.865} = 34.14 [\text{kVA}]$

④ $5.5[\text{kW}] \times 1$대 : $P = \dfrac{5.5}{0.77 \times 0.85} = 8.4[\text{kVA}]$

⑤ 전등, 전열 : $P = \dfrac{50}{1 \times 1} = 50[\text{kVA}]$

(2) 수용률을 적용한 [kVA] 용량
  ① $37[\text{kW}] \times 1$대 : $P = 52.37 \times 1 = 52.37[\text{kVA}]$
  ② $22[\text{kW}] \times 2$대 : $P = 64.57 \times 0.8 = 51.66[\text{kVA}]$
  ③ $11[\text{kW}] \times 2$대 : $P = 34.14 \times 0.8 = 27.31[\text{kVA}]$
  ④ $5.5[\text{kW}] \times 1$대 : $P = 8.4 \times 1 = 8.4[\text{kVA}]$
  ⑤ 전등, 전열 : $P = 50 \times 1 = 50[\text{kVA}]$

(3) 합계 : 수용률을 적용한 용량[kVA]의 합계는 유효분과 무효분을 고려해야 하므로
  ① $37[\text{kW}] \times 1$대
    유효분 : $P = P_a \cos\theta = 52.37 \times 0.785 = 41.11[\text{kW}]$
    무효분 : $P_r = P_a \sin\theta = 52.37 \times \sqrt{1-(0.785)^2} = 32.44[\text{kVar}]$
  ② $22[\text{kW}] \times 2$대
    유효분 : $P = P_a \cos\theta = 51.66 \times 0.77 = 39.78[\text{kW}]$
    무효분 : $P_r = P_a \sin\theta = 51.66 \times \sqrt{1-(0.77)^2} = 32.96[\text{kVar}]$
  ③ $11[\text{kW}] \times 2$대
    유효분 : $P = P_a \cos\theta = 27.31 \times 0.745 = 20.35[\text{kW}]$
    무효분 : $P_r = P_a \sin\theta = 27.31 \times \sqrt{1-(0.745)^2} = 18.22[\text{kVar}]$
  ④ $5.5[\text{kW}] \times 1$대
    유효분 : $P = P_a \cos\theta = 8.4 \times 0.77 = 6.47[\text{kW}]$
    무효분 : $P_r = P_a \sin\theta = 8.4 \times \sqrt{1-(0.77)^2} = 5.36[\text{kVar}]$
  ⑤ 전등, 전열
    유효분 : $P = P_a \cos\theta = 50 \times 1 = 50[\text{kW}]$
    무효분 : $P_r = 0[\text{kVar}]$

  따라서 전체 피상전력
  $P_a = \sqrt{P^2 + P_r^2} = \sqrt{(41.11+39.78+20.35+6.47+50)^2 + (32.44+32.96+18.22+5.36)^2}$
  $= 181.08[\text{kVA}]$

• 발전기의 효율 $\eta = \dfrac{출력}{입력} \times 100[\%]$에서 입력 $= \dfrac{출력}{\eta}[\text{kW}]$이므로

입력 $= \dfrac{출력}{\eta \times \cos\theta}[\text{kVA}]$

• 수용률을 적용한 용량 : 입력×수용률

문제에서 수용률을 적용한 용량[kVA]의 합계는 유효분과 무효분을 고려하여야 한다고 했으므로 각각의 부하의 유효분과 무효분을 구하여 계산하여야 한다.

14 ★★★☆☆
계약부하 설비에 의한 계약 최대 전력을 정하는 경우에 부하 설비 용량이 900[kW]인 경우 전력 회사와의 계약 최대 전력은 몇 [kW]인지 구하시오. 단, 계약 최대 전력 환산표는 다음과 같다.

구분	승률	비고
처음 75[kW]에 대하여	100[%]	
다음 75[kW]에 대하여	85[%]	계산의 합계치 단수가 1[kW] 미만일 경우에는 소수점 이하 첫째 자리에서 4사 5입합니다.
다음 75[kW]에 대하여	75[%]	
다음 75[kW]에 대하여	65[%]	
300[kW] 초과분에 대하여	60[%]	

Answer

계산 : 계약전력 = 75+75×0.85+75×0.75+75×0.65+600×0.6=603.75[kW]

답 : 604[kW]

Explanation

계산의 합계치 단수가 1[kW] 미만일 경우에는 소수점 이하 첫째 자리에서 4사 5입

15. 특고압 수전설비에 대한 다음 각 물음에 답하시오.

(1) 동력용 변압기에 연결된 동력부하 설비용량이 350[kW], 부하역률은 85[%], 효율 85[%], 수용률은 60[%]라고 할 때 동력용 3상 변압기의 용량은 몇 [kVA]인지를 산정하시오. 단, 변압기의 표준정격 용량은 다음 표에서 선정한다.

동력용 3상 변압기 표준용량[kVA]					
200	250	300	400	500	600

• 계산 :   • 답 :

(2) 3상 농형 유도전동기에 전용 차단기를 설치할 때 전용 차단기의 정격전류[A]를 구하시오. 단, 전동기는 160[kW]이고, 정격전압은 3,300[V], 역률은 85[%], 효율은 85[%]이며, 차단기의 정격전류는 전동기 정격전류의 3배로 계산한다.

• 계산 :   • 답 :

Answer

(1) 계산 : 변압기 용량 $T_r = \dfrac{\text{설비용량} \times \text{수용률}}{\text{역률} \times \text{효율}} = \dfrac{350 \times 0.6}{0.85 \times 0.85} = 290.66 \text{[kVA]}$

답 : 표에서 정격용량 300[kVA]

(2) 계산 : 유도전동기의 정격 전류

$I = \dfrac{P}{\sqrt{3}\, V\cos\theta \cdot \eta} = \dfrac{160 \times 10^3}{\sqrt{3} \times 3{,}300 \times 0.85 \times 0.85} = 38.74 \text{[A]}$

차단기 정격전류는 전동기 정격전류의 3배를 적용하므로,

$I_n = 38.74 \times 3 = 116.22 \text{[A]}$

답 : 400[A]

Explanation

• 변압기 용량[kVA] = $\dfrac{\text{설비용량} \times \text{수용률}}{\text{역률} \times \text{효율}}$

• 3상 유도전동기의 효율 $\eta = \dfrac{P_o}{P_i} \times 100 = \dfrac{P_o}{\sqrt{3}\, VI\cos\theta} \times 100 [\%]$ ∴ 전부하전류 $I = \dfrac{P}{\sqrt{3}\, V\cos\theta \cdot \eta}$

• 3,300[V] 차단기는 진공차단기(VCB)가 사용된다.

• **차단기 정격전류는** 400, 630, 1,250[A]이므로 이 중에서 **선정**한다.

16 ★★★☆☆ 3상 4선식 22.9[kV] 수전설비의 부하전류가 30[A]이다. 60/5[A]의 변류기를 통하여 과전류계전기를 시설하였다. 120[%]의 과부하에서 차단시키려면 트립 전류치를 몇 [A]로 설정하여야 하는지 계산하시오.

• 계산 : •답 :

Answer

계산 : $30 \times \dfrac{5}{60} \times 1.2 = 3[A]$ 답 : 3[A]

Explanation

- 과전류 계전기의 전류 탭(I_T)=부하전류(I)$\times \dfrac{1}{\text{변류비}} \times$설정값
- OCR(과전류 계전기)의 탭 전류 : 2[A], 3[A], 4[A], 5[A], 6[A], 7[A], 8[A], 10[A], 12[A]

17 ★★★☆☆ 다음 그림은 누름버튼스위치 PB₁, PB₂, PB₃를 ON 조작하여 기계 A, B, C를 운전하는 시퀀스 회로도이다. 이 회로를 타임차트 1~3의 요구사항과 같이 병렬 우선 순위회로로 수정해서 그리시오. 단, R₁, R₂, R₃는 계전기이며, 이 계전기의 보조 a접점 또는 b접점을 추가 또는 삭제하여 작성하되 불필요한 접점을 사용하지 않도록 하며, 보조 접점에는 접점명을 기입하도록 한다.

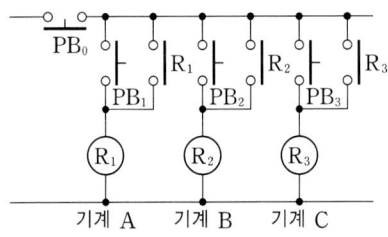

[시퀀스 회로도]

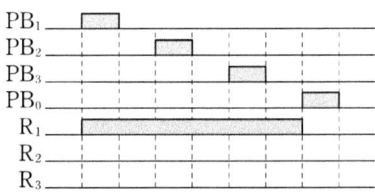

[타임차트 1]

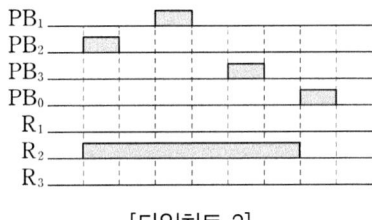

[타임차트 2]

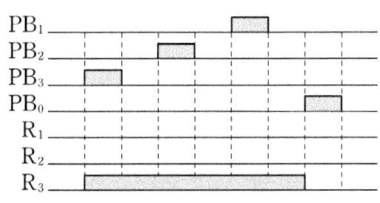

[타임차트 3]

• 병렬 우선 순위회로를 그려 완성하시오.

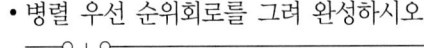

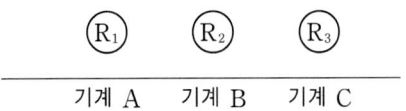

Answer

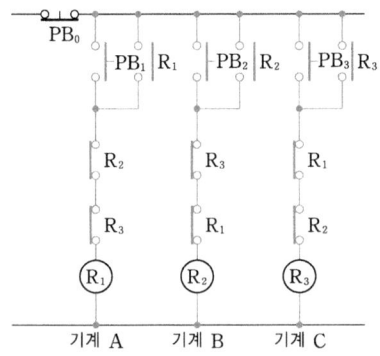

Explanation

- 인터록 회로(interlock) : 병렬우선회로. 한쪽이 동작하면 다른 쪽은 동작할 수 없는 논리
- 회로 및 타임 차트

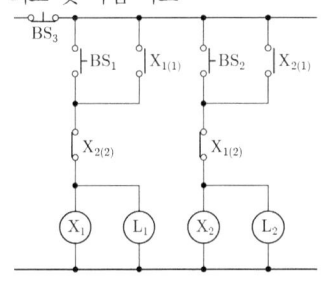 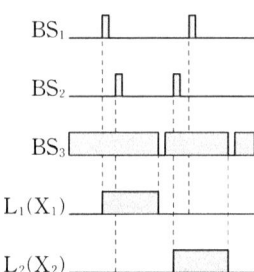

- 동작 설명
  - BS_1을 누르면 $X_1(L_1)$이 동작 이후에 BS_2를 눌러도 $X_2(L_2)$가 동작할 수 없다.
  - BS_2를 먼저 주면 $X_2(L_2)$가 동작 이후 BS_1을 눌러도 $X_1(L_1)$이 동작할 수 없다.

18 ★★★☆☆
전동기에는 소손을 방지하기 위하여 전동기용 과부하 보호 장치를 시설하여 자동적으로 회로를 차단하거나 과부하시에 경보를 내는 장치를 하여야 한다. 전동기 소손방지를 위한 과부하 보호 장치의 종류를 4가지만 작성하시오.

①
②
③
④

Answer

① 정지형계전기(전자식계전기, 디지털계전기 등)
② 전동기 보호용 배선용 차단기
③ 열동계전기
④ 전동기용 퓨즈

Explanation

(내선규정 제3,115-5조) 전동기의 과부하 보호 장치의 시설
전동기는 소손을 방지하기 위하여 전동기용 퓨즈, 열동계전기(Thermal Relay), 전동기 보호용 배선용 차단기, 유도형계전기, 정지형계전기(전자식계전기, 디지털식계전기 등) 등의 전동기용 과부하 보호장치를 사용하여 자동적으로 회로를 차단하거나 과부하시에 경보를 내는 장치를 사용하여야 한다.

19

다음은 전력시설물 공사감리업무 수행지침과 관련된 사항이다. (   ) 안에 알맞은 내용을 쓰시오.

> 감리원은 설계도서 등에 대하여 공사계약문서 상호 간의 모순되는 사항, 현장 실정과의 부합여부 등 현장 시공을 주안으로 하여 해당 공사 시작 전에 검토하여야 하며 검토내용에는 다음 각 호의 사항 등이 포함되어야 한다.
> 1. 현장조건에 부합 여부
> 2. 시공의 (①) 여부
> 3. 다른 사업 또는 다른 공정과의 상호부합 여부
> 4. (②), 설계설명서, 기술계산서, (③) 등의 내용에 대한 상호 일치 여부
> 5. (④), 오류 등 불명확한 부분의 존재 여부
> 6. 발주자가 제공한 (⑤)와 공사업자가 제출한 산출내역서의 수량 일치 여부
> 7. 시공상의 예상 문제점 및 대책 등

Answer

① 실제 가능
② 설계도면
③ 산출내역서
④ 설계도서의 누락
⑤ 물량내역서

Explanation

전력시설물 공사감리업무 수행지침 제8조 【설계도서 등의 검토】
① 감리원은 설계도면, 설계설명서, 공사비 산출내역서, 기술계산서, 공사계약서의 계약 내용과 해당 공사의 조사 설계보고서 등의 내용을 완전히 숙지하여 새로운 방향의 공법개선 및 예산절감을 도모하도록 노력하여야 한다.
② 감리원은 설계도서 등에 대하여 공사계약문서 상호 간의 모순되는 사항, 현장 실정과의 부합여부 등 현장 시공을 주안으로 하여 해당 공사 시작 전에 검토하여야 하며 검토내용에는 다음 각 호의 사항 등이 포함되어야 한다.
  1. 현장조건에 부합 여부
  2. 시공의 실제 가능 여부
  3. 다른 사업 또는 다른 공정과의 상호부합 여부
  4. 설계도면, 설계설명서, 기술계산서, 산출내역서 등의 내용에 대한 상호 일치 여부
  5. 설계도서의 누락, 오류 등 불명확한 부분의 존재 여부
  6. 발주자가 제공한 물량 내역서와 공사업자가 제출한 산출내역서의 수량 일치 여부
  7. 시공상의 예상 문제점 및 대책 등
③ 감리원 제2항의 검토결과 불합리한 부분, 착오, 불명확하거나 의문사항이 있을 때에는 그 내용과 의견을 발주자에게 보고하여야 한다. 또한, 공사업자에게도 설계도서 및 산출내역서 등을 검토하도록 하여 검토결과를 보고 받아야 한다.

20

그림과 같은 방전특성을 갖는 부하에 필요한 축전지 용량은 몇 [Ah]인지 구하시오.
단, 방전전류 : $I_1 = 200[A]$, $I_2 = 300[A]$, $I_3 = 150[A]$, $I_4 = 100[A]$
  방전시간 : $T_1 = 130분$, $T_2 = 120분$, $T_3 = 40분$, $T_4 = 5분$
  용량환산시간 : $K_1 = 2.45$, $K_2 = 2.45$, $K_3 = 1.46$, $K_4 = 0.45$
  보수율은 0.7을 적용한다.

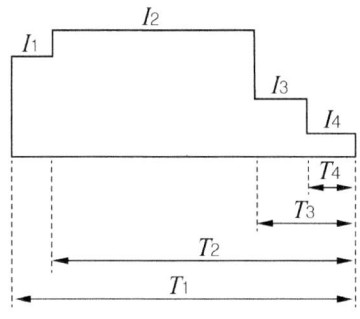

• 계산 :   • 답 :

Answer

계산 : $C = \dfrac{1}{L}KI[\text{Ah}] = \dfrac{1}{L}[K_1 I_1 + K_2(I_2 - I_1) + K_3(I_3 - I_2) + K_4(I_4 - I_3)]$

$= \dfrac{1}{0.7}[2.45 \times 200 + 2.45(300 - 200) + 1.46 \times (150 - 300) + 0.45 \times (100 - 150)]$

$= 705[\text{Ah}]$

답 : 705[Ah]

Explanation

• 축전지 용량 계산 $C = \dfrac{1}{L}KI[\text{Ah}]$

  여기서, L : 보수율(경년용량 저하율)
  K : 용량 환산 시간
  I : 방전전류[A]

• 축전지 용량 : 방전 특성 곡선의 면적

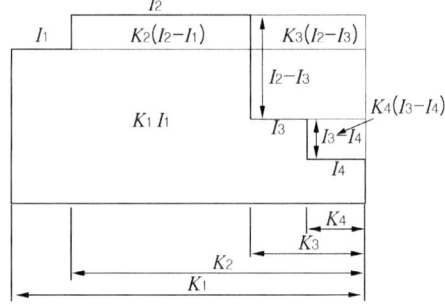

• 면적 구하는 방법
① 면적 $K_1 I_1$을 구한다. (+면적)
② 면적 $K_2(I_2 - I_1)$를 구한다. (+면적)
③ 면적 $K_3(I_2 - I_3)$를 구한다. (−면적)
④ 면적 $K_4(I_3 - I_4)$를 구한다. (−면적)

여기서, 전체 면적을 구하면
$K_1 I_1 + K_2(I_2 - I_1) - K_3(I_2 - I_3) - K_4(I_3 - I_4) = K_1 I_1 + K_2(I_2 - I_1) + K_3(I_3 - I_2) + K_4(I_4 - I_3)$

21

역률 80[%], 10,000[kVA]의 부하를 가진 변전소에 2,000[kVA]의 콘덴서를 설치하여 역률을 개선하면 변압기에 걸리는 부하는 몇 [kVA]인지 계산하여 구하여라.

• 계산 :   • 답 :

Answer

계산 : 역률 개선 전의 유효전력 $P = 10,000 \times 0.8 = 8000[\text{kW}]$
역률 개선 전의 무효전력 $Q_1 = 10,000 \times 0.6 = 6,000[\text{kVar}]$
역률 개선 후의 무효전력 $Q_2 = 6,000 - 2,000 = 4,000[\text{kVar}]$
부하에 걸리는 피상전력 $P_a = \sqrt{P^2 + Q_2^2} = \sqrt{8,000^2 + 4,000^2} = 8,944.27[\text{kVA}]$

답 : 8,944.27[kVA]

Explanation

• 역률 개선 용 콘덴서의
 - 역률 개선 전 무효전력 $Q_1 = P_a \sin\theta_1 [\text{kVar}]$
 - 역률 개선 후 무효전력 $Q_2 = P_a \sin\theta_2 [\text{kVar}]$
 - 콘덴서의 용량 $Q_c = Q_1 - Q_2 [\text{kVA}]$

22

6,000[V], 3상 전기설비에 변압비 30인 계기용 변압기(PT)를 그림과 같이 잘못 접속하였다. 각 전압계 V_1, V_2, V_3에 나타나는 단자전압[V]을 계산하여 구하여라.

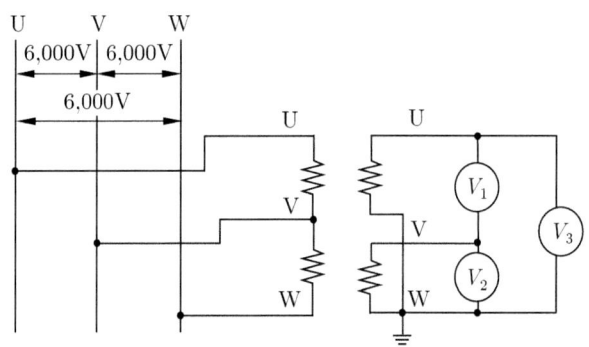

(1) V_1의 지시값
• 계산 :   • 답 :
(2) V_2의 지시값
• 계산 :   • 답 :
(3) V_3의 지시값
• 계산 :   • 답 :

Answer

(1) V_1의 지시값

계산 : $V_1 = \dfrac{6,000}{30} \times \sqrt{3} = 346.41[\text{V}]$ 답 : 346.41[V]

(2) V_2의 지시값

계산 : $V_2 = \dfrac{6,000}{30} = 200[\text{V}]$ 답 : 200[V]

(3) V_3의 지시값

계산 : $V_3 = \dfrac{6,000}{30} = 200[V]$ 답 : 200[V]

Explanation

그림에서 V_1는 V_2와 V_3의 Vector 차전압을 지시하며
따라서 $V_1 = V_3 - V_2 = \sqrt{3}\, V_2 = \sqrt{3}\, V_3$

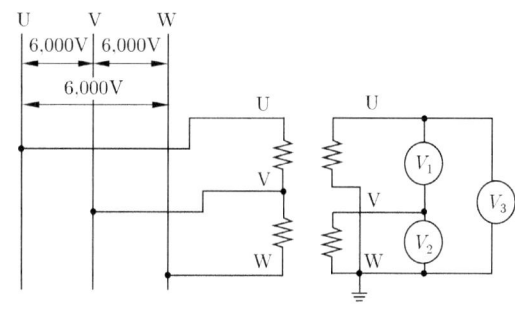

23 ★★★☆

다음 그림은 어떤 변전소의 도면이다. 변압기 상호간의 부등률이 1.3이고, 부하의 역률이 90[%]이다. STr의 %임피던스가 4.5[%], Tr₁, Tr₂, Tr₃의 %임피던스가 각각 10[%], 154[kV] Bus의 %임피던스가 0.5[%]이다. 부하는 다음 표와 같다고 할 때 주어진 도면과 참고표를 이용하여 다음 각 질문에 답하시오.

[부하표]

부하	용량[kW]	수용률[%]	부등률
A	5,000	80	1.2
B	3,000	84	1.2
C	7,000	92	1.2

[도면]

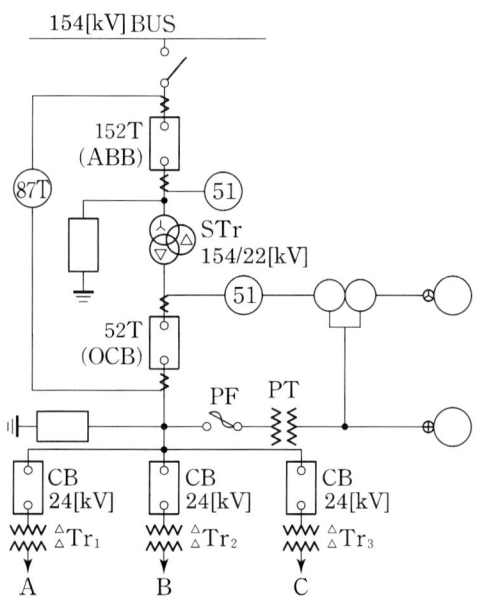

[참고표]

152T ABB 용량표[MVA]

| 100 | 200 | 300 | 500 | 750 | 1,000 | 2,000 | 3,000 | 4,000 | 5,000 | 6,000 | 7,000 |

52T OCB 용량표[MVA]

| 100 | 200 | 300 | 500 | 750 | 1,000 | 2,000 | 3,000 | 4,000 | 5,000 | 6,000 | 7,000 |

154[kV] 변압기 용량표[kVA]

| 5,000 | 6,000 | 7,000 | 8,000 | 10,000 | 15,000 | 20,000 | 30,000 | 40,000 | 50,000 |

22[kV] 변압기 용량표[kVA]

| 200 | 250 | 500 | 750 | 1,000 | 1,500 | 2,000 | 3,000 | 4,000 | 5,000 | 6,000 | 7,000 | 8,000 | 9,000 | 10,000 |

(1) 변압기 Tr_1의 용량을 산정하시오.
  ① 변압기 Tr_1
   • 계산 :   • 답 :
  ② 변압기 Tr_2
   • 계산 :   • 답 :
  ③ 변압기 Tr_3
   • 계산 :   • 답 :
(2) 변압기 ST_r의 용량을 산정하시오.
   • 계산 :   • 답 :
(3) 차단기 152T의 용량을 산정하시오.
   • 계산 :   • 답 :
(4) 차단기 52T의 용량을 산정하시오.
   • 계산 :   • 답 :
(5) 약호 87T의 우리말 명칭을 쓰고 그 역할에 대하여 적으시오.
   • 명칭 :   • 역할 :
(6) 약호 51의 우리말 명칭을 쓰고 그 역할에 대하여 적으시오.
   • 명칭 :   • 역할 :

Answer

(1) ① 계산 : $Tr_1 = \dfrac{설비용량 \times 수용률}{부등률 \times 역률} = \dfrac{5,000 \times 0.8}{1.2 \times 0.9} = 3,703.7[\text{kVA}]$

표에서 4,000[kVA] 선정 답 : 4,000[kVA]

② 계산 : $Tr_2 = \dfrac{3,000 \times 0.84}{1.2 \times 0.9} = 2,333.33[\text{kVA}]$

표에서 3,000[kVA] 선정 답 : 3,000[kVA]

③ 계산 : $Tr_3 = \dfrac{7,000 \times 0.92}{1.2 \times 0.9} = 5,962.96[\text{kVA}]$

표에서 6,000[kVA] 선정 답 : 6,000[kVA]

(2) 계산 : $ST_r = \dfrac{3,703.7 + 2,333.33 + 5,962.96}{1.3} = 9,230.76[\text{kVA}]$

표에서 10,000[kVA] 선정 답 : 10,000[kVA]

(3) 계산 : $P_s = \dfrac{100}{\%Z} \cdot P_n = \dfrac{100}{0.5} \times 10 = 2,000\text{[MVA]}$

　　　표에서 2,000[MVA] 선정　　　　　　　　　　　　　　　　　　　답 : 2,000[MVA]

(4) 계산 : $P_s = \dfrac{100}{\%Z} \cdot P_n = \dfrac{100}{0.5+4.5} \times 10 = 200\text{[MVA]}$

　　　표에서 200[MVA] 선정　　　　　　　　　　　　　　　　　　　답 : 200[MVA]

(5) • 명칭 : 주변압기 차동 계전기
　　• 역할 : 주변압기 내부고장 보호를 위한 전류 차동계전기

(6) • 명칭 : 과전류계전기
　　• 역할 : 설정값 이상의 전류가 흐르면 동작하여 차단기 트립코일 여자

Explanation

• 변압기 용량[kVA] = $\dfrac{\text{설비용량} \times \text{수용률}}{\text{부등률} \times \text{역률}}$

• 차단기용량(단락용량) $P_s = \dfrac{100}{\%Z} \cdot P_n$

• 87T : 주변압기 차동 계전기
　87B : 모선보호 차동계전기
　87G : 발전기 차동 계전기

---

24. ★★★☆☆

다음 표의 수용가(A, B, C) 사이의 부등률을 1.1로 한다면 합성 최대 전력[kW]를 계산하시오.

수용가	설비용량[kW]	수용률[%]
A	300	80
B	200	60
C	100	80

• 계산 :　　　　　　　　　　　• 답 :

Answer

계산 : 합성최대전력 = $\dfrac{300 \times 0.8 + 200 \times 0.6 + 100 \times 0.8}{1.1} = 400\text{[kW]}$　　　답 : 400[kW]

Explanation

최대전력[kW] = $\dfrac{\text{설비용량} \times \text{수용률}}{\text{부등률} \times \text{역률}}$

---

25. ★★★☆☆

변류기(CT)에 관한 다음 각 질문에 답하여라.

(1) Y-△로 결선한 주변압기의 보호로 비율 차동계전기를 사용한다면 CT의 결선은 어떻게 하여야 하는지를 설명하여라.

(2) 통전 중에 있는 변류기 2차 측에 접속된 기기를 교체하고자 할 때 가장 먼저 취하여야 할 사항을 적어라.

(3) 수전전압이 22.9[kV], 수전설비의 부하전류가 40[A]이다. 60/5[A]의 변류기를 통하여 과부하 계전기를 시설하였다. 120[%]의 과부하에서 차단기를 차단시킨다면 과부하 계전기의 전류값은 몇 [A]로 설정해야 하는지 계산하여 구하여라.

　• 계산 :　　　　　　　　　　　• 답 :

Answer

(1) △-Y 결선
(2) 2차측 단락(2차측 절연보호)
(3) 계산 : $40 \times \dfrac{5}{60} \times 1.2 = 4[A]$ 답 : 4[A]

Explanation

• 비율차동계전기 결선

변압기 결선	비율차동계전기 결선
Y-△	△-Y
△-Y	Y-△

3상 변압기의 경우 변압기 1차 측과 2차 측 사이에 위상차가 30° 있기 때문에 비율 차동 계전기는 위상차를 보정하기 위하여 변압기 결선과 반대로 결선한다.

• 계기용변성기 점검 시
 - PT : 2차 측 개방(2차 측 과전류 보호)
 - CT : 2차 측 단락(2차 측 과전압 보호, 2차 측 절연보호)
• 과전류 계전기의 전류 탭(I_{Tap})=부하전류(I)× $\dfrac{1}{변류비}$ ×설정값
• OCR(과전류 계전기)의 탭 전류
 2[A], 3[A], 4[A], 5[[A], 6[A], 7[A], 8[A], 10[A], 12[A]

26 ★★★☆☆ 다음 표의 전압에 대한 절연내력 시험전압[V]을 구하시오.

공칭전압	최고사용전압	시험전압
6,600[V]	7,000[V]	①
13,200[V](중성점 다중 접지식 전로)	13,800[V]	②
22,900[V](중성점 다중 접지식 전로)	24,000[V]	③

Answer

① $7,000 \times 1.5 = 10,500[V]$
② $13,800 \times 0.92 = 12,696[V]$
③ $24,000 \times 0.92 = 22,080[V]$

Explanation

(KEC 132조) 전로의 절연저항 및 절연내력

구분		배율	최저 전압
중성점 직접 접지식이 아닌 경우	7[kV] 이하	1.5	
	7[kV] 초과 ~ 60[kV] 이하	1.25	10.5[kV]
	60[kV] 초과(비접지식)	1.25	
	60[kV] 초과(중성점 접지식)	1.1	75[kV]
중성점 직접 접지식	7[kV] 초과 ~ 25[kV] 이하 (중성점 다중 접지식)	0.92	
	60[kV] 초과 ~ 170[kV]까지	0.72	
	170[kV] 초과	0.64	
	최대사용전압이 60[kV]를 초과하는 정류기에 접속되고 있는 전로	1.1	

27 ★★★ 도면과 같은 시퀀스도는 기동 보상기에 의한 전동기의 기동제어 회로의 미완성 도면이다. 도면을 보고 다음 각 질문에 답하시오.

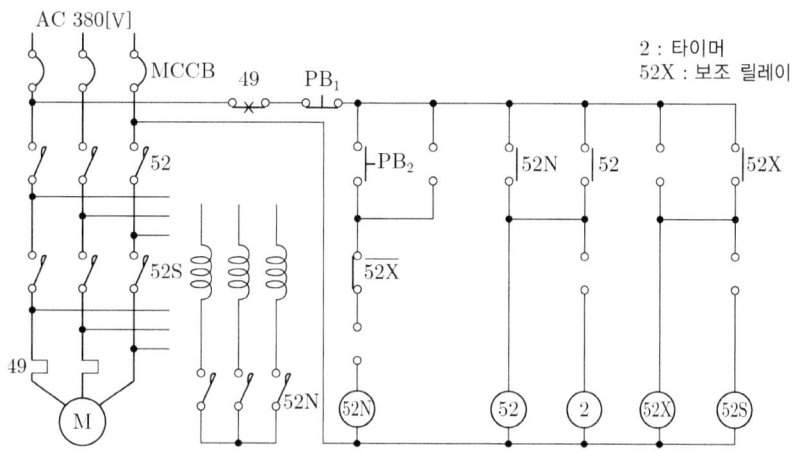

(1) 위의 미완성 회로도를 완성하시오.

(2) 빈 칸에 적당한 접점을 그려 넣으시오.

(3) 기동보상기법을 간단히 설명하시오.
 ·
 ·
 ·

Answer

(1) (2)

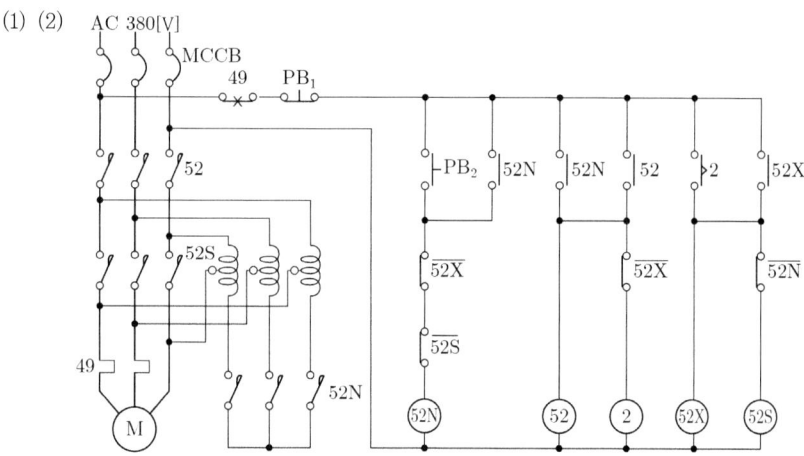

(3) 단상 단권변압기 3대를 이용하여 Y결선한 후 Tab을 조정하여 전동기에 인가하는 기동전압을 감압시킴으로써 기동 전류를 감소시키는 기동방식으로 15[kW]를 초과하는 농형 유도전동기 기동에 주로 적용된다.

Explanation

기동보상기법
농형유도전동기의 기동법으로 기동 시 전동기에 대한 인가전압을 단권변압기로 감압하여 기동함으로써 기동전류를 억제하고 기동 완료 후 전전압을 가하는 방식

28 ★★★☆☆ 수전단 전압이 3,000[V]인 3상 3선식 배전 선로의 수전단에 역률 0.8(지상)되는 520[kW]의 부하가 접속되어 있다. 이 부하에 동일 역률의 부하 80[kW]를 추가하여 600[kW]로 증가시키되 부하와 병렬로 전력용 콘덴서를 설치하여 수전단 전압 및 선로 전류를 일정하게 불변으로 유지하고자 할 때, 다음 각 질문에 답하시오(단, 전선의 1선당 저항 및 리액턴스는 각각 1.78[Ω] 및 1.17[Ω]이다).

(1) 이 경우에 필요한 전력용 콘덴서 용량은 몇 [kVA]인가?
 • 계산 : • 답 :

(2) 부하 증가 전의 송전단 전압은 몇 [V]인가?
 • 계산 : • 답 :

(3) 부하 증가 후의 송전단 전압은 몇 [V]인가?
 • 계산 : • 답 :

Answer

(1) 부하 증가 후의 역률 $\cos\theta_2$는 수전단 전압 및 선로 전류를 일정하게 불변으로 유지하여야 하므로

$$I = \frac{P_1}{\sqrt{3}\,V\cos\theta_1} = \frac{P_2}{\sqrt{3}\,V\cos\theta_2}$$ 에서

$$\cos\theta_2 = \frac{P_2}{P_1}\cos\theta_1 = \frac{600}{520} \times 0.8 = 0.9231$$

∴ 콘덴서 용량 $Q_c = P(\tan\theta_1 - \tan\theta_2)$

$$Q_c = 600 \times \left(\frac{0.6}{0.8} - \frac{\sqrt{1-0.9231^2}}{0.9231}\right) = 200.04\,[\text{kVA}]$$

답 : 200.04[kVA]

(2) 부하 증가 전의 송전단 전압 ($\cos\theta_1 = 0.8$)

$$V_s = V_r + \sqrt{3}\,I(R\cos\theta + X\sin\theta)$$

$$= V_r + \frac{P}{V_r}(R + X\tan\theta)$$

$$= 3,000 + \frac{520 \times 10^3}{3,000} \times \left(1.78 + 1.17 \times \frac{0.6}{0.8}\right) = 3,460.63\,[\text{V}]$$

답 : 3,460.63[V]

(3) 부하 증가 후의 송전단 전압($\cos\theta_2 = 0.9231$)

$$V_s = V_r + \sqrt{3}\,I(R\cos\theta + X\sin\theta)$$

$$= V_r + \frac{P}{V_r}(R + X\tan\theta)$$

$$= 3,000 + \frac{600 \times 10^3}{3,000} \times \left(1.78 + 1.17 \times \frac{\sqrt{1-0.9231^2}}{0.9231}\right) = 3,453.48\,[\text{V}]$$

답 : 3,453.48[V]

Explanation

• 부하 증가 후의 역률 $\cos\theta_2$는 수전단 전압 및 선로 전류를 일정하게 불변으로 유지하여야 하므로

$$P = \sqrt{3}\,VI\cos\theta\text{ 에서 선로전류 } I = \frac{P}{\sqrt{3}\,V\cos\theta}\text{ 를 이용하여 계산}$$

• 콘덴서 용량 $Q_c = P(\tan\theta_1 - \tan\theta_2)$

$$= P\left(\frac{\sin\theta_1}{\cos\theta_1} - \frac{\sin\theta_2}{\cos\theta_2}\right) = P\left(\frac{\sqrt{1-\cos^2\theta_1}}{\cos\theta_1} - \frac{\sqrt{1-\cos^2\theta_2}}{\cos\theta_2}\right)[\text{kVA}]$$

• 송전단 전압 $V_s = V_r + e = V_r + \sqrt{3}\,I(R\cos\theta + X\sin\theta)$

$$= V_r + \frac{P}{V_r}(R + X\tan\theta)\,[\text{V}]$$

29

3상 농형 유도전동기 부하가 다음 표와 같을 때 간선의 굵기를 구하려고 한다. 주어진 참고표의 해당 부분을 적용시켜 간선의 최소 전선 굵기를 계산하여 구하여라. 단, 전선은 PVC 절연전선을 사용하며, 공사방법은 B1에 의하여 시공한다.

【부하내역】

상수	전압	용량	대수	기동방법
3상	200[V]	22[kW]	1대	기동기 사용
		7.5[kW]	1대	직입 기동
		5.5[kW]	1대	직입 기동
		1.5[kW]	1대	직입 기동
		0.75[kW]	1대	직입 기동

【표】 200[V] 3상 유도전동기의 간선의 굵기 및 기구의 용량(B종 퓨즈의 경우) (동선)

전동기 kW 수의 총계 (kW) 이하	최대 사용 전류 (A) 이하	배선종류에 의한 간선의 최소 굵기(mm²)						직입기동 전동기 중 최대 용량의 것									
		공사방법 A1		공사방법 B1		공사방법 C		0.75 이하	1.5	2.2	3.7	5.5	7.5	11	15	18.5	22	30	37-55
								기동기사용 전동기 중 최대 용량의 것									
		PVC	XLPE, EPR	PVC	XLPE, EPR	PVC	XLPE, EPR	-	-	-	-	5.5	7.5	11 15	18.5 22	-	30 37	-	45	55
								과전류차단기 (A)........(칸 위 숫자) 개폐기 용량(A) ....(칸 아래 숫자)								
3	15	2.5	2.5	2.5	2.5	2.5	2.5	15 30	20 30	30 30	-	-	-	-	-	-	-	-
4.5	20	4	2.5	2.5	2.5	2.5	2.5	20 30	20 30	30 30	50 60							
6.3	30	6	4	6	4	4	2.5	30 30	30 30	50 60	50 60	75 100	-	-	-	-	-	-
8.2	40	10	6	10	6	6	4	50 60	50 60	50 60	75 100	75 100	100 100					
12	50	16	10	10	10	10	6	50 60	50 60	50 60	75 100	75 100	100 100	150 200				
15.7	75	35	25	25	16	16	16	75 100	75 100	75 100	75 100	100 100	100 100	150 200	150 200			
19.5	90	50	25	35	25	25	16	100 100	100 100	100 100	100 100	150 200	150 200	200 200	200 200			
23.2	100	50	35	35	25	35	25	100 100	100 100	100 100	100 100	150 200	150 200	200 200	200 200	200 200		
30	125	70	50	50	35	50	35	150 200	150 200	150 200	150 200	150 200	150 200	200 200	200 200	200 200		
37.5	150	95	70	70	50	70	50	150 200	150 200	150 200	150 200	150 200	150 200	200 200	200 200	300 300	300 300	-
45	175	120	70	95	50	70	50	200 200	200 200	200 200	200 200	200 200	200 200	200 200	300 300	300 300	300 300
52.5	200	150	95	95	70	95	70	200 200	200 200	200 200	200 200	200 200	200 200	200 200	300 300	400 400	400 400
63.7	250	240	150	-	95	120	95	300 300	300 300	300 300	300 300	300 300	300 300	300 300	400 400	400 400	500 600
75	300	300	185	-	120	185	120	300 300	300 300	300 300	300 300	300 300	300 300	300 300	400 400	400 400	500 600
86.2	350	-	240	-	-	240	150	400 400	400 400	400 400	400 400	400 400	400 400	400 400	400 400	400 400	600 600

【비고1】 최소 전선 굵기는 1회선에 대한 것임
【비고2】 공사방법 A1은 벽 내의 전선관에 공사한 절연전선 또는 단심케이블, B1은 벽면의 전선관에 공사한 절연전선 또는 단심케이블, 공사방법 C는 벽면에 공사한 단심 또는 다심케이블을 시설하는 경우의 전선 굵기를 표시하였다.
【비고3】 [전동기 중 최대의 것]에는 동시 기동하는 경우를 포함함

【비고4】 과전류 차단기의 용량은 해당 조항에 규정되어 있는 범위에서 실용상 거의 최대값을 표시함
【비고5】 과전류 차단기의 선정은 최대 용량의 정격전류의 3배에 다른 전동기의 정격전류의 합계를 가산한 값 이하를 표시함
【비고6】 고리퓨즈는 300[A] 이하에서 사용하여야 한다.

• 계산 :   • 답 :

계산 : 전동기[kW] 수의 총계 : 22×1+7.5×1+5.5×1+1.5×1+0.75×1=37.25[kW]
       표에서 37.5[kW] 이하, 공사방법 B1, PVC 절연전선 => 70[mm²] 선정

                                                                              답 : 70[mm²]

Explanation

【표】 200[V] 3상 유도전동기의 간선의 굵기 및 기구의 용량(B종 퓨즈의 경우) (동선)

전동기 kW 수의 총계 (kW) 이하	최대 사용 전류 (A) 이하	배선종류에 의한 간선의 최소 굵기(mm²)						직입기동 전동기 중 최대 용량의 것								
		공사방법 A1		공사방법 B1		공사방법 C		0.75 이하	1.5	2.2	3.7	5.5	7.5	11	15	18.5	22	30	37-55
								기동기사용 전동기 중 최대 용량의 것								
								-	-	-	5.5	7.5	11 15	18.5 22	-	30 37	-	45	55
		PVC	XLPE, EPR	PVC	XLPE, EPR	PVC	XLPE, EPR	과전류차단기 (A) ....(칸 위 숫자) 개폐기 용량(A) ....(칸 아래 숫자)								
3	15	2.5	2.5	2.5	2.5	2.5	2.5	15 30	20 30	30 30	-	-	-	-	-	-	-	-	-
4.5	20	4	2.5	2.5	2.5	2.5	2.5	20 30	20 30	30 30	50 60	-	-	-	-	-	-	-	-
6.3	30	6	4	6	4	4	2.5	30 30	30 30	50 60	50 60	75 100	-	-	-	-	-	-	-
8.2	40	10	6	10	6	6	4	50 60	50 60	50 60	75 100	75 100	100 100	-	-	-	-	-	-
12	50	16	10	10	10	10	6	50 60	50 60	50 60	75 100	75 100	100 100	150 200	-	-	-	-	-
15.7	75	35	25	25	16	16	16	75 100	75 100	75 100	75 100	100 100	100 100	150 200	150 200	-	-	-	-
19.5	90	50	25	35	25	25	16	100 100	100 100	100 100	100 100	100 100	150 200	150 200	200 200	-	-	-
23.2	100	50	35	35	25	35	25	100 100	100 100	100 100	100 100	100 100	150 200	150 200	200 200	200 200	-	-
30	125	70	50	50	35	50	35	150 200	150 200	150 200	150 200	150 200	150 200	150 200	200 200	200 200	-	-
37.5	150	95	70	70	50	70	50	150 200	150 200	150 200	150 200	150 200	150 200	150 200	300 300	300 300	300 300	-

【비고1】 최소 전선 굵기는 1회선에 대한 것임
【비고2】 공사방법 A1은 벽 내의 전선관에 공사한 절연전선 또는 단심케이블, B1은 벽면의 전선관에 공사한 절연전선 또는 단심케이블, 공사방법 C는 벽면에 공사한 단심 또는 다심케이블을 시설하는 경우의 전선 굵기를 표시하였다.
【비고3】 [전동기 중 최대의 것]에는 동시 기동하는 경우를 포함함
【비고4】 과전류 차단기의 용량은 해당 조항에 규정되어 있는 범위에서 실용상 거의 최대값을 표시함
【비고5】 과전류 차단기의 선정은 최대 용량의 정격전류의 3배에 다른 전동기의 정격전류의 합계를 가산한 값 이하를 표시함
【비고6】 고리퓨즈는 300[A] 이하에서 사용하여야 한다.

30 ★★★

200세대 아파트의 전등, 전열설비 부하가 600[kW], 동력설비 부하가 350[kW]이다. 이 아파트의 변압기 용량을 500[kVA], 1뱅크로 선정하였다면 전부하에 대한 수용률을 계산하여 구하여라. 단, 전등, 전열설비 부하의 역률은 1.0, 동력설비 부하의 역률은 0.7이고, 효율은 무시한다.

• 계산 :　　　　　　　　　　　　　• 답 :

Answer

계산 : • 전등, 전열
$$P_1 = 600\,[kW], \ P_{r1} = 0\,[kVar]$$
• 동력
$$P_2 = 350\,[kW], \ P_{r2} = 350 \times \frac{\sqrt{1-0.7^2}}{0.7} = 357.07\,[kVar]$$
• 합성역률
$$\cos\theta = \frac{P_1+P_2}{\sqrt{(P_1+P_2)^2+(P_{r1}+P_{r2})^2}} \times 100$$
$$= \frac{600+350}{\sqrt{(600+350)^2+(0+357.07)^2}} \times 100 = 93.61\,[\%]$$

• 수용률 $= \dfrac{500 \times 0.9361}{950} \times 100 = 49.27\,[\%]$

답 : 49.27[%]

Explanation

• 수용률 : 최대 전력과 부하설비 용량과의 비
　최대 전력은 수용가의 계약용량과 수전용 변압기의 용량을 결정하는 중요한 계수
• 수용률 $= \dfrac{\text{최대수용전력}}{\text{부하설비용량}} \times 100\,[\%]$
　최대수용전력 = 부하설비용량 × 수용률

---

31 ★★★☆☆

전압 220[V], 1시간의 사용 전력량 40[kWh], 역률 80[%]인 3상 부하가 있다. 이 부하의 역률을 개선하기 위하여 용량 30[kVA]인 진상 콘덴서를 설치할 경우 개선 후의 무효전력은 몇 [kVar]이며, 전류는 몇 [A]나 감소하게 되는가?

(1) 콘덴서를 설치한 후의 무효전력
　• 계산 :　　　　　　　　　　　　• 답 :
(2) 전류의 감소
　• 계산 :　　　　　　　　　　　　• 답 :

Answer

계산
(1) 콘덴서를 설치 후의 무효전력

• 콘덴서 설치 전 무효전력 $Q = P\tan\theta_1 = P \times \dfrac{\sin\theta_1}{\cos\theta_1} = 40 \times \dfrac{0.6}{0.8} = 30\,[kVar]$

• 콘덴서 설치 후 무효전력 $Q' = Q - Q_c = 30 - 30 = 0\,[kVar]$

답 : 0[kVar]

(2) 전류의 감소

• 역률개선 전 전류 $I_1 = \dfrac{P}{\sqrt{3}\,V\cos\theta_1} = \dfrac{40 \times 10^3}{\sqrt{3} \times 220 \times 0.8} = 131.22\,[A]$

- 역률개선 후 전류 $I_2 = \dfrac{P}{\sqrt{3}\,V\cos\theta_2} = \dfrac{40\times 10^3}{\sqrt{3}\times 220\times 1} = 104.97$ [A]
- 전류의 차(역률개선 전과 역률개선 후)
$I_1 = 131.22(0.8 - j0.6) = 104.98 - j78.73$ [A]
$I_2 = 104.98$ [A]
$I = I_1 - I_2 = 104.98 - j78.73 - 104.98 = -j78.73 = 78.73$ [A]

답 : 78.73[A]

Explanation

콘덴서 설치 후 역률
$\cos\theta_2 = \dfrac{P}{\sqrt{P^2 + (Q - Q_c)^2}} \times 100$ [%]에서
$Q - Q_c = 30 - 30 = 0$ [kVar]이므로 개선 후 역률은 1이 된다.

32 ★★★☆☆ 그림과 같이 Y결선된 평형 부하에 전압을 측정할 때 전압계의 지시값이 $V_p = 150$ [V], $V_l = 220$ [V] 로 나타났다. 다음 각 물음에 답하시오. 단, 부하 측에 인가된 전압은 각상 평형 전압이고 기본파와 제3고조파분 전압만이 포함되어 있다.

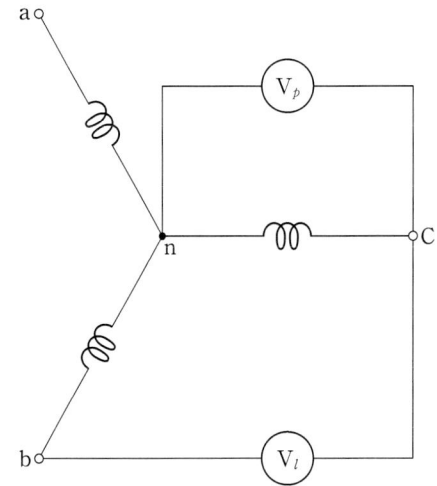

(1) 제3고조파 전압[V]을 구하시오.
- 계산 : • 답 :
(2) 전압의 왜형률[%]을 구하시오.
- 계산 : • 답 :

Answer

(1) 계산 : 상전압 $V_p = \sqrt{V_1^2 + V_3^2}$, $150 = \sqrt{V_1^2 + V_3^2}$
선간전압 $V_l = \sqrt{3}\,V_1$, $220 = \sqrt{3}\,V_1$
$V_1 = \dfrac{220}{\sqrt{3}} = 127.02$ [V]
$V_3 = \sqrt{150^2 - V_1^2} = \sqrt{150^2 - 127.02^2} = 79.79$ [V]

답 : 79.79[V]

(2) 계산 : 왜형률 = $\dfrac{\text{전 고조파의 실효값}}{\text{기본파의 실효값}} = \dfrac{79.79}{127.02} \times 100 = 62.82[\%]$

답 : 62.82[%]

Explanation

(1) Y결선 상전압(대지전압)에는 제3고조파가 존재하므로
상전압 $V_p = \sqrt{V_1^2 + V_3^2}$, $150 = \sqrt{V_1^2 + V_3^2}$
따라서 선간전압에는 제3고조파분이 존재하지 않으므로
$V_l = \sqrt{3}\, V_1$, $220 = \sqrt{3}\, V_1$
$V_1 = \dfrac{220}{\sqrt{3}} = 127.02\,[\text{V}]$
$V_3 = \sqrt{150^2 - V_1^2} = \sqrt{150^2 - 127.02^2} = 79.79\,[\text{V}]$

(2) 왜형률 = $\dfrac{\text{전 고조파의 실효값}}{\text{기본파의 실효값}}$

※ 제3고조파는 접지식 회로에 발생하며, 그래서 상전압에는 제3고조파가 존재한다.

33 ★★★☆☆
TV나 형광등과 같은 전기제품에서의 깜빡거림 현상을 플리커 현상이라 하는데 이 플리커 현상을 경감시키기 위한 전원 측과 수용가 측에서의 대책을 각각 3가지씩 서술하시오.

(1) 전원 측
-
-
-

(2) 수용가 측
-
-
-

Answer

(1) 전원 측
 ① 전용계통으로 공급한다.
 ② 공급 전압을 승압한다.
 ③ 단락 용량이 큰 계통에서 공급한다.
(2) 수용가 측
 ① 직렬 콘덴서 설치
 ② 부스터 설치
 ③ 직렬 리액터 설치

Explanation

(1) 전원 측에서의 대책
 ① 전용 계통으로 공급한다.
 ② 단락용량이 큰 계통에서 공급한다.
 ③ 전용 변압기로 공급한다.
 ④ 공급 전압을 승압한다.
(2) 수용가 측에서의 대책
 ① 전원 계통에 리액터분을 보상하는 방법
  • 직렬 콘덴서 방식
  • 3권선 보상 변압기 방식

② 전압 강하를 보상하는 방법
- 부스터 방식
- 상호 보상 리액터 방식

③ 부하의 무효 전력 변동분을 흡수하는 방법
- 동기 조상기와 리액터 방식
- 사이리스터(thyristor) 이용 콘덴서 개폐방식
- 사이리스터용 리액터

④ 플리커 부하 전류의 변동분을 억제하는 방법
- 직렬 리액터 방식
- 직렬 리액터 가포화 방식 등이 있다.

34. 단상 유도 전동기에 대한 다음 각 질문에 답하시오.

(1) 기동 방식을 4가지만 쓰시오.
-
-
-
-

(2) 분상 기동형 단상 유도 전동기의 회전 방향을 바꾸려면 어떻게 하면 되는가?
- 답 :

(3) 단상 유도 전동기의 절연을 E종 절연물로 하였을 경우 허용 최고 온도는 몇 [℃]인가?
- 답 :

Answer

(1) ① 반발 기동형
② 셰이딩 코일형
③ 콘덴서 기동형
④ 분상 기동형

(2) 기동권선의 접속을 반대로 바꾸어 준다.

(3) 120[℃]

Explanation

- 단상 유도전동기 기동토크가 큰 순서
  반발 기동형 〉 반발 유도형 〉 콘덴서 기동형 〉 분상 기동형 〉 셰이딩 코일형 〉 모노사이클릭형
- 분상 기동형
  - 주권선과 90° 위상차가 있는 보조 권선을 설치하여 주권선과 위상차에 의해 기동
  - 주권선과 보조권선의 특징
    $R > X$(보조권선), $R < X$(주권선)
  - 회전방향 변경 : 기동권선의 접속을 반대로 한다.
- 절연의 종류

종류	Y종	A종	E종	B종	F종	H종	C종
최고 사용온도[℃]	90	105	120	130	155	180	180 초과

35 현재 비상 전원으로 쓰이는 UPS의 원리에 대한 개략의 블록 다이어그램을 그려서 설명하시오.

- 블록 다이어그램

- 설명

Answer

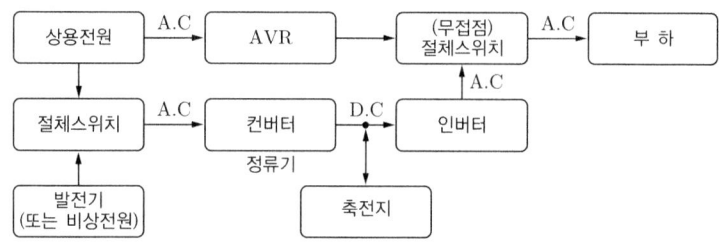

UPS(Uninterruptible Power Supply)는 무정전 전원 공급 장치로서 직류 전원 장치(축전지)와 컨버터, 인버터로 구성되며 블록선도와 같이 상시에는 교류 전원을 정류기(컨버터)를 이용하여 직류로 변환하고 축전지에 저장하고 인버터에 의하여 안정된 교류로 역변환하여 부하에 전력을 공급하며 전원의 정전 시에는 축전지가 방전하여 이것을 인버터로써 교류로 역변환하여 부하에 전력을 공급하는 장치이다.

Explanation

- 무정전 전원 공급 장치(UPS : Uninterruptible Power Supply)
  - 구성 : 축전지, 정류 장치(Converter), 역변환 장치(Inverter)
  - 선로의 정전이나 입력 전원에 이상 상태가 발생하였을 경우에도 정상적으로 전력을 부하 측에 공급하는 설비
- UPS의 구성도

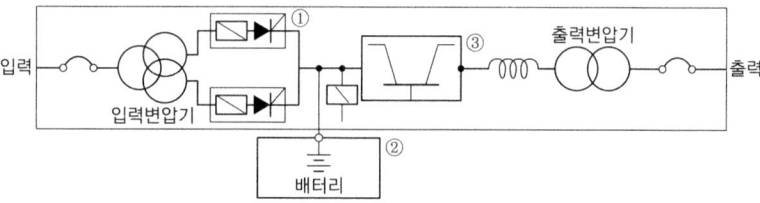

- UPS 구성 장치
  ① 순변환(정류) 장치(Converter) : 교류를 직류로 변환
  ② 축전지 : 정류 장치에 의해 변환된 직류 전력을 저장
  ③ 역변환 장치(Inverter) : 직류를 상용 주파수의 교류 전압으로 변환

36 다음 질문에 답하시오.

(1) 그림과 같은 송전 철탑에서 등가 선간 거리[m]는?

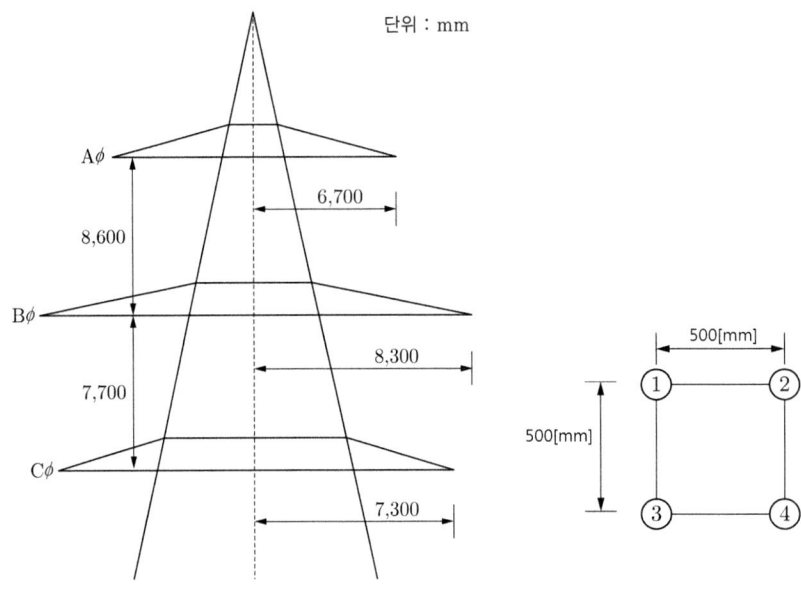

• 계산 :   • 답 :

(2) 정4각형 배치의 4도체에서 소선 상호간의 기하학적 평균 거리[m]는?
• 계산 :   • 답 :

Answer

(1) 계산 : $D_{AB} = \sqrt{8.6^2 + (8.3-6.7)^2} = 8.75\,[\text{m}]$

$D_{BC} = \sqrt{7.7^2 + (8.3-7.3)^2} = 7.76\,[\text{m}]$

$D_{CA} = \sqrt{(8.6+7.7)^2 + (7.3-6.7)^2} = 16.31\,[\text{m}]$

등가선간거리 $D_e = \sqrt[3]{D_{AB} \cdot D_{BC} \cdot D_{CA}}$
$= \sqrt[3]{8.75 \times 7.76 \times 16.31} = 10.35\,[\text{m}]$

답 : 10.35[m]

(2) 계산 : $D_e = \sqrt[6]{2}\,D = \sqrt[6]{2} \times 0.5 = 0.56$

답 : 0.56[m]

Explanation

• 등가선간거리 $D_e = \sqrt[3]{D_{AB} \cdot D_{BC} \cdot D_{CA}}$
• 정사각형 배열(기하평균거리)인 경우의 기하평균거리
  기하 평균 거리 $D' = \sqrt[6]{D \cdot D \cdot D \cdot D \cdot \sqrt{2}\,D \cdot \sqrt{2}\,D}$
  $= \sqrt[6]{2}\,D$

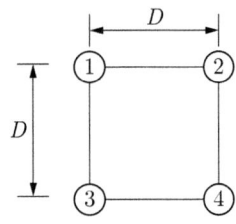

37. 3.7[kW]와 7.5[kW]의 직입기동 농형 전동기 및 22[kW]의 기동기 사용 권선형 전동기 등 3대를 그림과 같이 접속하였다. 이때 다음 각 물음에 답하시오. 단, 공사 방법 B_1으로 XLPE 절연 전선을 사용하였으며, 정격 전압은 200[V]이고 간선 및 분기 회로에 사용되는 전선도체의 재질 및 종류는 같다고 한다.

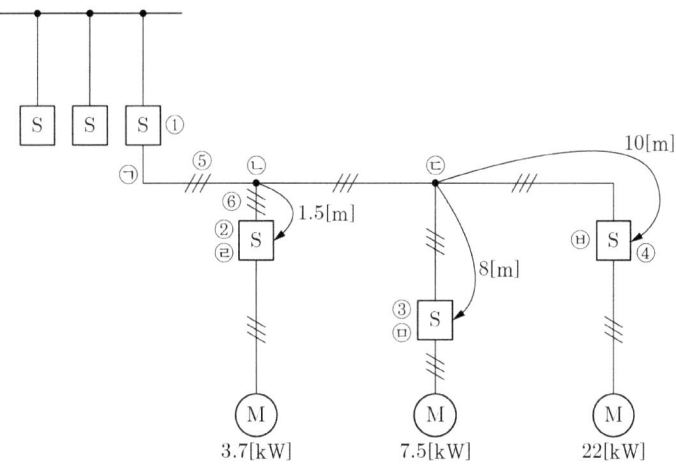

(1) 간선에 사용되는 스위치 ①의 최소 용량은 몇 [A]인가?
   • 계산 :

   • 답 :
(2) 간선에 사용되는 퓨즈의 최소 용량은 몇 [A]인가?
   • 계산 :

   • 답 :
(3) 간선의 최소 굵기는 몇 [mm²]인가?
   • 계산 :

   • 답 :
(4) 22[kW] 전동기 분기 회로에 사용되는 ④의 개폐기 및 퓨즈의 용량은 몇 [A]인가?
   • 계산 :

   • 답 :
(5) ㉢~㉤ 사이의 분기 회로에 사용되는 전선의 최소 굵기는 몇 [mm²]인가?
   • 계산 :

   • 답 :
(6) ㉢~㉥ 사이의 분기 회로에 사용되는 전선의 최소 굵기는 몇 [mm²]인가?
   • 계산 :
   • 답 :

[표1] 전동기 공사에서 간선의 굵기, 개폐기 용량 및 적정 퓨즈(200[V], B종 퓨즈)

전동기 [kW] 수의 총계 ① [kW] 이하	최대 사용 전류 ① [A] 이하	배선종류에 의한 간선의 최소 굵기[mm²] ②						직입기동 전동기 중 최대 용량의 것										
		공사방법 A1 (3개선)		공사방법 B1 (3개선)		공사방법 C (3개선)		0.75 이하	1.5	2.2	3.7	5.5	7.5	11	15	18.5	22	30	37~55
								기동기 사용 전동기 중 최대 용량의 것											
								-	-	-	5.5	7.5	11, 15	18.5, 22	-	30, 37	-	45	55
		PVC	XLPE, EPR	PVC	XLPE, EPR	PVC	XLPE, EPR	과전류 차단기[A](……)(칸 위 숫자) ③ 개폐기 용량[A](……)(칸 아래 숫자) ④											
3	15	2.5	2.5	2.5	2.5	2.5	2.5	15 30	20 30	30 30	-	-	-	-	-	-	-	-	-
4.5	20	4	2.5	2.5	2.5	2.5	2.5	20 30	20 30	30 30	50 60	-	-	-	-	-	-	-	-
6.3	30	6	4	6	4	4	2.5	30 30	30 30	50 60	50 60	75 100	-	-	-	-	-	-	-
8.2	40	10	6	10	6	6	4	50 60	50 60	50 60	75 100	75 100	100 100	-	-	-	-	-	-
12	50	16	10	10	10	10	6	50 60	50 60	50 60	75 100	75 100	100 100	150 200	-	-	-	-	-
15.7	75	35	25	25	16	16	16	75 100	75 100	75 100	75 100	100 100	100 100	150 200	150 200	-	-	-	-
19.5	90	50	25	35	25	25	16	100 100	100 100	100 100	100 100	100 100	150 200	150 200	150 200	200 200	-	-	-
23.2	100	50	35	35	25	35	25	100 100	100 100	100 100	100 100	100 100	150 200	150 200	200 200	200 200	200 200	-	-
30	125	70	50	50	35	50	35	150 200	150 200	150 200	150 200	150 200	150 200	150 200	200 200	200 200	200 200	-	-
37.5	150	95	70	70	50	70	50	150 200	150 200	150 200	150 200	150 200	150 200	150 200	200 200	300 300	300 300	300 300	-
45	175	120	70	95	50	95	50	200 200	200 200	200 200	200 200	200 200	200 200	200 200	200 200	300 300	300 300	300 300	300 300
52.5	200	150	95	95	70	95	70	200 200	200 200	200 200	200 200	200 200	200 200	200 200	200 200	300 300	300 300	400 400	400 400
63.7	250	240	150	-	95	120	95	300 300	300 300	300 300	300 300	300 300	300 300	300 300	300 300	400 400	400 400	500 600	-
75	300	300	185	-	120	185	120	300 300	300 300	300 300	300 300	300 300	300 300	300 300	300 300	400 400	400 400	500 600	-
86.2	350	-	240	-	-	240	150	400 400	400 400	400 400	400 400	400 400	400 400	400 400	400 400	400 400	400 400	600 600	-

[주]
1. 최소 전선 굵기는 1회선에 대한 것이며, 2회선 이상일 경우는 복수회로 보정 계수를 적용하여야 한다.
2. 공사방법 A1은 벽 내의 전선관에 공사한 절연전선 또는 단심케이블, B1은 벽면의 전선관에 공사한 절연전선 또는 단심케이블, 공사방법 C는 벽면에 공사한 단심 또는 다심케이블을 시설하는 경우의 전선 굵기를 표시하였다.
3. [전동기중 최대의 것]에는 동시 기동하는 경우를 포함함
4. 과전류차단기의 용량은 해당 조항에 규정되어 있는 범위에서 실용상 거의 최대 값을 표시함
5. 과전류 차단기의 선정은 최대용량의 정격전류의 3배에 다른 전동기의 정격전류의 합계를 가산한 값 이하를 표시함
6. 고리퓨즈는 300[A] 이하에서 사용하여야 한다.

【표2】 전동기 분기 회로의 전선 굵기 · 개폐기 용량 및 적정 퓨즈(200[V] 3상 유도 전동기 1대의 경우)

정격출력 [kW]	전부하전류 [A]	배선종류에 의한 동 전선의 최소 굵기[mm²]					
		공사방법 A1 (3개선)		공사방법 B1 (3개선)		공사방법 C (3개선)	
		PVC	XLPE, EPR	PVC	XLPE, EPR	PVC	XLPE, EPR
0.2	1.8	2.5	2.5	2.5	2.5	2.5	2.5
0.4	3.2	2.5	2.5	2.5	2.5	2.5	2.5
0.75	4.8	2.5	2.5	2.5	2.5	2.5	2.5
1.5	8	2.5	2.5	2.5	2.5	2.5	2.5
2.2	11.1	2.5	2.5	2.5	2.5	2.5	2.5
3.7	17.4	2.5	2.5	2.5	2.5	2.5	2.5
5.5	26	6	4	4	2.5	4	2.5
7.5	34	10	6	6	4	6	4
11	48	16	10	10	6	10	6
15	65	25	16	16	10	16	10
18.5	79	35	25	25	16	25	16
22	93	50	35	35	25	25	16
30	124	70	50	50	35	50	35
37	152	95	70	70	50	70	50

정격출력 [kW]	전부하전류 [A]	개폐기용량[A]				과전류 차단기(B종 퓨즈)[A]				전동기용 초과눈금 전류계의 정격전류 [A]	접지도체의 최소 굵기 [mm²]
		직입기동		기동기 사용		직입기동		기동기 사용			
		현장조작	분기	현장조작	분기	현장조작	분기	현장조작	분기		
0.2	1.8	15	15			15	15			3	2.5
0.4	3.2	15	15			15	15			5	2.5
0.75	4.8	15	15			15	15			5	2.5
1.5	8	15	30			15	20			10	4
2.2	11.1	30	30			20	30			15	4
3.7	17.4	30	60			30	50			20	6
5.5	26	60	60	30	60	50	60	30	50	30	6
7.5	34	100	100	60	100	75	100	50	75	30	10
11	48	100	200	100	100	100	150	75	100	60	16
15	65	100	200	100	100	100	150	100	100	60	16
18.5	79	200	200	100	200	150	200	100	150	100	16
22	93	200	200	100	200	150	200	100	150	100	16
30	124	200	400	200	200	200	300	150	200	150	25
37	152	200	400	200	200	200	300	150	200	200	25

【주2】 1. 최소 전선 굵기는 1회선에 대한 것이며, 2회선 이상일 경우는 복수회로 보정 계수를 적용하여야 한다.
2. 공사방법 A1은 벽 내의 전선관에 공사한 절연전선 또는 단심케이블, B1은 벽면의 전선관에 공사한 절연전선 또는 단심케이블, 공사방법 C는 벽면에 공사한 단심 또는 다심케이블을 시설하는 경우의 전선 굵기를 표시하였다.
3. 전동기 2대 이상을 동일회로로 할 경우는 간선의 【표】를 적용할 것

Answer

(1) 전동기 수의 총계 = 3.7+7.5+22=33.2[kW]이므로
【표1】에서 전동기 수의 총계 37.5[kW] 난과 기동기 사용 22[kW] 난에서 개폐기 200[A] 선정
답 : 200[A]

(2) 전동기 수의 총계 = 3.7+7.5+22=33.2[kW]이므로
【표1】에서 전동기 수의 총계 37.5[kW] 난과 기동기 사용 22[kW] 난에서 과전류 차단기 150[A] 선정
답 : 150[A]

(3) 전동기 수의 총계 = 3.7+7.5+22=33.2[kW]이므로
【표1】에서 전동기 수의 총계 37.5[kW] 난에서 전선 50[mm^2] 선정
답 : 50[mm^2]

(4) 【표2】에서 정격 출력 22[kW] 난의 기동기 사용 시 개폐기 용량 200[A] 및 과전류 차단기 150[A] 선정
답 : 분기 개폐기 200[A], 과전류 차단기 150[A]

(5) 8[m] 이내이므로 $50 \times \dfrac{1}{5} = 10$[mm^2]
답 : 10[mm^2]

(6) 8[m]를 초과하였으므로 $50 \times \dfrac{1}{2} = 25$[mm^2]
답 : 25[mm^2]

Explanation

- 전동기 수의 총계라는 표가 주어지면 우선 전동기용량의 총계를 구하며 표에 적용하며 또한 공사방법이 B_1으로 XLPE 절연전선을 사용한다는 것에 유의
- 【표1】은 간선에 관한 사항이며 【표2】는 분기선에 관한 사항

(내선규정 제3,315-4조)
간선과 분기선에 사용하는 전선의 종류 및 재질이 동일한 경우 분기선의 단면적이 간선 단면적의 1/5 이상이면 분기점으로부터 8[m] 이내 과전류 차단기를 시설해야 한다.

(5)번의 경우 분기선이 간선에서 8[m] 이내이므로 간선의 굵기의 1/5을 적용하여 $50 \times \dfrac{1}{5} = 10$[mm^2]이 된다.

(내선규정 제3,315-4조)
간선과 분기선에 사용하는 전선의 종류 및 재질이 동일한 경우 분기선의 단면적이 간선 단면적의 1/2이상이면 분기점으로부터 임의의 길이에 과전류 차단기를 시설해야 한다.

(6)번의 경우 분기선이 간선에서 10[m] 이내이므로 임의의 길이로 판단하여 간선의 굵기의 1/2을 적용하여 $50 \times \dfrac{1}{2} = 25$[mm^2]이 된다.

---

38 ★★★☆☆ 유입변압기와 몰드형 변압기를 비교하였을 때 몰드형 변압기의 장점(5가지)과 단점(2가지)을 서술하시오.

(1) 장점
(2) 단점

Answer

[장점]
① 난연성(자기소화성) 우수
② 절연신뢰성 향상
③ 소형, 경량화
④ 내습성 및 내진성이 양호
⑤ 유입변압기에 비해 보수점검이 용이

[단점]
① 가격이 고가
② 내전압이 낮아 서지에 대한 대책이 필요

Explanation

몰드변압기(Mold Transformer) : 고압권선과 저압권선을 모두 에폭시 수지로 몰드한 변압기

39 ★★★☆☆
그림은 누전차단기를 적용하는 것으로 CVCF 출력단의 접지용 콘덴서 $C_0 = 6[\mu F]$이고, 부하 측 라인 필터의 대지정전용량 $C_1 = C_2 = 0.1[\mu F]$, 누전 차단기 ELB_1에서 지락점 까지의 케이블 대지정전용량 $C_{L1} = 0$(ELB_1의 출력 단에 지락 발생 예상), ELB_2에서 부하 2까지의 케이블 대지정전 용량 $C_{L2} = 0.2[\mu F]$이다. 지락 저항은 무시하며, 사용 전압은 200[V], 주파수가 60[Hz]인 경우 다음 각 질문에 답하시오.

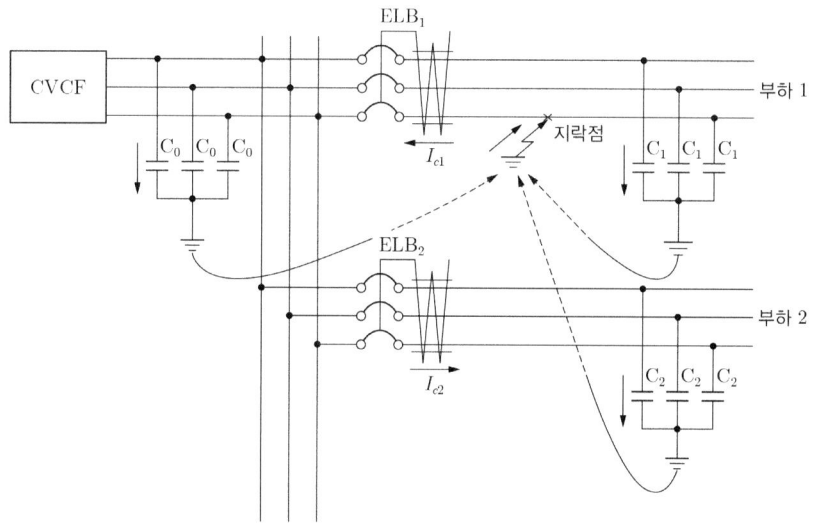

[조건]
① ELB_1에 흐르는 지락 전류 I_{g1}은 약 796[mA]($I_{g1} = 3 \times 2\pi f\, CE$에 의하여 계산)이다.
② 누전차단기는 지락 시의 지락 전류의 1/3에 동작 가능하여야 하며, 부동작 전류는 건전피더에 흐르는 지락전류의 2배 이상의 것으로 한다.
③ 누전차단기의 시설 구분에 대한 표시 기호는 다음과 같다.
　○ : 누전차단기를 시설할 것
　△ : 주택에 기계 기구를 시설하는 경우에는 누전차단기를 시설할 것
　□ : 주택구내 또는 도로에 접한 면에 룸 에어컨디셔너, 아이스박스, 진열장, 자동 판매기 등 전동기를 부품으로 한 기계 기구를 시설하는 경우에는 누전차단기를 시설하는 것이 바람직하다.
　※ 사람이 조작하고자 하는 기계 기구를 시설한 장소보다 전기적인 조건이 나쁜 장소에서 접촉할 우려가 있는 경우에는 전기적 조건이 나쁜 장소에 시설된 것으로 취급한다.

(1) 도면에서 CVCF는 무엇인지 우리말로 그 명칭을 쓰시오.
　• 답 :
(2) 건전피더 ELB_2에 흐르는 지락 전류 I_{g2}는 몇 [mA]인가?
　• 계산 :　　　　　　　　　• 답 :

(3) 누전 차단기 ELB₁, ELB₂가 불필요한 동작을 하지 않기 위해서는 정격감도전류 몇 [mA] 범위의 것을 선정하여야 하는가?
  • 계산 :   • 답 :

(4) 누전 차단기의 시설 예에 대한 표의 빈 칸에 ○, □, △를 표현하시오.

전로의 대지전압 \ 기계기구 시설장소	옥내		옥측		옥외	물기가 있는 장소
	건조한 장소	습기가 많은 장소	우선내	우선외		
150[V] 이하						
150[V] 초과 300[V] 이하						

Answer

(1) 정전압 정주파수 공급 장치

(2) 건전피더 ELB₂에 흐르는 지락전류
  계산 :
  $$I_{g2} = 3 \times 2\pi f(C_2 + C_{L2}) \times \frac{V}{\sqrt{3}} \text{[A]}$$
  $$= 3 \times 2\pi \times 60 \times (0.1 + 0.2) \times 10^{-6} \times \frac{200}{\sqrt{3}} = 0.03918 \text{[A]}$$
  $$= 39.18 \text{[mA]}$$
  답 : 39.18[mA]

(3) 정격 감도 전류의 범위
  계산 :
  ① 동작 전류(지락전류 × $\frac{1}{3}$)
  $$I_{g1} = 796 \text{[mA]}$$
  $$\therefore \text{ELB}_1 = 796 \times \frac{1}{3} = 265.33 \text{[mA]}$$
  $$I_{g2} = 3 \times 2\pi f(C_o + C_1 + C_2 + C_{L2}) \times \frac{V}{\sqrt{3}}$$
  $$= 3 \times 2\pi \times 60 \times (6 + 0.1 + 0.1 + 0.2) \times 10^{-6} \times \frac{200}{\sqrt{3}}$$
  $$= 0.8358 \text{[A]} = 835.8 \text{[mA]}$$
  $$\therefore \text{ELB}_2 = 835.8 \times \frac{1}{3} = 278.6 \text{[mA]}$$
  ② 부동작 전류(건전피더 지락전류 × 2)
    • Cable ①에 지락 시 Cable ② 흐르는 지락전류
    $$I_{g2} = 3 \times 2\pi f(C_2 + C_{L2}) \times \frac{V}{\sqrt{3}}$$
    $$= 3 \times 2\pi \times 60 \times (0.1 + 0.2) \times 10^{-6} \times \frac{200}{\sqrt{3}}$$
    $$= 0.039178 \text{[A]} = 39.18 \text{[mA]}$$
    $$\therefore \text{ELB}_2 = 39.18 \times 2 = 78.36 \text{[mA]}$$
    • Cable ② 지락 시 Cable ①에 흐르는 지락전류
    $$I_{g1} = 3 \times 2\pi f(C_1 + C_{L1}) \times \frac{V}{\sqrt{3}}$$

$$= 3 \times 2\pi \times 60 \times (0.1+0) \times 10^{-6} \times \frac{200}{\sqrt{3}}$$

$$= 0.01306[A] = 13.06[mA]$$

$$\therefore ELB_1 = 13.06 \times 2 = 26.12[mA]$$

답 : 누전 차단기 정격 감도 전류
ELB_1 : 26.12~265.33[mA]
ELB_2 : 78.36~278.6[mA]

(4)

전로의 대지전압	기계기구 시설장소	옥내		옥측		옥외	물기가 있는 장소
		건조한 장소	습기가 많은 장소	우선내	우선외		
150[V] 이하		×	×	×	□	□	○
150[V] 초과 300[V] 이하		△	○	×	○	○	○

Explanation

- 지락전류 $I_g = 3\omega CE = 3 \times 2\pi f \times C \times \dfrac{V}{\sqrt{3}}$

(KEC 211.2.4조) 누전 차단기의 시설
- 사람이 쉽게 접촉될 우려가 있는 장소에 시설하는 사용 전압이 50[V]를 초과하는 저압의 금속제 외함을 가지는 기계 기구에 전기를 공급하는 전로에 자기가 발생 하였을 때 자동적으로 전로를 차단하는 누전차단기 등을 설치하여야 한다.
- 주택의 전로 인입구에는 전기용품관리법의 적용을 받는 인체 감전 보호용 누전 차단기를 설치한다.
- 누전차단기 시설 장소

전로의 대지전압	기계기구 시설장소	옥내		옥측		옥외	물기가 있는 장소
		건조한 장소	습기가 많은 장소	우선내	우선외		
150[V] 이하		×	×	×	□	□	○
150[V] 초과 300[V] 이하		△	○	×	○	○	○

【비고】 ○ : 누전차단기를 시설하는 곳
△ : 주택에 기계 기구를 시설하는 경우에는 누전차단기를 시설할 곳
□ : 주택 구내 또는 도로에 접한 면에 룸에어컨디셔너, 아이스박스, 진열창, 자동판매기 등 전동기를 부품으로 한 기계 기구를 시설하는 경우에는 누전차단기를 시설하는 것이 바람직한 곳
× : 누전차단기를 시설하지 않아도 되는 곳

- 누전차단기의 선정
  - 인입구장치 등에 시설하는 누전차단기는 충격파 부동작형일 것
  - 누전차단기의 조작용 손잡이 또는 누름단추는 트립프리(Trip Free)기구일 것
  - 누전경보기의 음성경보장치는 원칙적으로 벨(Bell)식 또는 버저(Buzzer)식인 것으로 할 것

40 ★★★☆☆

예비 전원으로 이용되는 축전지에 대한 다음 각 질문에 답하시오.

(1) 그림과 같은 부하 특성을 갖는 축전지를 사용할 때 보수율은 0.8, 최저 축전지 온도 5[℃], 허용 최저 전압 90[V]일 때 몇 [Ah] 이상인 축전지를 선정하여야 하는가? (단, $I_1 = 50[A]$, $I_2 = 40[A]$, $K_1 = 1.17$, $K_2 = 0.93$이고 셀(cell)당 전압은 1.06[V/cell]이다.)

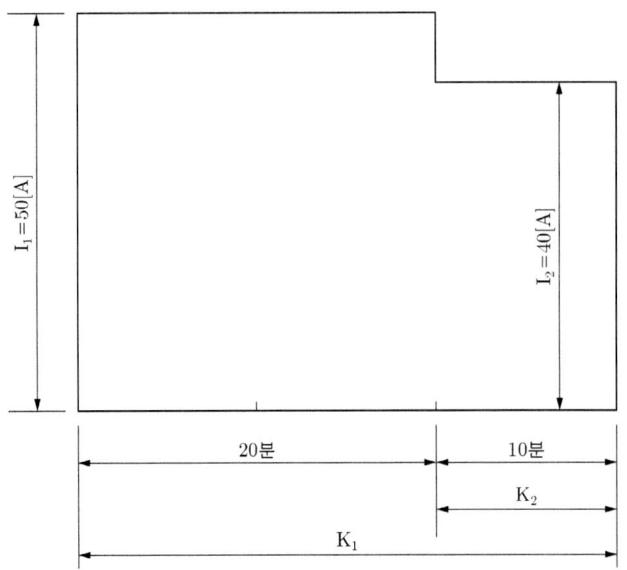

- 계산 :　　　　　　　　　　　　　　　　· 답 :
(2) 축전지의 과방전 및 방치 상태, 가벼운 설페이션(Sulfation)현상 등이 생겼을 때 기능회복을 위하여 실시하는 충전 방식은 무엇인가?
(3) 연 축전지와 알칼리 축전지의 공칭 전압은 각각 몇 [V]인가?
(4) 축전지 설비를 하려고 한다. 그 구성을 크게 4가지로 구분하시오.

Answer

(1) 계산 :
$$C = \frac{1}{L}[K_1 I_1 + K_2(I_2 - I_1)] = \frac{1}{0.8}[1.17 \times 50 + 0.93 \times (40-50)] = 61.5[Ah]$$
답 : 61.5[Ah]

(2) 회복충전
(3) 연 축전지 : 2[V], 알칼리 축전지 : 1.2[V]
(4) ① 축전지　　　② 충전장치　　　③ 보안장치　　　④ 제어장치

Explanation

- 축전지 용량 계산 $C = \frac{1}{L}KI$[Ah]

  여기서, L : 보수율(경년용량 저하율)
  　　　K : 용량 환산 시간
  　　　I : 방전전류[A]

- 축전지 용량 : 방전 특성 곡선의 면적

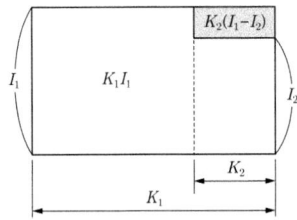

$$C = \frac{1}{L}[K_1 I_1 + K_2(I_2 - I_1)]$$

방전특성 곡선의 면적 $C = \frac{1}{L}[K_1 I_1 + K_2(I_2 - I_1)]$

즉, 축전지 용량은 방전 특성 곡선의 면적과 같게 한다.

(2) 회복충전 : 정전류 충전법에 의하여 약한 전류로 40~50시간 충전시킨 후 방전시키고, 다시 충전시킨 후 방전시킨다. 이와 같은 동작을 여러 번 반복하게 되면 본래의 출력 용량을 회복하게 되는데 이러한 충전 방법을 회복충전이라 한다.

41 설비용량이 10[kW]인 수용가 A와 수용가 B의 부하곡선이 각각 다음과 같을 때에 대한 다음 각 물음에 답하시오.

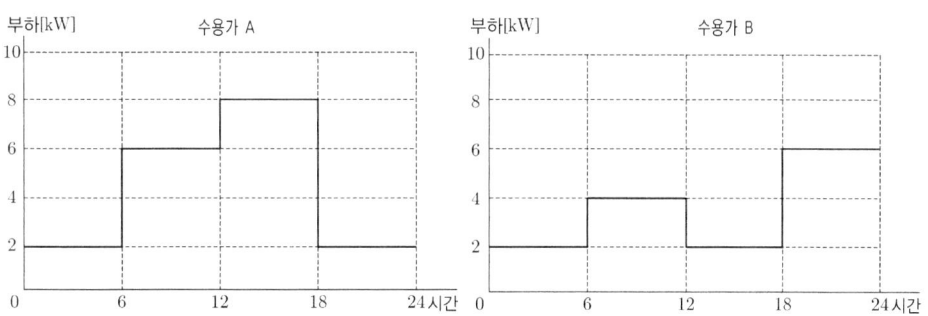

(1) A, B 각 수용가의 수용률은 얼마인가?

수용가	계산	수용률(%)
A		
B		

(2) A, B 각 수용가의 일부하율을 계산하시오.

수용가	계산	부하율(%)
A		
B		

(3) A, B 각 수용가 상호간의 부등률을 계산하시오.
· 계산 :   · 답 :

Answer

(1)

수용가	계산	수용률(%)
A	수용률 $=\dfrac{8}{10}\times 100 = 80[\%]$	80[%]
B	수용률 $=\dfrac{6}{10}\times 100 = 60[\%]$	60[%]

(2)

수용가	계산	부하율(%)
A	$\dfrac{(2+6+8+2)\times 6}{8\times 24}\times 100 = 56.25[\%]$	56.25[%]
B	$\dfrac{(2+4+2+6)\times 6}{6\times 24}\times 100 = 58.33[\%]$	58.33[%]

(3) · 부등률 계산 : $\dfrac{8+6}{6+4} = 1.4$

- 부등률 = $\dfrac{\text{개별 부하의 최대 수요 전력의 합}}{\text{합성 최대 전력}} \geq 1$
  - 전력소비기기를 동시에 사용하는 정도
  - 각 수용가에서의 최대수용 전력의 발생시각은 시간적으로 차이가 있다.
  - 배전 변압기 또는 간선에서의 합성 최대 수용 전력은 각 수용가에서의 최대 수용 전력의 합보다 적게 되는데 이 비를 부등률이라 함
- 부하율 = $\dfrac{\text{평균 수용 전력[kW]}}{\text{합성 최대 수용 전력[kW]}} \times 100[\%] = \dfrac{\text{사용전력량[kWh]/사용시간}}{\text{합성 최대 수용 전력[kW]}} \times 100[\%]$
- 합성 최대 전력 : 6~12시, 12시~18시 사이에 발생하여
  이 때 A 수용가 : 6,000[kW], 8,0000[kW], B 수용가 : 4,000[kW], 2,000[kW]
  따라서 합성최대전력은 6,000 + 4,000 = 10,000[kW]

42 ★★★☆☆
표와 같은 수용가 A, B, C에 공급하는 배전 선로의 최대 전력이 450[kW]라고 할 때 다음 각 질문에 답하시오.

수용가	설비용량[kW]	수용률[%]
A	250	65
B	300	70
C	350	75

(1) 수용가의 부등률은 얼마인가?
  - 계산 :   • 답 :
(2) 부등률이 크다는 것은 어떤 것을 의미하는가?
(3) 수용률의 의미를 간단히 설명하시오.

Answer

(1) 계산 : 부등률 = $\dfrac{250 \times 0.65 + 300 \times 0.7 + 350 \times 0.75}{450} = 1.41$ 답 : 1.41

(2) 최대 전력을 소비하는 기기의 사용 시간대가 서로 다르다.

(3) 설비 용량에 대한 최대 전력의 비를 백분율로 나타낸 것. 수용률 = $\dfrac{\text{최대수용 전력}}{\text{부하 설비 용량}} \times 100[\%]$

Explanation

- 부등률 = $\dfrac{\text{개별 부하의 최대 수요 전력의 합}}{\text{합성 최대 전력}} \geq 1$
  - 전력소비기기를 동시에 사용하는 정도
  - 각 수용가에서의 최대수용 전력의 발생시각은 시간적으로 차이가 있다.
- 부등률이 커지면 변압기 용량이 감소하므로 설비 이용률은 증가하며 따라서 경제성은 높아진다.
- 수용률 = $\dfrac{\text{최대수용 전력}}{\text{부하 설비 용량}} \times 100[\%]$

43. 도로의 조명설계에 관한 다음 각 질문에 답하시오.

(1) 도로 조명설계에 있어서 성능 상 고려하여야 할 중요 사항을 5가지만 쓰시오.
(2) 도로의 너비가 40[m]인 곳의 양쪽으로 35[m] 간격으로 지그재그 식으로 등주를 배치하여 도로 위의 평균 조도를 6[lx]가 되도록 하고자 한다. 도로면의 광속 이용률은 30[%], 유지율은 75[%]로 한다고 할 때 각 등주에 사용되는 수은등의 규격은 몇 [W]의 것을 사용하여야 하는지, 전광속을 계산하고, 주어진 수은등 규격표에서 찾아 쓰시오.

[수은등의 규격표]

크기[W]	램프전류[A]	전광속[lm]
100	1.0	3,200~4,000
200	1.9	7,700~8,500
250	2.1	10,000~11,000
300	2.5	13,000~14,000
400	3.7	18,000~20,000

• 계산 :   • 답 :

Answer

(1) ① 운전자의 방향에서 본 노면의 휘도가 충분히 높고, 조도 균제도가 일정할 것
② 보행자가 보는 노면의 휘도가 충분히 높고, 조도 균제도가 일정할 것
③ 조명기구의 눈부심이 불쾌감을 주지 않도록 할 것
④ 조명시설이 도로나 그 주변의 경관을 해치지 말 것
⑤ 광원색이 환경에 적합한 것이며, 그 연색성이 양호할 것

(2) 계산 : 광속 $F = \dfrac{ESD}{UN} = \dfrac{6 \times \dfrac{40 \times 35}{2} \times \dfrac{1}{0.75}}{0.3 \times 1} = 18,666.67[\text{lm}]$ 답 : 표에서 400[W] 선정

Explanation

• 조명계산
  $FUN = ESD$
  여기서, $F[\text{lm}]$: 광속, $U[\%]$: 조명률, $N[등]$: 등수, $E[\text{lx}]$: 조도, $S[\text{m}^2]$: 면적
  $D = \dfrac{1}{M}$: 감광보상률 $= \dfrac{1}{보수율(유지율)}$

• 도로조명 설계 시
  – 등수는 1등을 기준으로 계산
  – 면적(a : 도로 폭, b : 등기구 간격)
    중앙배열, 한쪽배열(편측배열) : $S = a \cdot b$
    양쪽배열(대칭배열), 지그재그 식 : $S = \dfrac{a \cdot b}{2}$

• 도로 조명 설계 시 성능상 고려사항
  – 운전자의 방향에서 본 노면의 휘도가 충분히 높고, 조도 균제도가 일정할 것
  – 보행자가 보는 노면의 휘도가 충분히 높고, 조도 균제도가 일정할 것
  – 조명기구의 눈부심이 불쾌감을 주지 않도록 할 것
  – 조명시설이 도로나 그 주변의 경관을 해치지 말 것
  – 광원색이 환경에 적합한 것이며, 그 연색성이 양호할 것
  – 도로상의 연직면 조도가 충분히 밝고, 서로간의 보행자를 알아볼 수 있을 것

44 ★★★☆☆ 다음 그림과 같은 사무실이 있다. 이 사무실의 평균 조도를 200[lx]로 하고자 할 때 다음 각 질문에 답하시오.

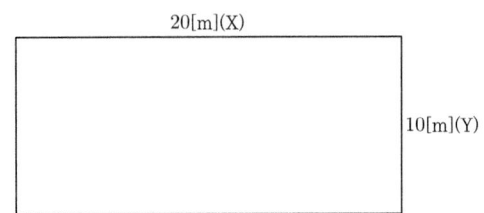

[조건]
- 형광등은 40[W]를 사용하고, 이 형광등의 광속은 2,500[lm]으로 한다.
- 조명률은 0.6, 감광보상률은 1.2로 한다.
- 사무실 내부에 기둥은 없는 것으로 한다.
- 간격은 등기구 센터를 기준으로 한다.
- 등기구는 O으로 표현하도록 한다.

(1) 이 사무실에 필요한 형광등의 수를 구하시오.
- 계산 :   • 답 :

(2) 등기구를 답안지에 배치하시오.

(3) 등 간의 간격과 최외각에 설치된 등기구와 건물 벽 간의 간격(A, B, C, D)은 각각 몇 [m]인가?

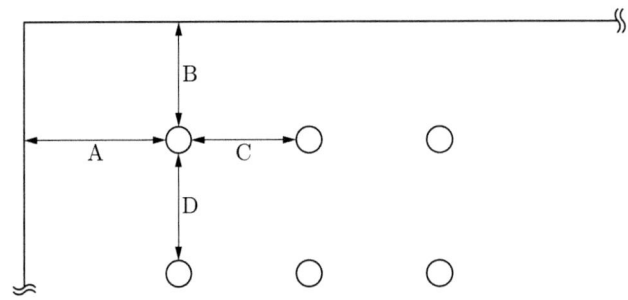

(4) 만일 주파수 60[Hz]에 사용하는 형광 방전등을 50[Hz]에서 사용한다면 광속과 점등 시간은 어떻게 변화되는지를 설명하시오.

(5) 양호한 전반 조명이라면 등 간격은 등 높이의 몇 배 이하로 해야 하는가?

Answer

(1) 계산 : $N = \dfrac{ESD}{FU} = \dfrac{200 \times 10 \times 20 \times 1.2}{2,500 \times 0.6} = 32[등]$ 답 : 32[등]

(2)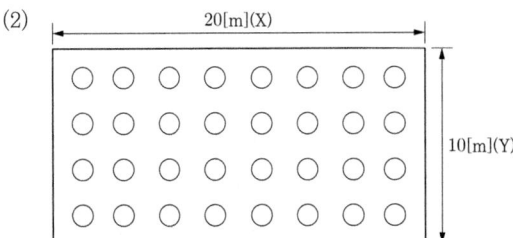

(3) A : 1.25[m]   B : 1.25[m]
    C : 2.5[m]   D : 2.5[m]
(4) 광속 : 증가, 점등시간 : 늦음
(5) 1.5배

Explanation

- 조명계산
  $FUN = ESD$
  여기서, F[lm] : 광속, U[%] : 조명률, N[등] : 등수
  E[lx] : 조도, S[m^2] : 면적, $D = \dfrac{1}{M}$: 감광보상률 $= \dfrac{1}{\text{보수율(유지율)}}$

- 등기구 간격(전반조명)
  - 등기구간 간격 : $S \leq 1.5H$
  - 등기구와 벽 사이 간격 : $S \leq 0.5H$

- 가로 $\dfrac{20}{8} = 2.5$ 이므로
  등기구간의 간격을 2.5[m]로 하며 등과 벽 사이의 간격을 1.25[m]로 선정한다.

- 주파수 60[Hz]에 사용하는 형광방전등을 50[Hz]에서 사용
  - 주파수와 주기는 반비례하므로 $T = \dfrac{1}{f}$ 에서 주파수가 낮아지면 주기가 길어져서 점등시간은 길어지게 되며 광속은 더 긴 시간 동안 점등되므로 증가하게 된다.

45 ★★★☆☆

스위치 S_1, S_2, S_3에 의하여 직접 제어되는 계전기 X, Y, Z가 있다. 전등 L_1, L_2, L_3, L_4가 동작표와 같이 점등된다고 할 때 다음 각 질문에 답하시오.

[동작표]

X	Y	Z	L_1	L_2	L_3	L_4
0	0	0	0	0	0	1
0	0	1	0	0	1	0
0	1	0	0	0	1	0
0	1	1	1	0	0	0
1	0	0	0	0	1	0
1	0	1	0	1	0	0
1	1	0	0	1	0	0
1	1	1	1	0	0	0

[조건]

- 출력 램프 L_1에 대한 논리식 $L_1 = X \cdot Y \cdot Z$
- 출력 램프 L_2에 대한 논리식 $L_2 = \overline{X} \cdot Y \cdot Z + X \cdot \overline{Y} \cdot Z + X \cdot Y \cdot \overline{Z}$
- 출력 램프 L_3에 대한 논리식 $L_3 = \overline{X} \cdot \overline{Y} \cdot Z + \overline{X} \cdot Y \cdot \overline{Z} + X \cdot \overline{Y} \cdot \overline{Z}$
- 출력 램프 L_4에 대한 논리식 $L_4 = \overline{X} \cdot \overline{Y} \cdot \overline{Z}$

(1) 답안지 유접점 회로에 대한 미완성 부분을 최소 접점수로 도면을 완성하시오.

[예]

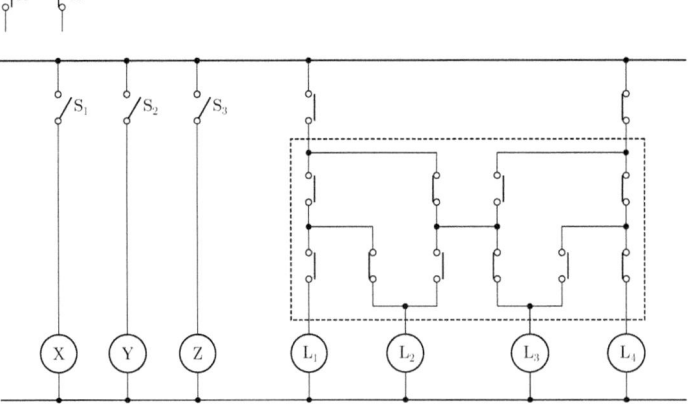

(2) 답안지의 무접점 회로에 대한 미완성 부분을 완성하고 출력을 표시하시오
(예 : 출력 L_1, L_2, L_3, L_4)

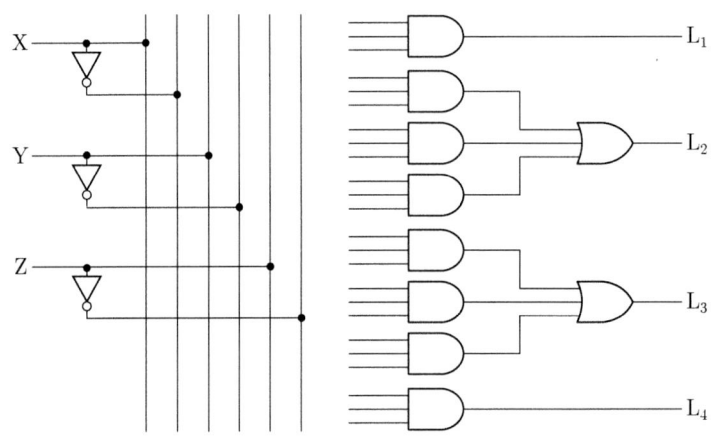

Answer

(1) L_2, L_3를 간이화 하면

$L_2 = \overline{X} \cdot Y \cdot Z + X \cdot \overline{Y} \cdot Z + X \cdot Y \cdot \overline{Z} = \overline{X} \cdot Y \cdot Z + X \cdot (\overline{Y} \cdot Z + Y \cdot \overline{Z})$

$L_3 = \overline{X} \cdot \overline{Y} \cdot Z + \overline{X} \cdot Y \cdot \overline{Z} + X \cdot \overline{Y} \cdot \overline{Z} = X \cdot \overline{Y} \cdot \overline{Z} + \overline{X} \cdot (Y \cdot \overline{Z} + \overline{Y} \cdot Z)$

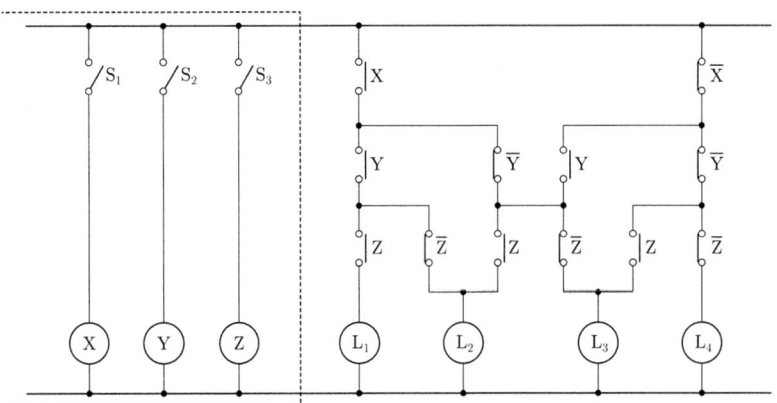

(2)

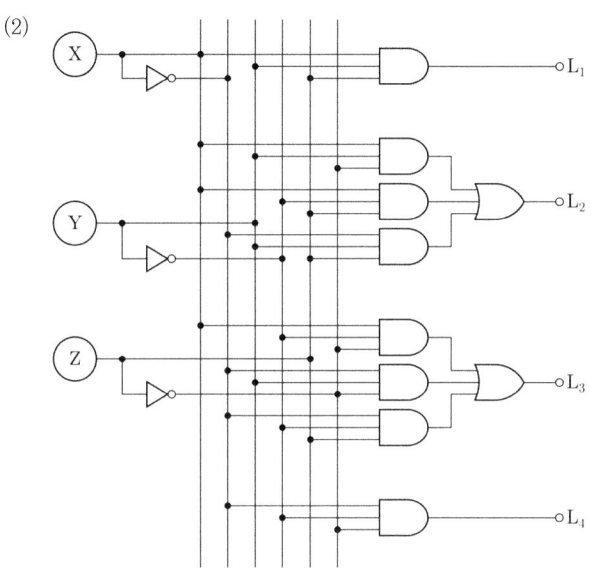

Explanation

- 유접점 회로 : 최소 접점수로 도면을 완성

46 ★★★☆☆

도면은 전동기 A, B, C 3대를 기동시키는 제어 회로이다. 이 회로를 보고 다음 각 질문에 답하시오. (단, MA : 전동기 A의 기동 정지 개폐기, MB : 전동기 B의 기동 정지 개폐기, MC : 전동기 C의 기동 정지 개폐기)

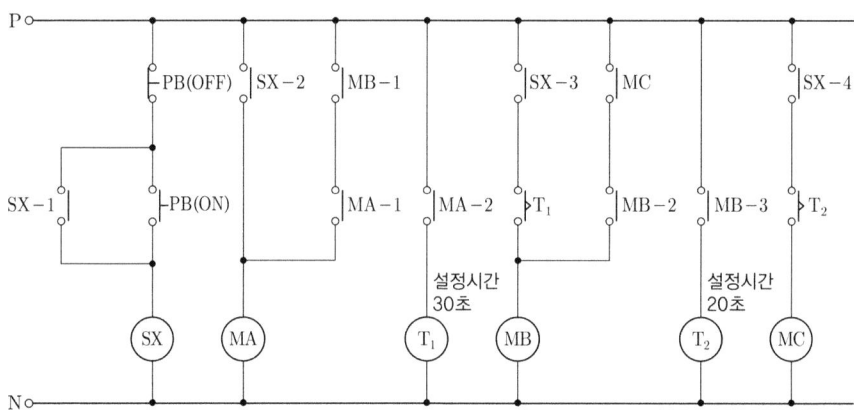

(1) 전동기를 기동시키기 위하여 PB(ON)을 누르면 전동기는 어떻게 기동되는지 그 기동 과정을 상세히 설명하시오.
(2) SX-1의 역할에 대한 접점 명칭은 무엇인가?
(3) 전동기(A, B, C)를 정지시키고자 PB(OFF)를 눌렀을 때, 전동기가 정지되는 순서는 어떻게 되는가?

Answer

(1) PB(ON)을 누르면 SX가 여자되어 SX 접점에 의해 MA가 동작되어 A전동기가 동작한다.
 T_1이 여자되어 설정시간 30초 후에 MB가 동작되어 B전동기가 동작한다.
 T_2가 여자되고 설정시간 20초 후 MC가 동작되어 C전동기가 동작한다.
(2) 자기 유지
(3) C → B → A

> **Explanation**

- 자기 유지 : 기동 스위치와 병렬로 시설하는 a접점을 사용하여 스위치를 투입하고 스위치를 원위치하여도 계속해서 동작하도록 하는 접점
- 전동기 순차제어 회로
  - 기동 순서 : A → B → C
  - 정지 순서 : C → B → A

47. 예비전원설비를 축전지설비로 하고자 할 때, 다음 각 질문에 답하시오.

(1) 축전지의 충전 방식으로 가장 많이 사용되는 부동 충전 방식에 대하여 설명하고, 부동 충전 방식의 설비에 대한 개략적인 회로도를 그리시오.

(2) 연축전지와 알칼리 축전지를 비교할 때, 알칼리 축전지의 장점 2가지와 단점 1가지를 쓰시오.(단, 수명, 가격은 제외할 것)
  - 장점 :
  - 단점 :

> **Answer**

(1) ① 원리 : 축전지의 자기 방전을 보충하는 동시에 상용 부하에 대한 전력공급은 충전기가 부담하고 충전기가 부담하기 어려운 일시적인 대전류 부하는 축전지가 부담하도록 하는 방식
  ② 회로도

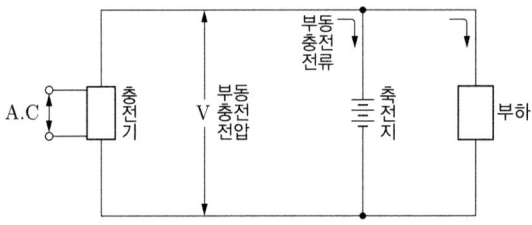

(2) 장점 : ① 충·방전 특성이 양호하다.
         ② 방전 시 전압 변동이 작다.
    단점 : ① 연축전지에 비하여 충전용량이 작고 단자전압이 낮다.

> **Explanation**

- 알칼리 축전지의 특징
  - 수명이 길고 운반진동에 강하다.
  - 방전 시 전압변동이 적다.
  - 충·방전 특성이 양호하다.
  - 다소 용량이 감소하여도 못쓰게 되지 않음
  - 납축전지에 비해 충전용량이 작고 공칭전압이 낮다.
  - 가격이 비싸다.
- 알칼리 축전지의 종류
  - 포케식 ┌ AL형 : 완 방전형(일반 설치용)
         │ AM형 : 표준형(표준 방전용)
         │ AMH형 : 급 방전형(준고율 방전용)
         └ AH-P형 : 초급 방전형(고율 방전용)
  - 소결식 ┌ AH-S형 : 초급 방전형(고율 방전용)
         └ AHH형 : 초초급 방전형(초고율 방전용)

48 그림과 같이 3상 농형 유도 전동기 4대가 있다. 이에 대한 MCC반을 구성하고자 할 때 다음 각 질문에 답하시오.

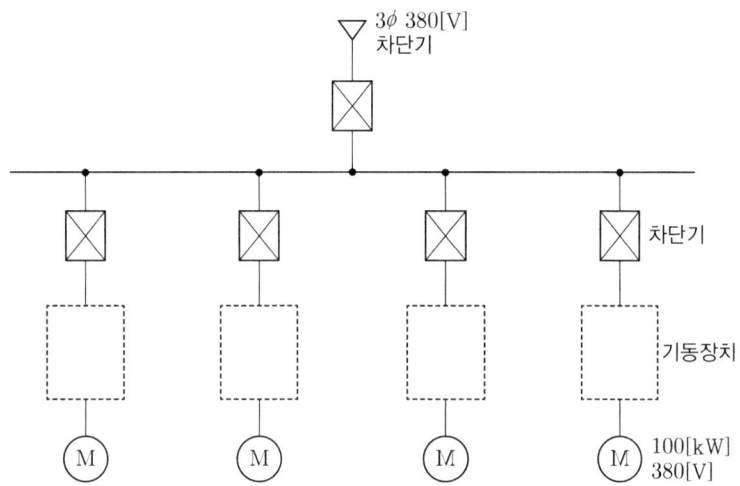

(1) MCC(Motor Control Center)의 기기 구성에 대한 대표적인 장치를 3가지만 쓰시오.
  -
  -
  -
(2) 전동기 기동방식을 기기의 수명과 경제적인 면을 고려한다면 어떤 방식이 적합한가?
  - 답 :
(3) 콘덴서 설치 시 제5고조파를 제거하고자 한다. 그 대책에 대해 설명하시오.
  - 답 :
(4) 차단기는 보호 계전기의 4가지 요소에 의해 동작되도록 하는 데 그 4가지 요소를 쓰시오.
  -
  -
  -
  -

Answer

(1) ① 차단 장치
    ② 기동 장치
    ③ 제어 및 보호 장치
(2) 기동 보상기법
(3) 콘덴서 용량의 6[%] 정도의 직렬 리액터를 설치한다.
(4) ① 단일 전류 요소
    ② 단일 전압 요소
    ③ 전압, 전류요소
    ④ 2전류 요소

Explanation

- MCC(Motor Control Center) : 차단장치, 기동장치, 제어 및 보호장치
- 문제에서의 농형 유도 전동기는 기동장치가 있으며 용량이 100[kW] 정도이므로 농형 유도 전동기의 기동법
  - 전전압 기동 : 5[kW] 이하

- Y-△ 기동 : 5~15[kW]
- 기동 보상기법 : 15[kW] 이상

이들 중 적합한 것은 기동보상기법이다.

- 콘덴서 설비
  - 방전코일 : 잔류전하 방전하여 인체의 감전사고 보호
  - 직렬리액터 : 콘덴서 용량의 6[%] 정도를 리액터를 사용하여 제5고조파 제거
  - 전력용 콘덴서 : 부하의 역률 개선

- 전동기 보호용 차단기의 보호계전기 동작 요소
  - 단일 전류 요소(과전류계전기 등)
  - 단일 전압 요소(과전압계전기, 부족전압계전기 등)
  - 전압, 전류요소(과전류계전기, 과전압계전기 등)
  - 2전류 요소(차동계전기 등)

49 ★★★☆☆

사무실로 사용하는 건물에 단상 3선식 110/220[V]를 채용하고 변압기가 설치된 수전실에서 60[m] 되는 곳의 부하를 "부하집계표"와 같이 배분하는 분전반을 시설하고자 한다. 주어진 조건과 참고자료를 이용하여 다음 각 질문에 답하시오

- 공사방법은 A1으로 PVC 절연전선을 사용한다.
- 전압 강하는 3[%] 이하로 되어야 한다.
- 부하 집계표는 다음과 같다.

회로 번호	부하 명칭	총 부하 [VA]	부하 분담[VA]		비고
			A선	B선	
1	전등	2,920	1,460	1,460	
2	〃	2,680	1,340	1,340	
3	콘센트	1,100	1,100		
4	〃	1,400	1,400		
5	〃	800		800	
6	〃	1,000		1,000	
7	팬코일	750	750		
8	〃	700		700	
합계		11,350	6,050	5,300	

【표1】 간선의 굵기, 개폐기 및 과전류 차단기의 용량

최대상정부하전류 [A]	배선 종류에 의한 간선의 동 전선 최소 굵기 [mm²]											개폐기의 정격 [A]	과전류 차단기의 정격 [A]	
	공사방법 A1				공사방법 B1				공사방법 C					
	2개선		3개선		2개선		3개선		2개선		3개선			B종 퓨즈	A종 퓨즈 또는 배선용 차단기
	PVC	XLPE, EPR	PVC	XLPE, EPR	PVC	XLPE, EPR	PVC	XLPE, EPR	PVC	XLPE, EPR	PVC	XLPE, EPR			
20	4	2.5	4	2.5	2.5	2.5	2.5	2.5	2.5	2.5	2.5	2.5	30	20	20
30	6	4	6	4	4	2.5	6	4	4	2.5	4	2.5	30	30	30
40	10	6	10	6	6	4	10	6	6	4	6	4	60	40	40
50	16	10	16	10	10	6	10	10	10	6	10	6	60	50	50
60	16	10	25	16	16	10	16	10	10	10	16	10	60	60	60
75	25	16	35	25	16	10	25	16	16	10	16	16	100	75	75
100	50	25	50	35	25	16	35	25	25	16	35	25	100	100	100
125	70	35	70	50	35	25	50	35	35	25	50	35	200	125	125
150	70	50	95	70	50	35	70	50	50	35	70	50	200	150	150
175	95	70	120	70	70	50	95	50	70	50	70	50	200	200	175
200	120	70	150	95	95	70	95	70	95	70	95	70	200	200	200
250	185	120	240	150	120	70	–	95	95	70	120	95	300	250	250
300	240	150	300	185	–	95	–	120	150	95	185	120	300	300	300
350	300	185	–	240	–	120	–	–	185	120	240	150	400	400	350
400	–	240	–	300	–	–	–	–	240	150	240	185	400	400	400

【표2】 후강전선관 굵기의 선정

도체 단면적 [mm²]	전선본수									
	1	2	3	4	5	6	7	8	9	10
	전선관의 최소 굵기 [mm]									
2.5	16	16	16	16	22	22	22	28	28	28
4	16	16	16	22	22	22	28	28	28	28
6	16	16	22	22	22	28	28	28	36	36
10	16	22	22	28	28	36	36	36	36	36
16	16	22	28	28	36	36	36	42	42	42
25	22	28	28	36	36	42	54	54	54	54
35	22	28	36	42	54	54	54	70	70	70
50	22	36	54	54	70	70	70	82	82	82
70	28	42	54	54	70	70	70	82	82	92
95	28	54	54	70	70	82	82	92	92	104
120	36	54	54	70	70	82	82	92		
150	36	70	70	82	92	92	104	104		
185	36	70	70	82	92	104				
240	42	82	82	92	104					

【주】 1. 전선 1본수는 접지도체 및 직류 회로의 전선에도 적용한다.
   2. 이 표는 실험 결과와 경험을 기초로 하여 결정한 것이다.
   3. 이 표는 KS C IEC 60227-3의 450/750[V] 일반용 단심 비닐절연전선을 기준한 것이다.

【표3】 접지 공사의 접지도체의 굵기

접지하는 전기기기 및 전선관 전단에 설치된 자동 과전류 차단장치의 정격전류 또는 다음의 선정값을 초과하지 않는 경우[A]	접지도체의 최소 굵기[mm²]			
	동선	알루미늄선	이동하면서 사용하는 기계기구에 접지를 하여야 할 경우로서 가요성(可燒性)을 필요로 하는 부분에 코드 또는 캡타이어 케이블을 사용하는 경우	
			단심 굵기	병렬 2심인 경우 1심 굵기
15	2.5	4	1.5	0.75
20	2.5	4	1.5	0.75
30	2.5	4	2.5	1.5
40	2.5	4	2.5	1.5
50	4	6	4	1.5
100	6	16	6	4
200	16	16	16	6
300	16	25	16	6
400	25	35	25	16

[표4] 간선의 수용률

건축물의 종류	수용률[%]
주택, 기숙사, 여관, 호텔, 병원, 창고	50
학교, 사무실, 은행	70

【주】 전등 및 소형 전기기계 기구의 용량 합계가 10[kVA]를 초과하는 것은 그 초과 용량에 대해서는 표의 수용률을 적용할 수 있다.

(1) 간선으로 사용하는 전선(동도체)의 단면적은 몇 [mm²]인가?
 • 계산 :   • 답 :
(2) 간선보호용 퓨즈(A종)의 정격전류는 몇 [A]인가?
 • 답 :
(3) 이곳에 사용되는 후강 전선관의 지름은 몇 [mm]인가?
 • 답 :
(4) 후강전선관을 접지 공사로 설계할 때 접지도체의 굵기는 얼마로 하여야 하는가?
 • 답 :
(5) 설비 불평형률은 몇 [%]가 되겠는가?
 • 계산 :   • 답 :

Answer

(1) 계산 :
전압 강하 $e = 110 \times 0.03 = 3.3[V]$

A선 전류 $I_A = \dfrac{6,050}{110} = 55[A]$

B선 전류 $I_B = \dfrac{5,300}{110} = 48.18[A]$이므로

전류는 A선 전류가 B선보다 크므로 A선 전류 55[A]를 기준으로 하면

전선 단면적 $A = \dfrac{17.8LI}{1,000e} = \dfrac{17.8 \times 60 \times 55}{1,000 \times 3.3} = 17.8[mm^2]$ 답 : 전선 굵기 25[mm²] 선정

(2) 【표1】에서 공사방법 A1, PVC 절연전선 3개 선을 사용하는 경우 전선의 굵기가 25[mm^2]일 때 과전류 차단기의 정격 전류 60[A] 선정

답 : 60[A] 선정

(3) 【표2】에서 25[mm^2] 전선 3본이 들어갈 수 있는 전선관 28[mm] 선정

(4) 간선 보호용 차단기가 60[A]이므로 【표3】에서 100[A] 이하에 해당되므로 6.0[mm^2] 이상의 전선을 접지도체로 선정

답 : 6[mm^2] 이상

(5) 설비불평형률 $= \dfrac{3{,}250 - 2{,}500}{11{,}350 \times \dfrac{1}{2}} \times 100 = 13.22[\%]$

답 : 13.22[%]

Explanation

- 단상 3선식의 전선의 굵기를 선정할 때 기준이 되는 전류는 두 선 중 전류가 큰 쪽을 기준으로 하여 전선의 굵기를 선정
- 전압 강하 및 전선의 단면적 계산

전기 방식	전압 강하		전선 단면적	대상 전압강하
단상 3선식 직류 3선식 3상 4선식	IR	$e = \dfrac{17.8LI}{1{,}000A}$	$A = \dfrac{17.8LI}{1{,}000e}$	대지와 선간
단상 2선식 직류 2선식	$2IR$	$e = \dfrac{35.6LI}{1{,}000A}$	$A = \dfrac{35.6LI}{1{,}000e}$	선간
3상 3선식	$\sqrt{3}\,IR$	$e = \dfrac{30.8LI}{1{,}000A}$	$A = \dfrac{30.8LI}{1{,}000e}$	선간

여기서, e : 전압강하[V], A : 사용전선의 단면적[mm^2]
L : 선로의 길이[m], C : 전선의 도전율(97[%])

- KSC IEC 전선 규격

전선의 공칭단면적[mm^2]			
1.5	16	95	300
2.5	25	120	400
4	35	150	500
6	50	185	630
10	70	240	

【표1】 간선의 굵기, 개폐기 및 과전류 차단기의 용량

최대 상정 부하 전류 [A]	배선 종류에 의한 간선의 동 전선 최소 굵기[mm^2]											개폐기의 정격 [A]	과전류 차단기의 정격 [A]	
	공사방법 A1				공사방법 B1				공사방법 C				B종 퓨즈	A종 퓨즈 또는 배선용 차단기
	2개선		3개선		2개선		3개선		2개선		3개선			
	PVC	XLPE, EPR	PVC	XLPE, EPR	PVC	XLPE, EPR	PVC	XLPE, EPR	PVC	XLPE, EPR	PVC	XLPE, EPR		
50	16	10	16	10	10	6	10	10	10	6	10	6	60	50	50
60	16	10	25	16	16	10	16	10	10	10	16	10	60	60	60

【표2】 후강전선관 굵기의 선정

도체 단면적 [mm²]	전선본수									
	1	2	3	4	5	6	7	8	9	10
	전선관의 최소 굵기[mm]									
16	16	22	28	28	36	36	36	42	42	42
25	22	28	28	36	36	42	54	54	54	54

【표3】 접지 공사의 접지도체의 굵기

접지하는 전기기기 및 전선관 전단에 설치된 자동 과전류 차단장치의 정격전류 또는 다음의 선정값을 초과하지 않는 경우[A]	접지도체의 최소 굵기[mm²]			
	동선	알루미늄선	이동하면서 사용하는 기계기구에 접지를 하여야 할 경우로서 가요성(可燒性)을 필요로 하는 부분에 코드 또는 캡타이어 케이블을 사용하는 경우	
			단심 굵기	병렬 2심인 경우 1심 굵기
50	4	6	4	1.5
100	6	16	6	4

- 단상 3선식에서 설비불평형률

$$설비불평형률 = \frac{중성선과 \ 각 \ 전압측 \ 전선간에 \ 접속되는 \ 부하설비용량[kVA]의 \ 차}{총 \ 부하설비용량[kVA]의 \ 1/2} \times 100[\%]$$

여기서, 불평형은 40[%] 이하이어야 한다.

50 ★★★☆☆

다음 설명은 상용전원과 예비전원 운전 시 유의하여야 할 사항이다. ( ) 안에 알맞은 내용을 답란에 적으시오.

> 상용전원설비와 예비전원설비 사이에는 병렬운전을 하지 않는 것이 원칙이므로 수전용차단기와 발전용 차단기 사이에는 전기적 또는 기계적으로 (①)을 시설하여야 하며 (②)를 사용하여야 한다.

Answer

① 인터록   ② 전환 개폐기

Explanation

(내선규정 제4168-7조) 상시전원의 전환
상시전원 정전 시에 상시전원에서 예비전원으로 전환하는 경우에는 그 접속하는 부하 및 배선이 동일한 경우는 양 접속점에 전환개폐기를 사용한다.

51 다음의 회로에서 최대 눈금 15[A]의 직류 전류계 2개를 접속하고 전류 20[A]를 흘리면 각 전류계의 지시는 몇 [A]인지 구하시오. 단, 전류계 최대 눈금의 전압강하는 A_1이 75[mV], A_2가 50[mV]이다.

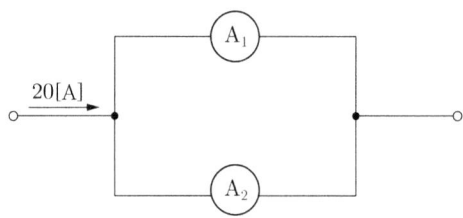

• 계산 :   • 답 :

Answer

계산 : • 두 전류계의 내부 저항은
$$r_1 = \frac{75 \times 10^{-3}}{15} = 5\,[\text{m}\Omega],\ r_2 = \frac{50 \times 10^{-3}}{15} = 3.33\,[\text{m}\Omega]$$

• A_2 전류계에 흐르는 전류
$$I_2 = \frac{r_1}{r_1 + r_2} \times I = \frac{5}{5 + 3.33} \times 20 = 12\,[\text{A}]$$

• A_1 전류계에 흐르는 전류
$$I_1 = \frac{r_2}{r_1 + r_2} \times I = \frac{3.33}{5 + 3.33} \times 20 = 8\,[\text{A}]$$

답 : A_1 전류계에 흐르는 전류 8[A], A_2 전류계에 흐르는 전류 12[A]

Explanation

• 전압강하 : $e = IR$에서 내부저항 $R = \dfrac{e}{I}$
• 전류 분배 법칙
$$I_1 = \frac{V}{R_1} = \frac{R_2}{R_1 + R_2} I\,[\text{A}]$$
$$I_2 = \frac{V}{R_2} = \frac{R_1}{R_1 + R_2} I\,[\text{A}]$$

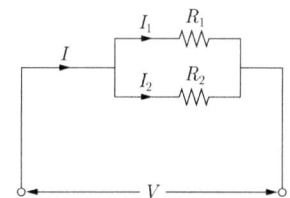

52 3상4선식 교류 380[V], 50[kVA] 부하가 변전실 배전반에서 270[m] 떨어져 설치되어 있다. 허용전압강하는 얼마이며 이 경우 배전용 케이블의 최소 굵기는 얼마로 하여야 하는지 구하시오.

(1) 허용 전압강하를 계산하시오.
 • 계산 :   • 답 :
(2) 케이블의 굵기를 선정하시오.
 • 계산 :   • 답 :

Answer

(1) 계산 : 거리가 270[m]이므로 100[m]를 초과하는 부분의 전압강하

$$(270-100) \times 0.005 = 0.85[\%]이나\ 0.5[\%]를 넘지 말아야 하므로$$
총 전압강하는 $5 + 0.5 = 5.5[\%]$
전압강하 $e = 380 \times 0.055 = 20.9[V]$

답 : 20.9[V]

(2) 계산 : $I = \dfrac{50 \times 10^3}{\sqrt{3} \times 380} = 75.97[A]$

전선의 굵기 $A = \dfrac{17.8 LI}{1,000 e} = \dfrac{17.8 \times 270 \times 75.97}{1,000 \times 220 \times 0.055} = 30.17[\text{mm}^2]$

답 : 35[mm²]

Explanation

- 허용전압강하
(1) 다른 조건을 고려하지 않는다면 수용가 설비의 인입구로부터 기기까지의 전압강하는 표의 값 이하이어야 한다.

설비의 유형	조명[%]	기타[%]
A – 저압으로 수전하는 경우	3	5
B – 고압 이상으로 수전하는 경우	6	8

1) 가능한 한 최종회로 내의 전압강하가 A 유형의 값을 넘지 않도록 하는 것이 바람직하다.
2) 사용자의 배선설비가 100[m]를 넘는 부분의 전압강하는 미터 당 0.005[%] 증가할 수 있으나 이러한 증가분은 0.5[%]를 넘지 않아야 한다.

※ 최대 전압강하
저압배선에 대하여 저압으로 수전하는 경우 계량기 2차측 단자에서부터 해당 부하까지, 고압이상 수전하는 경우는 변압기
2차측 단자에서부터 해당 부하까지 포함하는 전압강하임.
(2) 다음의 경우에는 표보다 더 큰 전압강하를 허용할 수 있다.
  ① 기동 시간 중의 전동기
  ② 돌입전류가 큰 기타 기기
(3) 다음과 같은 일시적인 조건은 고려하지 않는다.
  ① 과도과전압
  ② 비정상적인 사용으로 인한 전압 변동

53 ★★★☆☆ 평형 3상 회로에 변류비 100/5[A]인 변류기 2개를 그림과 같이 접속하였을 때 전류계에 3[A]의 전류가 흘렀다. 1차 전류의 크기는 몇 [A]인지 계산하시오.

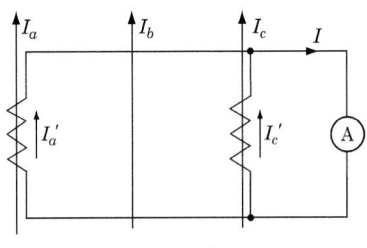

- 계산 :   • 답 :

Answer

계산 : 가동결선이므로
  1차 측 전류 $I_1 =$ 전류계 전류 × CT비
  $I_1 = 3 \times \dfrac{100}{5} = 60[A]$

답 : 60[A]

Explanation

가동결선

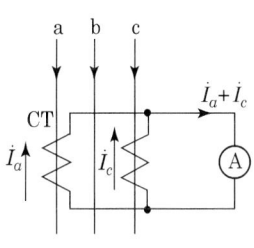
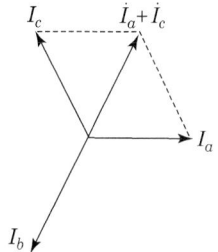

$\dot{I} = \dot{I}_a + \dot{I}_c$

1차 측 전류 I_1 = 전류계 전류 × CT비

54

★★★

1선 지락전류가 100[A]이고, 사용전압이 35[kV] 이하인 특고압 전로에 결합된 변압기 저압 측의 중성점 접지 저항의 최대값[Ω]을 구하시오(단, 혼촉 시 저압전로의 대지전압이 150[V]를 초과하여 1초 초과 2초 이내에 특고압 전로를 자동으로 차단하는 장치를 설치한 경우이다).

• 계산 :   • 답 :

Answer

계산 : $R = \dfrac{300}{I_1} = \dfrac{300}{100} = 3[\Omega]$ 답 : 3[Ω]

Explanation

(KEC 142.5조) 변압기 중성점 접지
① 변압기의 중성점접지 저항 값(변압기의 고압·특고압측)
  가. 일반적 : $\dfrac{150}{I_1}$ 이하   여기서, I_1은 전로의 1선 지락전류
  나. 변압기의 고압·특고압측 전로 또는 사용전압이 35[kV] 이하의 특고압전로가 저압측 전로와 혼촉하고 저압 전로의 대지전압이 150[V]를 초과하는 경우
    • 1초 초과 2초 이내에 자동으로 차단하는 장치를 설치 : $\dfrac{300}{I_1}$ 이하
    • 1초 이내에 자동으로 차단하는 장치를 설치 : $\dfrac{600}{I_1}$ 이하
② 전로의 1선 지락전류 : 실측값 사용(단, 실측이 곤란한 경우 선로정수 등으로 계산한 값)
• 전압 강하 및 전선의 단면적 계산

전기 방식	전압 강하 [%]		전선 단면적	대상 전압강하
단상 3선식 직류 3선식 3상 4선식	IR	$e = \dfrac{17.8LI}{1,000A}$	$A = \dfrac{17.8LI}{1,000e_1}$	전선과 대지간
단상 2선식 및 직류 2선식	$2IR$	$e = \dfrac{35.6LI}{1,000A}$	$A = \dfrac{35.6LI}{1,000e_2}$	선간
3상 3선식	$\sqrt{3}IR$	$e = \dfrac{30.8LI}{1,000A}$	$A = \dfrac{30.8LI}{1,000e_3}$	선간

여기서, e : 전압강하 [V]
    A : 사용전선의 단면적 [mm²]
    L : 선로의 길이 [m],
    C : 전선의 도전율 (97 [%])
• 전선의 공칭단면적

전선의 공칭단면적 [㎟]			
1.5	16	95	300
2.5	25	120	400
4	35	150	500
6	50	185	630
10	70	240	

55 ★★★☆☆

3상 전압이 불평형으로 되어 각각 $\dot{V}_a = 7.3 \angle 12.5°$, $\dot{V}_b = 0.4 \angle -100°$, $\dot{V}_c = 4.4 \angle 154°$로 주어져 있다고 가정할 경우 이들의 대칭 성분 $\dot{V}_0$, $\dot{V}_1$, $\dot{V}_2$를 구하시오.

(1) 대칭 성분 $\dot{V}_0$
  - 계산 :
  - 답 :

(2) 대칭 성분 $\dot{V}_1$
  - 계산 :
  - 답 :

(3) 대칭 성분 $\dot{V}_2$
  - 계산 :
  - 답 :

Answer

(1) 계산 : $V_0 = \dfrac{1}{3}(V_a + V_b + V_c)$

$= \dfrac{1}{3}(7.3 \angle 12.5° + 0.4 \angle -100° + 4.4 \angle 154°) = 1.03 + j1.04 = 1.47 \angle 45.11°$

답 : $1.47 \angle 45.11°$

(2) 계산 : $V_1 = \dfrac{1}{3}(V_a + aV_b + a^2 V_c)$

$= \dfrac{1}{3}(7.3 \angle 12.5° + (0.4 \angle -100° \times 1 \angle 120°) + (4.4 \angle 154° \times 1 \angle -120°))$

$= 3.72 + j1.39 = 3.97 \angle 20.54°$

답 : $3.97 \angle 20.54°$

(3) 계산 : $V_2 = \dfrac{1}{3}(V_a + a^2 V_b + aV_c)$

$= \dfrac{1}{3}(7.3 \angle 12.5° + (0.4 \angle -100° \times 1 \angle -120°) + (4.4 \angle 154° \times 1 \angle 120°))$

$= 2.38 - j0.85 = 2.52 \angle -19.7°$

답 : $2.52 \angle -19.7°$

Explanation

평형 3상 : 각상의 크기가 같고 위상만 120° 씩 차이
영상분과 역상분은 없고 정상분만 존재

V_a, $V_b = a^2 V_a$, $V_c = a V_a$

$\begin{bmatrix} V_0 \\ V_1 \\ V_2 \end{bmatrix} = \dfrac{1}{3} \begin{bmatrix} 1 & 1 & 1 \\ 1 & a & a^2 \\ 1 & a^2 & a \end{bmatrix} \begin{bmatrix} V_a \\ V_b \\ V_c \end{bmatrix} = \dfrac{1}{3} \begin{bmatrix} 1 & 1 & 1 \\ 1 & a & a^2 \\ 1 & a^2 & a \end{bmatrix} \begin{bmatrix} V_a \\ a^2 V_a \\ a V_a \end{bmatrix} = \begin{bmatrix} 0 \\ V_a \\ 0 \end{bmatrix}$

56 154[kV] 중성점 직접접지계통에서 접지계수가 0.75이고 여유도가 1.1인 경우 전력용 피뢰기의 정격전압을 다음의 표에서 선정하시오.

피뢰기 정격전압

피뢰기 정격전압(표준치[kV])					
126	144	154	168	182	196

• 계산 :   • 답 :

Answer

계산 : $V_n = \alpha\beta V_m = 0.75 \times 1.1 \times 170 = 140.25 [\text{kV}]$ 답 : 144[kV]

Explanation

(내선규정 제3,250절) 피뢰기 시설
피뢰기의 정격전압 : 속류가 차단(제거)이 되는 교류의 최고 전압
• 정격전압 $V = \alpha\beta V_m [V]$

여기서, α : 접지계수(1선 지락 시 건전상의 전위 상승)
β : 여유도
V_m : 계통의 최고 허용전압(차단기 정격전압)

• 직접접지 계통 : $(0.8 \sim 1.0) V$
  소호리액터 접지 및 저항접지 계통 : $(1.4 \sim 1.6) V$

여기서, V : 공칭전압
• 피뢰기의 정격전압

전력 계통		피뢰기 정격 전압[kV]	
공칭전압[kV]	중성점 접지 방식	변전소	배전 선로
345	유효접지	288	−
154	유효접지	144	−
66	PC접지 또는 비접지	72	−
22	PC접지 또는 비접지	24	−
22.9	3상 4선 다중접지	21	18

[주] 전압 22.9[kV-Y] 이하의 배전선로에서 수전하는 설비의 피뢰기 정격전압[kV]은 배전선로용을 적용한다.

57 그림과 같이 전류계 A_1, A_2, A_3과 저항 $R = 25[\Omega]$을 접속하였더니, 전류계의 지시값이 $A_1 = 10$[A], $A_2 = 4[\text{A}]$, $A_3 = 7[\text{A}]$이었다. 부하 전력과 부하 역률을 구하시오.

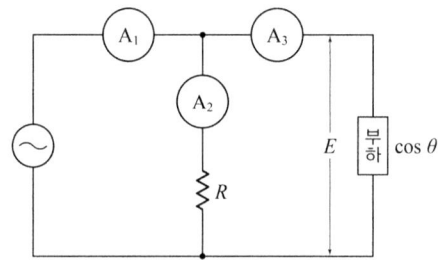

(1) 부하 전력[W]
  • 계산 :   • 답 :
(2) 부하 역률
  • 계산 :   • 답 :

Answer

(1) 계산 : $P = \dfrac{R}{2}(A_1^2 - A_2^2 - A_3^2) = \dfrac{25}{2} \times (10^2 - 4^2 - 7^2) = 437.5$ 답 : 437.5[W]

(2) 계산 : $\cos\theta = \dfrac{A_1^2 - A_2^2 - A_3^2}{2A_2 A_3} = \dfrac{10^2 - 4^2 - 7^2}{2 \times 4 \times 7} = 0.625$ 답 : 62.5[%]

Explanation

- 3전류계법 : 전류계 3대를 이용하여 교류 전력 및 역률 측정

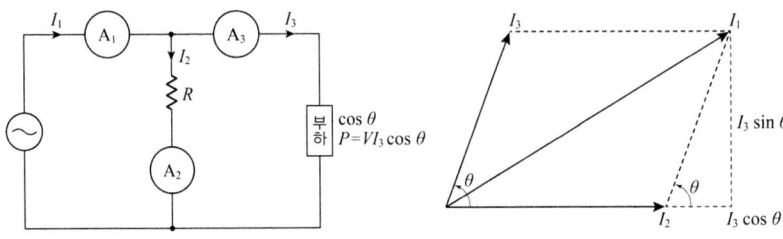

- $\dot{I}_1 = \dot{I}_2 + \dot{I}_3$ 에서
  $I_1 = \sqrt{I_2^2 + I_3^2 + 2I_2 I_3 \cos\theta}$

- $I_1^2 = I_2^2 + I_3^2 + 2I_2 I_3 \cos\theta$ 에서 $I_1^2 - I_2^2 - I_3^2 = 2I_2 I_3 \cos\theta$

  역률 $\cos\theta = \dfrac{I_1^2 - I_2^2 - I_3^2}{2I_2 I_3}$

- 소비전력 $P = VI_3 \cos\theta = RI_2 \times I_3 \times \dfrac{I_1^2 - I_2^2 - I_3^2}{2I_2 I_3}$
  $= \dfrac{R}{2}(I_1^2 - I_2^2 - I_3^2)$ [W]

PART 02
전기기사 실기 단답형 문제

답안에서 굵은 글씨로 처리된 부분이
핵심 암기 키워드입니다.

01 단답형 기출문제 234선

01 ★★☆☆☆
수변전 설비에 설치하고자 하는 전력 퓨즈(Power fuse)에 대해서 다음 각 질문에 답하시오.

(1) 전력 퓨즈의 가장 큰 단점은 무엇인지를 설명하시오.
  • 답 :
(2) 전력 퓨즈를 구입하고자 한다. 기능상 고려해야 할 주요 요소 3가지를 쓰시오.
  •
  •
  •
(3) 전력 퓨즈의 성능(특성) 3가지를 쓰시오.
  •
  •
  •
(4) PF-S형 큐비클은 큐비클의 주차단 장치로서 어떤 종류의 전력 퓨즈와 무엇을 조합한 것인가?
  • 전력 퓨즈의 종류 :
  • 조합하여 설치하는 것 :

Answer

(1) **재투입이 불가능**하다.
(2) ① 정격 차단 전류
    ② 정격 전압
    ③ 정격 전류
(3) ① 전차단 특성
    ② 단시간 허용 특성
    ③ 용단 특성
(4) 전력 퓨즈의 종류 : 한류형 퓨즈
    조합하여 설치하는 것 : 고압개폐기

02 ★☆☆☆☆
간이 수변전 설비에서는 1차 측 개폐기로 ASS(Auto Section Switch)나 인터럽트 스위치를 사용하고 있다. 이 두 스위치의 차이점을 비교 서술하시오.

① ASS(Auto Section Switch)
  • 답 :
② 인터럽트 스위치(Interrupter switch)
  • 답 :

Answer

① **ASS**(Automatic Section Switch) : 자동 고장 구간 개폐기
   전부하 상태에서 자동 또는 수동으로 투입 및 개방 가능하며 과부하 보호기능을 가진다.
② **인터럽트스위치**(Interrupt Switch) : 수동조작으로 부하전류를 개폐할 수 있으나 고장전류는 차단할 수 없다.

03 전력용 진상콘덴서의 정기점검(육안검사) 항목 3가지를 작성하시오.

-
-
-

Answer

① 단자부 과열
② 기름누설
③ 애자손상
④ 용기 등의 녹 발생
⑤ 보호장치 동작

04 아래의 표에서 금속관 부품의 특징에 해당하는 부품명을 작성하시오.

부품명	특징
①	관과 박스를 접속할 경우 파이프 나사를 죄어 고정시키는데 사용되며 6각형과 기어형이 있다.
②	전선 관단에 끼우고 전선을 넣거나 빼는데 있어서 전선의 피복을 보호하여 전선이 손상되지 않게 하는 것으로 금속제와 합성수지제의 2종류가 있다.
③	금속관 상호 접속 또는 관과 노멀 밴드와의 접속에 사용되며 내면에 나사가 나있으며 관의 양측을 돌리어 사용할 수 없는 유니온 커플링으로 사용한다.
④	노출배관에서 금속관을 조영재에 고정시키는데 사용되며 합성수지 전선관, 가요 전선관, 케이블 공사에도 사용된다.
⑤	배관의 직각 굴곡에 사용하며 양단에 나사가 나있어 관과의 접속에는 커플링을 사용한다.
⑥	금속관을 아웃렛 박스의 노크아웃에 취부할 때 노크아웃의 구멍이 관의 구멍보다 클 때 사용된다.
⑦	매입형의 스위치나 콘센트를 고정하는데 사용되며 1개용, 2개용, 3개용 등이 있다.
⑧	전선관 공사에 있어 전등 기구나 점멸기 또는 콘센트의 고정, 접속함으로 사용되며 4각 및 8각이 있다.

① :   ② :   ③ :
④ :   ⑤ :   ⑥ :
⑦ :   ⑧ :

Answer

① 로크너트(lock nut)　② 부싱(bushing)　③ 커플링(coupling)
④ 새들(saddle)　⑤ 노멀밴드(normal band)　⑥ 링 리듀우서(ring reducer)
⑦ 스위치 박스(switch box)　⑧ 아웃렛 박스(outlet box)

05 역률을 높게 유지하기 위하여 개개의 부하에 고압 및 특별 고압 진상용 콘덴서를 설치하는 경우에 현장조작 개폐기보다도 부하 측에 접속하여야 한다. 콘덴서의 용량, 접속 방법 등은 어떻게 시설하는 것을 원칙으로 하는지와 고조파 전류의 증대 등에 대한 다음 각 질문에 답하시오.

(1) 콘덴서의 용량은 부하의 (　　　　)보다 크게 하지 말 것

(2) 콘덴서는 본선에서 직접 접속하고 특히 전용의 (　　　　), (　　　　), (　　　　) 등을 설치하지 말 것

(3) 고압 및 특별고압 진상용 콘덴서의 설치로 공급회로의 고조파전류가 현저하게 증대할 경우는 콘덴서회로에 유효한 (　　　　)를 설치하여야 한다.

(4) 가연성유봉입(可燃性油封入)의 고압진상용 콘덴서를 설치하는 경우는 가연성의 벽, 천장 등과 (   )[m] 이상 이격하는 것이 바람직하다.

Answer

(1) 무효분
(2) 개폐기, 퓨즈, 유입차단기
(3) 직렬 리액터
(4) 1

06 ★☆☆☆☆
그림은 교류 차단기에 장치하는 경우에 표시하는 전기용 기호의 단선도용 그림기호이다. 이 그림기호의 정확한 명칭을 작성하시오.

• 답 :

Answer

부싱형 변류기

07 ★★☆☆☆
중성점 직접 접지 계통에 인접한 통신선의 전자 유도 장해 경감에 관한 대책을 경제성이 높은 것부터 서술하시오.

(1) 근본 대책
  •
(2) 전력선측 대책(5가지)
  •
  •
  •
  •
  •
(3) 통신선측 대책(5가지)
  •
  •
  •
  •
  •

Answer

(1) 근본대책 : 전자 유도 전압의 억제
(2) 전력선측 대책
  ① 전력선과 통신선과의 이격 거리 크게 한다.
  ② 상호 인덕턴스를 작게 한다.
  ③ 소호 리액터 접지를 한다.
  ④ 고속도 차단시킬 것
  ⑤ 지중전선로 이용할 것
(3) 통신선측 대책
  ① 전력선과 수직교차 시킬 것
  ② 절연변압기 사용한다.
  ③ 연피케이블 사용한다.
  ④ 특성이 우수한 피뢰기 사용한다.
  ⑤ 배류 코일을 설치

08 CT의 비오차에 대하여 설명하고 관계식을 쓰시오.

(1) 비오차에 대하여 설명하시오.
  •
(2) 관계식을 쓰시오. (단, ϵ : 비오차(%), K_n : 공칭 변류비, K : 실제 변류비이다)
  •

Answer

(1) 측정 시의 실제 변류비와 공칭 변류비 사이의 오차
(2) $\epsilon = \dfrac{K_n - K}{K} \times 100 [\%]$

09 축전지에 대한 다음 각 물음에 답하시오.

(1) 축전지의 과방전 및 방치상태 또는 가벼운 설페이션 현상 등이 발생했을 때 기능 회복을 위하여 실시하는 충전방식을 쓰시오.
  •
(2) 알칼리 축전지의 경우 셀(cell)당 공칭전압은 몇 [V]인지를 쓰시오.
  •
(3) 변전소의 축전시설에 연축전지가 사용되고, 이 연축전지가 다음의 상태에 있다면 어떠한 조치를 취하여야 하는지 쓰시오.

"묽은 황산의 농도는 표준이고, 액면이 저하하여 극판이 노출됨"

  •

Answer

(1) 회복 충전
(2) 1.2[V]
(3) 묽은 황산을 보충한다.(증류수를 보충한다.)

10 가스절연 변전소의 특징을 5가지만 쓰시오. (단, 가격 또는 비용에 대한 내용은 답에서 제외한다.)
①
②
③
④
⑤

Answer

① SF_6를 이용한 밀폐형 구조의 개폐장치를 가지므로 **소요면적이 옥외 철구형 보다 적다.**
② **밀폐구조로서 감전사고가 적다.**
③ **소음이 적다.**
④ 대기오염물의 영향을 받지 않아서 절연열화가 적고 신뢰성이 우수하고 유지, 보수가 용이하다.
⑤ **설치기간이 단축**된다.

11 3상 농형 유도전동기의 제동 방법 중에서 역상제동에 대하여 설명하라.

•

Answer

유도전동기를 운전 중 급히 정지시킬 경우 3선 중 2선의 접속을 바꾸어 접속하여 회전자의 방향을 반대로 하면 유도전동기는 **역토크가 발생되어 제동**하는 방법

12 지중선을 가공선과 비교하여 이에 대한 장단점을 각각 4가지만 써라.

(1) 장점
 •
 •
(2) 단점
 •
 •

Answer

(1) 장점
 ① 수용 밀도가 높은 곳에 유리
 ② 보안상 유리
 ③ 도시 미관에 유리
 ④ 뇌해, 풍수해에 대한 영향이 적다.
(2) 단점
 ① 가공선에 비해 송전용량이 적다
 ② 건설비가 고가이다.
 ③ 고장점 탐색이 어렵다.
 ④ 전식 우려가 있다.

13 조명설계 시 사용되는 용어 중 감광보상률이란 무엇을 의미하는지 설명하여라.

Answer

점등 중의 **광속의 감퇴**를 고려한 소요 **광속**에 여유분의 정도

14 지중 케이블의 고장점 탐지법 3가지와 각각의 사용 용도를 적어라.

고장점 탐지법	사용 용도

Answer

고장점 탐지법	사용 용도
머레이 루프법	1선 지락 사고 및 선간 단락 사고 시 측정
펄스 측정법	3선 단락 및 지락 사고 시 측정
정전 브리지법	단선 사고 시 측정

15 사용 중인 UPS의 2차 측에 단락사고 등이 발생했을 경우 UPS와 고장회로를 분리하는 방식 3가지를 적어라.

①
②
③

Answer

① **배선용 차단기**에 의한 보호
② **속단 퓨즈**에 의한 보호
③ **반도체 차단기**에 의한 보호

16 기계설비에 접속되어 있는 3상 교류 전동기는 용량의 대소에 관계없이 고장이 발생하면 여러 가지 면에서 문제가 발생한다. 전동기를 보호하기 위하여 과부하 보호 이외에 여러 가지 보호 장치가 구성되어진다. 3상 교류 전동기 보호를 위한 종류를 5가지만 적어라.

① ②
③ ④
⑤

Answer

① 비율 차동 계전기
② 지락 계전기
③ 부족 전압 계전기
④ 탈조 보호 계전기
⑤ 계자 상실 보호 계전기

17 ★★☆☆☆
계기용 변압기 1차 측 및 2차 측에 퓨즈를 부착하는지 여부를 밝히고, 퓨즈를 부착하는 경우에 그 이유를 간단히 서술하시오.

- 여부 :
- 이유 :

Answer

여부 : 1차 측 및 2차 측에 부착한다.
이유 : 계기용변압기 **1차 측에는 과전압**에 대한 **보호**를 위해 부착
계기용변압기 **2차 측에는 부하의 단락 및 과부하** 또는 계기용변압기 단락 시 사고가 확대되는 것을 방지하기 위하여 부착

18 ★☆☆☆☆
다음과 같은 저항을 측정하는 방법이나 측정계기를 서술하시오.

(1) 굵은 나전선의 저항 :
(2) 수천 옴의 가는 전선의 저항 :
(3) 전해액의 저항 :
(4) 옥내 전등선의 절연저항 :

Answer

(1) 캘빈더블 브리지
(2) 휘이스톤 브리지
(3) 콜라우시 브리지
(4) 메거

19 ★☆☆☆☆
릴레이 시퀀스와 무접점 시퀀스에 사용되는 전자릴레이와 무접점 릴레이를 비교할 때 전자릴레이의 장·단점을 5가지씩만 서술하시오.

(1) 장점
   -
   -
   -
   -
   -

(2) 단점
   -
   -
   -
   -
   -

Answer

(1) 장점
  ① 과부하 내량이 크다.
  ② 온도 특성이 좋다.
  ③ 전기적 잡음 없이 입·출력을 분리할 수 있다.
  ④ 가격이 싸다.
  ⑤ 부하가 큰 전력을 인출할 수 있다.
(2) 단점
  ① 소비 전력이 크다.
  ② 소형화에 한계가 있다.
  ③ 응답 속도가 느리다.
  ④ 가동 접촉부 수명이 짧다.
  ⑤ 충격, 진동에 약하다.

20 예비전원설비를 축전지설비로 하고자 할 때, 다음 각 질문에 답하시오.

(1) 축전지의 충전 방식으로 가장 많이 사용되는 부동 충전 방식에 대하여 설명하고, 부동 충전 방식의 설비에 대한 개략적인 회로도를 그리시오.
  ① 설명 :

  ② 회로도 :

(2) 연축전지와 알칼리 축전지를 비교할 때, 알칼리 축전지의 장점 2가지와 단점 1가지를 쓰시오.(단, 수명, 가격은 제외할 것)
  ① 장점
    •
    •
  ② 단점
    •

Answer

(1) ① 설명 : 축전지의 자기 방전을 보충하는 동시에 **상용 부하에 대한 전력공급은 충전기가** 부담하고 충전기가 부담하기 **어려운 일시적인 대전류 부하는 축전지가 부담**하도록 하는 방식
  ② 회로도

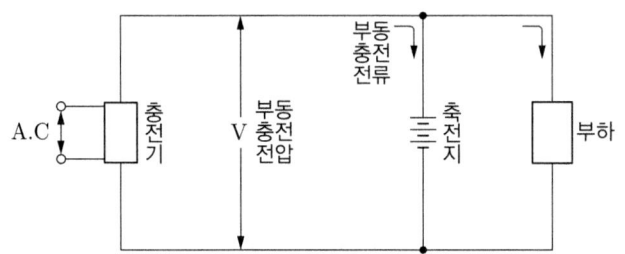

(2) 장점 : ① 충·방전 특성이 양호하다.
　　　　② 방전 시 전압 변동이 작다.
　단점 : ① 연축전지에 비하여 충전용량이 작고 단자전압이 낮다.

21 ★★★☆☆ 단상 유도전동기에 대한 다음 각 질문에 답하시오.

(1) 기동 방식을 4가지만 쓰시오.
　•　　　　　　　　　　　•
　•　　　　　　　　　　　•

(2) 분상 기동형 단상 유도 전동기의 회전 방향을 바꾸려면 어떻게 하면 되는가?
　•

(3) 단상 유도 전동기의 절연을 E종 절연물로 하였을 경우 허용 최고 온도는 몇 [℃]인가?
　•

Answer

(1) ① 반발 기동형
　② 세이딩 코일형
　③ 콘덴서 기동형
　④ 분상 기동형
(2) **기동권선**의 접속을 **반대**로 바꾸어 준다.
(3) 120[℃]

22 ★★☆☆☆ 자가용 전기 설비의 중요 검사(시험) 사항을 3가지만 쓰시오.
　•　　　　　•　　　　　•

Answer

절연 저항 시험, 접지 저항 시험, 절연 내력 시험

23 ★☆☆☆☆ 적외선전구에 대한 각 질문에 답하시오.

(1) 주로 어떤 용도에 사용되는가?
　•

(2) 주로 몇 [W] 정도의 크기로 사용되는가?
　•

(3) 효율은 몇 [%] 정도 되는가?
　•

(4) 필라멘트의 온도는 절대 온도로 몇 [°K] 정도 되는가?
   •
(5) 적외선전구에서 가장 많이 나오는 빛의 파장은 몇 [μm]인가?
   •

Answer

(1) 적외선에 의한 가열 및 건조(표면 가열)
(2) 250[W]
(3) 75[%]
(4) 2,500[°K]
(5) 1~3[μm]

24 건축물의 전기설비 중 간선의 설계 시 고려사항을 5가지만 쓰시오.

Answer

- 전기방식 및 배전방식
- 장래의 증축계획 유무
- 공장 등의 경우 부하 사용 상태나 수용률
- 간선 경로에 대한 위치와 넓이
- 수직, 수평 경로상의 관통부분
- 점검구에 관한 사항

25 최대전력 억제방법을 3가지만 쓰시오.

Answer

- **최대부하의 억제**(휴가보수, 자율절전제도)
- **최대부하의 이전**(피크 시간대에 비싼 요금단가를 적용하는 방법과 빙축열 냉방설비 보급, 부하관리요금제 시행)
- **심야부하 창출**(축열식 온수기와 축열식 냉난방기 등의 열에너지 저장기술과 축전기의 활용 및 양수발전 방식)
- **전략적 소비절약**(고효율기기 기술개발 및 보급촉진, 고객의 전기설비를 진단, 절전정보 제공 등)

26 다음 용어의 정의를 쓰시오.

(1) 중성선 :
(2) 분기회로(分岐回路) :
(3) 등전위본딩 :

Answer

(1) **중성선**(中性線) : **다선식전로**에서 전원의 **중성극에 접속된 전선**을 말한다.
(2) **분기회로**(分岐回路) : 간선에서 분기하여 분기과전류차단기를 거쳐서 부하에 이르는 사이의 배선을 말한다.
(3) **등전위본딩**(Equipotential bonding) : **등전위성**을 얻기 위해 **전선 간을 전기적으로 접속**하는 조치를 말한다.

27 ALTS 의 명칭 및 사용용도를 쓰시오.

• 명칭 :
• 사용용도 :

Answer

• 명칭 : 자동부하전환개폐기
• 사용용도 : 주전원이 정전되었을 때 예비전원으로 자동전환되는 개폐기

28 그림과 같이 3상 농형 유도 전동기 4대가 있다. 이에 대한 MCC반을 구성하고자 할 때 다음 각 질문에 답하시오.

(1) MCC(Motor Control Center)의 기기 구성에 대한 대표적인 장치를 3가지만 쓰시오.
  •
  •
  •

(2) 전동기 기동방식을 기기의 수명과 경제적인 면을 고려한다면 어떤 방식이 적합한가?

(3) 콘덴서 설치 시 제5고조파를 제거하고자 한다. 그 대책에 대해 설명하시오.
  •

(4) 차단기는 보호 계전기의 4가지 요소에 의해 동작되도록 하는데 그 4가지 요소를 쓰시오.

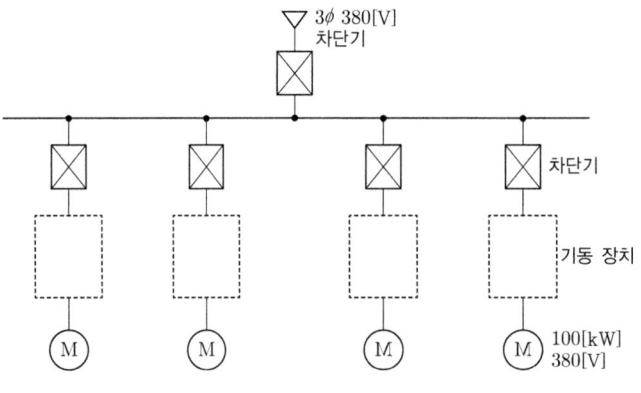

  •
  •

Answer

(1) ① 차단 장치
    ② 기동 장치
    ③ 제어 및 보호 장치
(2) 기동 보상기법
(3) 콘덴서 용량의 **6[%]** 정도의 **직렬 리액터**를 설치한다.
(4) ① 단일 **전류** 요소
    ② 단일 **전압** 요소
    ③ **전압, 전류**요소
    ④ **2전류** 요소

29 조명 설비에 대한 다음 각 질문에 답하시오.

(1) 배선 도면에 ○ $_{H400}$ 으로 표현되어 있다. 이것의 의미를 쓰시오.
   •

(2) 비상용 조명을 건축기준법에 따른 형광등으로 시설하고자 할 때 이것을 일반적인 경우의 그림 기호로 표현하시오.
   •

Answer

(1) 400[W] 수은등
(2)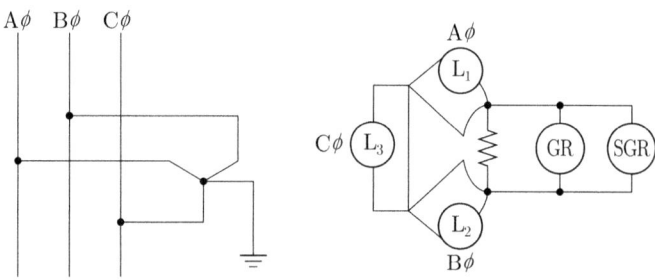

30 비접지 선로의 접지 전압을 검출하기 위하여 다음과 같은 Y-개방 △결선을 한 GPT가 있다.

(1) Aϕ 고장 시(완전 지락 시) 2차 접지 표시등 L_1, L_2, L_3의 점멸 상태와 밝기를 비교하시오.
   •

(2) 1선 지락 사고 시 건전상의 대지 전위의 변화를 간단히 설명하시오.
   •

(3) GR, SGR의 우리말 명칭을 간단히 쓰시오.
   • GR :   • SGR :

Answer

(1) L_1 : 소등

　　L_2와 L_3 : 점등(더욱 밝아짐)

(2) **평상시** : 건전상의 대지 전위는 $110/\sqrt{3}$ [V]

　　1선 지락 사고 시 : **건전상의 대지전위가** $\sqrt{3}$ 배 **증가**하여 110[V]가 된다.

(3) GR : 지락 계전기, SGR : 선택 지락 계전기

31 지중 전선로의 시설에 관한 다음 각 질문에 답하시오.

(1) 지중 전선로는 어떤 방식에 의하여 시설하여야 하는지 그 3가지만 쓰시오.

(2) 특고압용 지중전선에 사용하는 케이블의 종류를 2가지만 쓰시오.

Answer

(1) 직접매설식, 관로식, 암거식
(2) 알루미늄피케이블, 파이프형 압력 케이블

32 전력계통의 절연협조에 대하여 그 의미를 자세히 서술하고 관련 기기에 대한 기준 충격절연강도를 비교하여 절연협조가 어떻게 되어야 하는지를 설명하시오. 단, 관련 기기는 선로애자, 결합콘덴서, 피뢰기, 변압기에 대하여 비교하도록 한다.

• 기준 충격절연강도 비교 :

• 설명 :

Answer

• 기준 충격절연강도 : 선로애자 > 결합콘덴서 > 변압기 > 피뢰기
• 설명 : **계통 내의 각 기기, 기구 및 애자 등의 상호간에 적정한 절연 강도를** 지니게 함으로써 **계통 설계를 합리적, 경제적**으로 할 수 있게 한 것을 절연협조라 한다.

33 점멸기의 그림 기호에 대한 다음 각 질문에 답하시오.

[참고] 점멸기의 그림기호 : ●

(1) 용량 몇 [A] 이상은 전류치를 방기하는가?

(2) ① ●$_{2P}$과 ② ●$_4$은 어떻게 구분되는지 설명하시오.
　　① : 　　　　　　　　　　　② :

(3) ① 방수형과 ② 방폭형은 어떤 문자를 방기하는가?
　　① : 　　　　　　　　　　　② :

Answer

(1) 15[A]
(2) ① 2극 스위치　　② 4로 스위치
(5) ① WP　　　　　② EX

34
H종 건식 변압기를 사용하려고 한다. 같은 용량의 유입 변압기를 사용할 때와 비교하여 그 장점을 4가지만 서술하시오. 단, 변압기의 가격, 설치시의 비용 등 금전에 관한 사항은 제외한다.

-
-
-
-

Answer

① 절연유를 사용하지 않아 소형·경량화 할 수 있다.
② 절연에 대한 신뢰성이 높다.
③ 난연성, 자기소화성으로 화재의 발생우려가 적다.
④ 절연유를 사용하지 않으므로 유지 보수가 용이하다.

35
도로 조명 설계 시 고려해야 할 사항을 5가지 쓰시오.

-
-
-
-
-

Answer

(1) ① 노면 전체에 가능한 한 높은 평균휘도로 조명할 수 있을 것
② 조명기구 등의 글래어(Glare)가 적을 것
③ 도로 양측의 보도, 건축물의 전면 등을 높은 조도로 충분히 밝게 조명할 수 있을 것
④ 조명의 광색, 연색성이 적절할 것
⑤ 휘도 차이에 따른 균제도(최소, 최대) 확보

36
접지공사에서 접지저항을 저감시키는 방법을 5가지만 서술하시오.

- 　　　　　　　　　　　・
- 　　　　　　　　　　　・
-

Answer

① 접지저항 저감제를 사용한다.
② 심타공법으로 시공한다.
③ 접지봉의 매설 깊이를 깊게 한다.
④ 접지극의 길이를 길게 한다.
⑤ 접지극을 병렬접속 한다.

37 비상전원으로 사용되는 UPS의 원리에 대해서 개략의 블록다이어그램을 그린 후 설명하시오.

• 블록다이어그램

• 설명 :

Answer

• 블록다이어그램

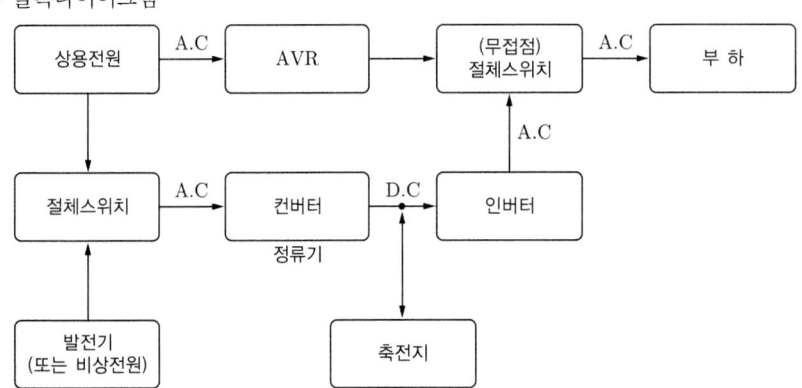

• 설명 : UPS(Uninterruptible Power Supply)는 **무정전 전원 공급 장치**로서 직류 전원 장치(**축전지**)와 컨버터, 인버터로 구성되며 블록선도와 같이 **상시에는 교류 전원을 정류기(컨버터)를 이용하여 직류로 변환하고 축전지에 저장**하고 인버터에 의하여 안정된 교류로 역변환하여 부하에 전력을 공급하며 전원의 **정전 시에는 축전지가 방전하여 이것을 인버터로써 교류로 역변환하여 부하에 전력을 공급**하는 장치이다.

38 접지방식은 각기 다른 목적이나 종류의 접지를 상호 연접시키는 공용접지와 개별적으로 접지하되 상호 일정한 거리 이상 이격하는 독립접지(단독접지)로 구분할 수 있다. 독립접지와 비교하여 공용접지의 장점과 단점을 각각 3가지만 서술하시오.

(1) 공용접지의 장점
 •
 •
 •

(2) 공용접지의 단점
-
-
-

Answer

(1) 공용접지의 장점
① **접지도체가 짧아져** 접지계통이 단순해지기 때문에 보수점검이 용이
② 각 접지전극이 **병렬접속으로 낮은** 접지저항 **값**을 얻을 수 있다.
③ 접지전극의 **신뢰도**가 높다.
(2) 공용접지의 단점
① 다른 **기기 계통의 전위 상승**에 영향을 미친다.
② **보호대상물을 제한**할 수 없다.
③ **피뢰침용과 공용하므로 뇌서지에 대한 영향**을 받을 수 있다.

39 일반용 전기설비 및 자가용 전기설비에 있어서의 과전류 종류 2가지와 각각에 대한 용어의 정의를 서술하시오.
-
-

Answer

① 단락전류 : 전로의 선간이 임피던스가 적은 상태로 **접촉**되었을 경우에 그 부분을 통하여 흐르는 **큰 전류**를 말한다.
② 과부하전류 : 기기에 대하여는 그 정격전류, 전선에 대하여는 그 **허용전류**를 어느 정도 **초과**하여 그 계속되는 시간을 합하여 생각하였을 때, 기기 또는 전선의 손상 방지상 **자동차단**을 필요로 하는 **전류**를 말한다.

40 전선로 부근이나 애자부근(애자와 전선의 접속 부근)에 임계전압 이상이 가해지면 전선로나 애자 부근에 발생하는 코로나 현상에 대하여 다음 각 질문에 답하시오.

(1) 코로나 현상이란?
-

(2) 코로나 현상이 미치는 영향에 대하여 4가지만 쓰시오.
- 　　　　　　　　　　　-
- 　　　　　　　　　　　-

(3) 코로나 방지 대책 중 2가지만 쓰시오.
-
-

Answer

(1) 코로나 현상 : 높은 전압을 인가 시 전선이나 **전선 표면의 전위경도가 상승**하여 공기의 파열극한전위경도 이상이 되면 **공기의 절연**이 국부적으로 파괴되어 소리와 엷은 빛을 동반하는 **현상**을 코로나 현상이라고 한다.

(2) 영향
① **코로나 손실**이 발생하여 송전효율 저하
② 통신선 **유도 장해** 발생
③ **코로나 잡음**이 발생
④ **전선의 부식**

(3) 방지책
① 복도체(다도체) 방식을 채용한다.
② 가선 금구를 개량한다.

41 아몰퍼스 변압기의 장점 3가지와 단점 3가지를 서술하시오.

(1) 장점
-
-
-

(2) 단점
-
-
-

Answer

[장점]
① 비정질구조 및 **초박판 철심소재**를 사용하여 **무부하손이 약 80[%] 경감**
② 손실절감에 의한 변압기의 **운전보수비 절감** 및 변압기의 **수명연장 기대**
③ 고주파 대역에서 우수한 자기적 특성에 의한 **고효율 및 컴팩트화**

[단점]
① 아몰퍼스강 소재의 높은 경도 및 나쁜 취성으로 인한 **제작상의 어려움**
② **포화자속밀도가 낮다.**
③ **점적률에 의한 원가상승**

42 특고압 및 고압수전에서 대용량의 단상전기로 등의 사용으로 설비 부하평형의 제한에 따르기가 어려울 경우는 전기사업자와 협의하여 다음 각 호에 의하여 시설하는 것을 원칙으로 한다. 빈칸에 들어갈 말은 무엇인가?

(1) 단상 부하 1개의 경우는 (   ) 접속에 의할 것. 다만, 300[kVA]를 초과하지 말 것
(2) 단상 부하 2개의 경우는 (   ) 접속에 의할 것(다만, 1개의 용량이 200[kVA] 이하인 경우는 부득이한 경우에 한하여 보통의 변압기 2대를 사용하여 별개의 선간에 부하를 접속할 수 있다.)
(3) 단상 부하 3개 이상인 경우는 가급적 선로전류가 (   )이 되도록 각 선간에 부하를 접속할 것

Answer

(1) 2차 역V   (2) 스코트   (3) 평형

43 전력용 콘덴서의 부속설비인 방전코일과 직렬리액터의 사용 목적은?

(1) 방전코일 :
(2) 직렬리액터 :

Answer

(1) 방전코일 : 콘덴서에 축적된 잔류전하를 방전
(2) 직렬 리액터 : 제5고조파를 제거하여 파형을 개선

44 접지 저항의 저감법 중 물리적 방법 4가지와 대지 저항률을 낮추기 위한 저감제의 구비조건 4가지를 서술하시오.

(1) 물리적 저감법
-
-
-
-

(2) 저감제의 구비조건
-
-
-
-

Answer

(1) 물리적인 저감법
  ① **접지극의 길이를 길게** 한다.
  ② 접지극의 **병렬 접속**
  ③ 접지봉의 **매설깊이를 깊게** 한다.
  ④ 접지극과 대지와의 접촉저항을 향상시키기 위하여 **심타공법으로 시공**한다.
(2) 저감제의 구비조건
  ① 환경에 무해하며, **안전할 것**
  ② 전기적으로 **양도체이고, 전극을 부식시키지 않을 것**
  ③ **지속성**이 있을 것
  ④ **작업성**이 좋을 것

45 배전선 전압을 조정하는 방법을 3가지만 서술하시오.

-
-
-

Answer

① 승압기
② 유도전압조정기
③ 주상 변압기 탭 조정

46 다음은 컴퓨터 등의 중요한 부하에 대한 무정전 전원공급을 위한 그림이다. "(가) ~ (바)"에 적당한 전기 시설물의 명칭을 기술하시오.

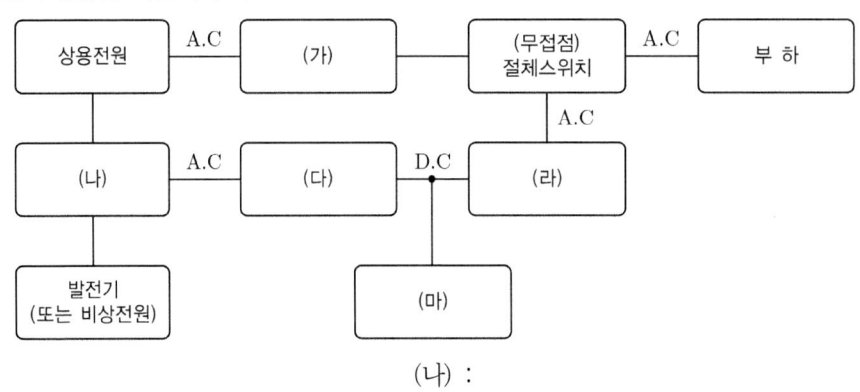

(가) :   (나) :
(다) :   (라) :
(마) :

Answer

(가) 자동전압조정기(AVR)

(나) 절체용 개폐기

(다) 정류기(컨버터)

(라) 인버터

(마) 축전지

47 차단기의 트립 방식을 4가지 쓰고 각 방식을 간단히 서술하시오.

(1)
(2)
(3)
(4)

Answer

(1) **직류 전압 트립** 방식 : 직류 전원의 전압을 트립 코일에 인가하여 트립하는 방식

(2) **콘덴서 트립** 방식 : PT 1차 측에 정류기를 부설하여 **콘덴서를 충전**하고 이를 **트립 코일을 통하여 방전**하여 차단기가 트립되는 방식

(3) **CT 트립** 방식 : CT 2차 전류가 정해진 값보다 **초과**되었을 때 트립동작하는 방식

(4) **부족 전압 트립** 방식 : PT 2차 전압을 항상 트립 코일에 인가해 두고 **1차 측 전압이 정해진 값 이하로 떨어졌을 때 트립**하는 방식

48 컴퓨터나 마이크로프로세서에 사용하기 위하여 전원장치로 UPS를 구성하려고 한다. 주어진 그림을 보고 다음 각 질문에 답하시오.

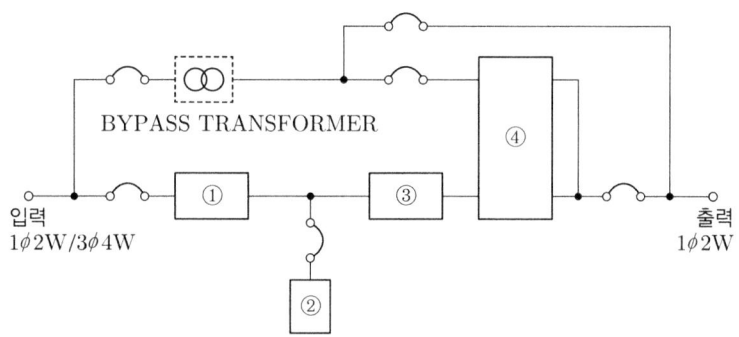

(1) 그림의 ① ~ ④에 들어갈 기기 또는 명칭을 쓰고 그 역할에 대하여 간단히 설명하시오.
   ① :
   ② :
   ③ :
   ④ :

(2) Bypass Transformer를 설치하여 회로를 구성하는 이유를 설명하시오.
   • 이유 :

(3) 전원장치인 UPS, CVCF, VVVF 장치에 대한 비교표를 다음과 같이 구성할 때 빈칸을 채우시오. 단, 출력전원에 대하여서는 가능은 ○, 불가능은 ×로 표시하시오.

구분	장치	UPS	CVCF	VVVF
우리말 명칭				
주회로 방식				
스위칭 방식	컨버터			
	인버터			
주회로 디바이스	컨버터			
	인버터			
출력 전압	무정전			
	정전압 정주파수			
	가변전압 가변주파수			

Answer

(1) ① 컨버터 : 교류를 직류로 변환
   ② 축전지 : 충전 장치에 의해 변화된 직류 전력을 저장

③ 인버터 : 직류를 사용 주파수의 교류 전압으로 변환
④ 절체 스위치 : 상용전원 정전 시 인버터 회로로 절체되어 부하에 무정전으로 전력을 공급하기 위한 장치

(2) UPS나 축전지의 점검 또는 만일의 고장에 대해서도 교류입력 전압과 부하정격전압의 크기를 같게 하여 중요부하에 응급적으로 상용교류전력을 공급하기 위한 회로

(3)

구분	장치	UPS	CVCF	VVVF
우리말 명칭		무정전 전원공급 장치	정전압 정주파수 장치	가변전압 가변주파수장치
주회로 방식		전압형인버터	전압형인버터	전류형인버터
스위칭 방식	컨버터	PWM제어 또는 위상제어	PWM제어	PWM제어 또는 위상제어
	인버터	PWM제어	PWM제어	PWM제어
주회로 디바이스	컨버터	IGBT	IGBT	IGBT
	인버터	IGBT	IGBT	IGBT
출력 전압	무정전	○	×	×
	정전압 정주파수	○	○	×
	가변전압 가변주파수	×	×	○

49 ★★★☆

전력계통의 발전기, 변압기 등의 증설이나 송전선의 신·증설로 인하여 단락·지락전류가 증가하여 송·변전 기기에의 손상이 증대되고, 부근에 있는 통신선의 유도장해가 증가하는 등의 문제점이 예상된다. 따라서 이러한 문제점을 해결하기 위하여 전력계통의 단락용량의 경감대책을 세워야 한다. 이 대책을 3가지만 서술하시오.

①
②
③

Answer

① **고 임피던스 기기**를 채택한다.
② **모선계통을 분리** 운용한다.
③ **한류 리액터**를 설치한다.

50 ★☆☆☆☆

조명 설비의 깜박임 현상을 줄일 수 있는 조치는 다음의 경우 어떻게 해야 하는지 쓰시오.

(1) 백열전등의 경우
  •

(2) 3상 전원인 경우
  •

(3) 전구가 2개씩인 방전등 기구
  •

Answer

(1) **직류를 사용**하여 점등한다.
(2) **전체 램프를 1/3씩 3군**으로 나누어 **각 군의 위상이 120°**가 되도록 접부하고 개개의 빛을 혼합한다.
(3) **2등용으로 하나는 콘덴서, 다른 하나는 코일**을 설치하여 위상차를 발생시켜 점등한다.

51 교류용 적산 전력계에 대한 다음 각 질문에 답하시오.

(1) 잠동(creeping)현상에 대하여 설명하고 잠동을 막기 위한 유효한 방법을 2가지만 쓰시오.
  ① 잠동 :

  ② 방지 대책
    •
    •

(2) 적산전력계가 구비해야 할 전기적, 기계적 및 성능상 특성을 5가지만 쓰시오.
  •
  •
  •
  •
  •

Answer

(1) ① **잠동** : **무부하 상태**에서 정격 주파수 및 정격 전압의 110[%]를 인가하여 계기의 **원판이 1회전 이상** 회전하는 현상
   ② 방지대책 : • **원판에 작은 구멍**을 뚫는다.
               • 원판에 **작은 철편**을 붙인다.
(2) 구비조건 : ① 오차가 적을 것
             ② 온도나 주파수 변화에 보상이 되도록 할 것
             ③ 기계적 강도가 클 것
             ④ 부하특성이 좋을 것
             ⑤ 과부하 내량이 클 것

52 다음 조명에 대한 각 질문에 답하여라.

(1) 어느 광원의 광색이 어느 온도의 흑체의 광색과 같을 때 그 흑체의 온도를 무엇이라 하는가?
  •

(2) 빛의 분광 특성이 색의 보임에 미치는 효과를 말하며, 동일한 색을 가진 것이라도 조명하는 빛에 따라 다르게 보이는 특성을 무엇이라 하는가?
  •

Answer

(1) 색온도   (2) 연색성

53. 변압기의 절연내력 시험전압에 대한 ① ~ ⑦의 알맞은 내용을 빈칸에 적어라.

구분	종류(최대 사용전압을 기준으로)	시험전압
①	최대 사용전압 7[kV] 이하인 권선 단, 시험전압이 500[V] 미만으로 되는 경우에는 500[V]	최대 사용전압 × ( ) 배
②	7[kV]를 넘고 25[kV] 이하의 권선으로서 중성선 다중접지식에 접속되는 것	최대 사용전압 × ( ) 배
③	7[kV]를 넘고 60[kV] 이하의 권선(중성선 다중접지 제외) 단, 시험전압이 10.5[kV] 미만으로 되는 경우에는 10.5[kV]	최대 사용전압 × ( ) 배
④	60[kV]를 넘는 권선으로서 중성점 비접지식 전로에 접속되는 것	최대 사용전압 × ( ) 배
⑤	최대 사용전압이 60[kV]를 초과하는 권선(성형결선, 또는 스콧결선의 것에 한함)으로서 중성점 접지식 전로에 접속하는 것 단, 시험전압이 75[kV] 미만으로 되는 경우에는 75[kV]	최대 사용전압 × ( ) 배
⑥	60[kV]를 초과하는 권선(성형결선)으로서 중성점 직접 접지식 전로에 접속하는 것, 다만 170[kV]를 초과하는 권선에는 그 중성점에 피뢰기를 시설하는 것	최대 사용전압 × ( ) 배
⑦	170[kV]를 넘는 권선(성형결선)으로서 중성점 직접 접지식 전로에 접속하고 또는 그 중성점을 직접 접지하는 것	최대 사용전압 × ( ) 배
(예시)	기타의 권선	최대 사용전압 × (1.1) 배

Answer

① 1.5   ② 0.92   ③ 1.25   ④ 1.25   ⑤ 1.1   ⑥ 0.72   ⑦ 0.64

54. 접지공사의 목적을 3가지만 적어라.

-
-
-

Answer

① 감전 방지   ② 이상전압의 억제   ③ 보호계전기의 동작 확보

55. 수전용 차단기와 과전류 계전기의 연동시험 시 시험전류를 가하기 전에 준비해야 하는 사항을 3가지만 적어라.

-
-
-

Answer

① 과전류 계전기 및 차단기를 시험 장치와 연결
② AS, VS 등으로 결선 및 동작 상태 확인
③ 과전류 계전기 정정탭 설정

56 배전용 변전소에 접지 공사를 하고자 한다. 접지 목적을 3가지로 요약하여 설명하고 중요한 접지 개소를 4가지만 쓰시오.

(1) 접지 목적(3가지)
-
-
-

(2) 접지 개소(4가지)
-
-
-
-

Answer

(1) 접지 목적
  ① 감전 방지
  ② 기기의 손상 방지
  ③ 보호계전기의 확실한 동작
(2) 접지 개소
  ① 일반기기 및 제어반 외함 접지
  ② 피뢰기 접지
  ③ 피뢰침 접지
  ④ 옥외철주 및 경계책 접지

57 단권변압기는 1차, 2차 양 회로에 공통된 권선부분을 가진 변압기이다. 이러한 단권 변압기의 장점, 단점, 사용 용도를 쓰시오.

(1) 장점(3가지)
-
-
-

(2) 단점(2가지)
-
-

(3) 사용용도(2가지)
-
-

Answer

(1) 장점
  ① %임피던스 강하가 작고 **전압변동률이 작다.**
  ② 전압비가 클수록 동손이 감소되어 **효율이 좋다.**
  ③ 부하용량이 자기 정격용량보다 크므로 **경제적**이다.
(2) 단점
  ① 누설리액턴스가 작아 **단락전류가 크다.**
  ② 1차 권선과 2차 권선 사이에 절연이 되어 있지 않으므로 저압 측도 고압 측과 같이 절연 필요
(3) 사용용도
  ① **배전선로의 승압 및 강압용** 변압기
  ② 동기전동기와 유도전동기의 **기동 보상기용** 변압기

58 변압기 손실과 효율에 대하여 다음 각 물음에 답하시오.

(1) 변압기의 손실에 대하여 설명하시오.
- 무부하손 :
- 부하손 :

(2) 변압기의 효율을 구하는 공식을 쓰시오.
-

(3) 최고 효율 조건을 쓰시오.
-

Answer

(1) • 무부하손 : **부하에 관계없이 발생하는 손실**로 주로 철손이며 히스테리시스손과 와류손이 있다.
• 부하손 : **부하를 인가하였을 때 생기는 손실**로 대부분은 동손이다.

(2) $\eta = \dfrac{출력}{출력 + 철손 + 동손} \times 100 [\%]$

(3) 철손 = 동손

59 단상 유도전동기는 반드시 기동장치가 필요하다. 다음 물음에 답하시오.

(1) 기동장치가 필요한 이유를 설명하시오.
-

(2) 단상 유도전동기의 기동방식에 따라 분류할 때 그 종류를 4가지 쓰시오.

Answer

(1) **단상**에서는 **회전자계를 얻을 수 없으므로** 기동장치를 이용하여 **기동토크를 얻기 위함**이다.

(2) ① 반발 기동형
② 콘덴서 기동형
③ 분상 기동형
④ 셰이딩 코일형

60 전기설비기술기준에 의하여 욕실 등 인체가 물에 젖어 있는 상태에서 물을 사용하는 장소에 콘센트를 시설하는 경우에 설치해야 하는 저압차단기의 정확한 명칭을 쓰시오.

Answer

전류동작형 인체감전보호용 누전차단기

61 다음 주어진 전기 용어를 간단히 서술하시오.

(1) 뱅크 :
(2) 수구 :
(3) 한류 퓨즈 :
(4) 접촉 전압 :

Answer

(1) 뱅크(Bank) : 전로에 접속된 **변압기 또는 콘덴서 결선 상 단위**
(2) 수구(受口) : **소켓, 리셉터클, 콘센트 등의 총칭**
(3) 한류(限流) 퓨즈 : **단락전류를 신속히 차단**하며 또한 흐르는 **단락 전류의 값을 제한**하는 성질을 가진 퓨즈
(4) 접촉 전압 : **지락**이 발생된 전기기계 기구의 **금속제 외함** 등에 사람이나 가축이 닿을 때 **생체에 가해지는 전압**

62 부하율에 대하여 설명하고 부하율이 적다는 것은 무엇을 의미하는지 2가지를 서술하시오.

(1) 부하율 :
(2) 부하율이 적다는 의미
 -
 -

Answer

(1) 부하율 : 어떤 기간 중의 평균수용 전력과 최대 수용 전력과의 비를 나타낸다.

$$부하율 = \frac{평균 전력}{최대 전력} \times 100[\%]$$

(2) **부하율**이 적다는 의미
 ① 공급 설비를 유용하게 사용하지 못한다.
 ② **첨두부하** 설비가 **증가**된다.

63 피뢰기와 같은 구조로 되어 있으나 적용 전압 범위만을 조정하여 적용시키는 일종의 옥내 피뢰기로서 전로에서 발생할 수 있는 개폐 서지, 순간 과도전압 등의 이상전압이 2차기기에 악영향을 주는 것을 막기 위해 설치하는 것으로 대부분 큐비클에 내장 설치되어 건식류의 변압기나 기기계통을 보호하는 것은 어떤 것인지 답하시오.
 -

Answer

서지 흡수기(Surge Absorber)

64 다음 질문에 답하시오.

(1) 발전기실 건물의 높이를 결정하는 데 반드시 고려해야 할 사항 두 가지는?
 -
 -

(2) 발전기 병렬 운전 조건 네 가지를 쓰시오.
 - 　　　　　　　　　　　・
 - 　　　　　　　　　　　・

(3) 발전기와 부하 사이에 설치하는 기기는?
 -

Answer

(1) ① 발전기의 유지보수가 용이할 것
    ② 발전기 부속설비(소음기, 환기설비)의 높이 및 설치 위치
(2) ① 기전력의 크기가 같을 것
    ② 기전력의 주파수가 같을 것
    ③ 기전력의 위상이 같을 것
    ④ 기전력의 파형이 같을 것
(3) 과전류 차단기, 개폐기, 전류계, 전압계

65 HID Lamp에 대한 다음 각 질문에 답하시오.

(1) 이 램프는 어떠한 램프를 말하는가?(우리말 명칭 또는 이 램프의 의미에 대한 설명을 쓸 것)

(2) 가장 많이 사용되는 램프의 종류를 3가지만 쓰시오.

Answer

(1) 고휘도 방전램프
(2) 고압 수은등, 고압 나트륨등, 메탈 헬라이드 램프

66 진공차단기의 특징을 3가지만 쓰시오.

(1)   (2)   (3)

Answer

(1) 소형, 경량
(2) 차단성능이 우수
(3) 개폐 시 개폐서지 발생 우려

67 계전기의 동작에 필요한 지락 시의 영상전류 검출방법을 3가지만 쓰시오.

(1)
(2)
(3)

Answer

(1) 영상변류기 방식
(2) Y결선의 잔류회로를 이용법
(3) 3권선 CT 이용법(영상 분로 방식)

68 저압 배선 방법 중 캡타이어 케이블의 사용구분에 따라 표의 빈칸을 ◎, △, ×로 구분하여 표시하시오(아래의 범례를 참고할 것).

전선의 종류 \ 용도	옥내 조명용 전원코드	옥내 이동전선	옥측, 옥외 조명용 전원코드	옥측, 옥외 이동전선
비닐절연 비닐 캡타이어 케이블	(①)	(②)	(③)	(④)
고무 절연 캡타이어 케이블	(⑤)	(⑥)	(⑦)	(⑧)

[범례]
◎ : 0.6/1[kV] 이하에 사용한다.
× : 사용할 수 없다.
△ : 다음 조건에 적합한 것에 한하여 사용할 수 있다.
 - 방전등, 라디오, 텔레비전, 선풍기, 전기이발기 등 전기를 열로 사용하지 않는 소형 기계기구에 사용할 경우
 - 전기모포, 전기온수기 등 고온부가 노출되지 않은 것으로 이에 전선이 접촉될 우려가 없는 구조의 가열장치(가열장치와 전선과의 접속부 온도가 80[℃] 이하이고 또한 전열기 외면의 온도가 100[℃]를 초과할 우려가 없는 것)에 사용할 경우

Answer

전선의 종류 \ 용도	옥내 조명용 전원코드	옥내 이동전선	옥측, 옥외 조명용 전원코드	옥측, 옥외 이동전선
비닐절연 비닐 캡타이어 케이블	×	△◎	×	◎
고무 절연 캡타이어 케이블	◎	◎	◎	◎

69 우리나라에서 사용하고 있는 전력계통에 대하여 다음 표의 빈칸에 들어갈 알맞은 내용을 쓰시오.

공칭전압(kV)	22.9	154	345
정격전압(kV)	①	②	③
차단기의 정격차단시간(Cycles) (60Hz 기준)	④	⑤	⑥

Answer

공칭전압(kV)	22.9	154	345
정격전압(kV)	25.8	170	362
차단기의 정격차단시간(Cycles) (60Hz 기준)	5	3	3

70 ★★★★★ 가로 10[m], 세로 16[m], 천장 높이 3.85[m], 작업면 높이 0.85[m]인 사무실에 천장 직부 형광등 F40×2를 설치하려고 한다.

(1) F40×2의 심벌을 그리시오.

(2) 이 사무실의 실지수는 얼마인지 구하시오.
 • 계산 :
 • 답 :

Answer

(1)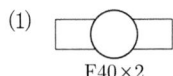
   F40×2

(2) 실지수$(R.I) = \dfrac{XY}{H(X+Y)} = \dfrac{10 \times 16}{(3.85-0.85) \times (10+16)} = 2.05$ 답 : 2.0

71 ★★★☆☆ 부하의 역률 개선에 대한 다음 각 질문에 답하시오.

(1) 역률을 개선하는 원리를 간단히 설명하시오.
 •

(2) 부하 설비의 역률이 저하하는 경우 수용가가 볼 수 있는 손해를 두 가지만 쓰시오.
 •   •

Answer

(1) 부하의 대부분은 **유도성 부하**이며 이러한 유도성 부하를 사용하게 되면 **역률이 저하**하게 되며 이를 개선하기 위하여 **부하의 전단에 병렬로 콘덴서**(용량성)을 설치하여 **진상 전류를 흘려줌**으로써 지상무효전력을 감소시켜 역률을 개선한다.

(2) ① 전력 손실이 커진다.
   ② 전기 요금이 증가한다.

72 ★★☆☆☆ 심야 전력용 기기를 종량제로 하는 경우 인입구 장치 배선은 다음과 같다. 질문에 답하여라.

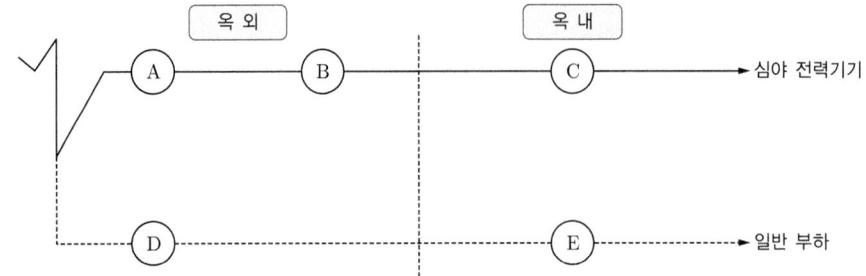

(1) Ⓐ ~ Ⓔ의 명칭은?
   Ⓐ :   Ⓑ :
   Ⓒ :   Ⓓ :
   Ⓔ :

(2) 인입구 장치에서 심야 전력 기기까지 배선 공사 방법은?
　•

Answer

(1) Ⓐ : 타임스위치
　　Ⓑ : 전력량계
　　Ⓒ : 배선용 차단기(인입구 장치)
　　Ⓓ : 전력량계
　　Ⓔ : 인입구 장치
(2) 금속관 공사, 케이블 공사, 합성수지관 공사, 금속제 가요 전선관 공사

73 그림은 콘센트의 종류를 표시한 옥내배선용 그림기호이다. 각 그림기호는 어떤 의미를 가지고 있는지 서술하시오.

(1)  ⏺LK　　(2)  ⏺ET　　(3)  ⏺EL　　(4)  ⏺E　　(5)  ⏺T

(1) :　　　　　　　　　　　(2) :
(3) :　　　　　　　　　　　(4) :
(5) :

Answer

(1) 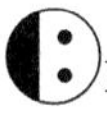 ⏺LK : 빠짐 방지형　　(2)  ⏺ET : 접지 단자붙이
(3)  ⏺EL : 누전 차단기붙이　(4)  ⏺E : 접지극붙이
(5)  ⏺T : 걸림형

74 일반용 조명 및 콘센트의 그림 기호에 대한 다음 각 질문에 답하시오.

(1) ◯ 로 표시되는 등은 어떤 등인가?
　•

(2) HID등을 ① ◯$_{H400}$, ② ◯$_{M400}$, ③ ◯$_{N400}$ 으로 표시하였을 때 각 등의 명칭은 무엇인가?
　① :　　　　　　　　　　② :
　③ :

(3) 콘센트의 그림 기호는 ⏺이다.
　① 천장에 부착하는 경우의 그림 기호는?
　② 바닥에 부착하는 경우의 그림 기호는?

(4) 다음 그림 기호를 구분하여 설명하시오.
　① ⏺2 :　　　　　　　　② ⏺3P :

Answer

(1) 옥외등
(2) ① 400[W] 수은등
    ② 400[W] 메탈 할라이드등
    ③ 400[W] 나트륨등
(3)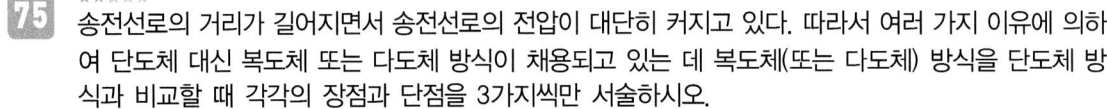
(4) ① 2구 콘센트   ② 3극 콘센트

75

송전선로의 거리가 길어지면서 송전선로의 전압이 대단히 커지고 있다. 따라서 여러 가지 이유에 의하여 단도체 대신 복도체 또는 다도체 방식이 채용되고 있는 데 복도체(또는 다도체) 방식을 단도체 방식과 비교할 때 각각의 장점과 단점을 3가지씩만 서술하시오.

(1) 장점
  •
  •
  •

(2) 단점
  •
  •
  •

Answer

(1) 장점 : ① 송전 용량의 증대
          ② 코로나 임계 전압을 상승시켜 코로나 방지에 효과가 있다.
          ③ 안정도 증대
(2) 단점 : ① 건설비 증가
          ② 꼬임현상 및 소도체 사이에 충돌현상 발생
          ③ 단락 시 대전류 등이 흐를 때 소도체 사이에 흡인력 발생

76

다음 질문에 답하시오.

(1) 과부하시 자동으로 개폐할 수 있는 고장 구분 개폐기는?
  •

(2) 과부하시 개폐할 수 있고 22.9[kV] 이하에 사용하지 않으며 66[kV] 이상에 사용하는 개폐기는?
  •

Answer

(1) 자동 고장 구분 개폐기(ASS)
(2) 선로 개폐기(LS)

77 DS 및 CB로 된 선로와 접지용구에 대한 그림을 보고 다음 각 질문에 답하시오.

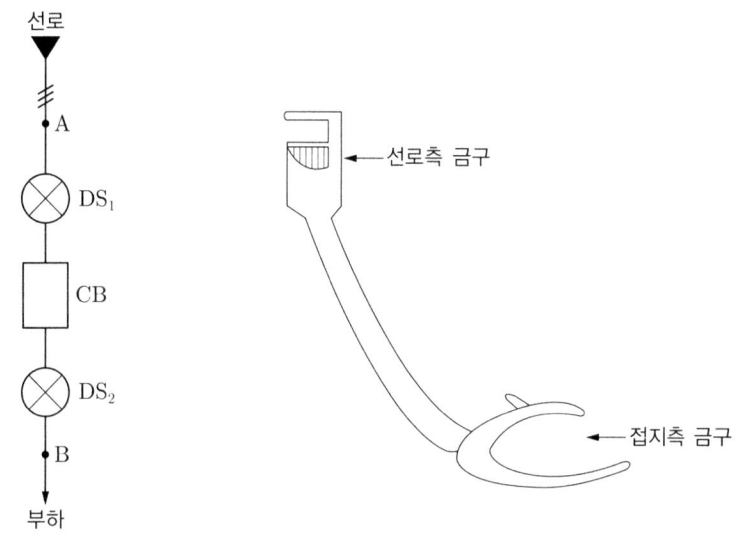

(1) 접지 용구를 사용하여 접지를 하고자 할 때 접지 순서 및 개소에 대하여 설명하시오.
    ① 접지 순서 :
    ② 접지 개소 :

(2) 부하 측에서 휴전 작업을 할 때의 조작 순서를 설명하시오.
    •

(3) 휴전 작업이 끝난 후 부하 측에 전력을 공급하는 조작 순서를 설명하시오.(단, 접지되는 않은 상태에서 작업한다고 가정한다.)
    •

(4) 긴급할 때 DS로 개폐 가능한 전류의 종류를 2가지만 쓰시오.
    •
    •

Answer

(1) ① 접지 순서 : 대지에 먼저 연결한 후 선로에 연결한다.
    ② 접지 개소 : 선로 측 A와 부하 측 B 양측에 접지한다.

(2) CB(OFF)→DS_2(OFF)→DS_1(OFF)

(3) DS_2(ON)→DS_1(ON)→CB(ON)

(4) 무부하 충전 전류
    변압기 여자 전류

78 다음 각 물음에 답하시오.

(1) 변압기의 호흡작용이란 무엇인가?
-
(2) 호흡작용으로 인하여 발생되는 문제점을 쓰시오.
-
(3) 호흡작용으로 발생되는 문제점을 방지하기 위한 대책은?
-

Answer

(1) **변압기 외기의 온도 변화, 부하의 변화**에 따라 내부기름의 온도가 변화하여 기름과 대기압 사이에 기압차가 생겨 **공기가 출입하는 작용**
(2) 절연유의 **절연내력이 저하**하고 **냉각효과가 감소**하며 침전물을 발생시킬 수 있다.
(3) 콘서베이터를 설치

79 수변전 설비에서 에너지 절감 방안 4가지를 서술하시오.

①
②
③
④

Answer

① **최대수요전력제어**(Peak Demand Control)시스템을 채택
② **전력용 콘덴서를 설치하여 역률 개선**
③ **변압기의 운전대수제어가 가능**하도록 뱅크를 구성하여 효율적인 운전관리를 통한 손실을 최소화
④ **고효율 변압기 채택**

80 수변전설비를 설계하고자 한다. 기본설계에 있어서 검토할 주요 사항을 5가지만 작성하시오(단, "경제적일 것" 등의 표현은 제외하고, 기능적인 측면과 기술적인 측면을 고려하여 작성).

① ②
③ ④
⑤

Answer

① 변전설비의 형식　　② 감시 및 제어방식
③ 주회로의 결선방식　④ 수전전압 및 수전방식
⑤ 필요한 전력의 추정

81
콘덴서(condenser)설비의 주요 사고 원인 3가지를 예로 들어 서술하시오.

①
②
③

Answer

① 콘덴서 설비 내의 배선 단락
② 콘덴서 소체 파괴 및 층간 절연 파괴
③ 콘덴서 설비의 모선 단락 및 지락

82
전동기에는 소손을 방지하기 위하여 전동기용 과부하 보호장치를 설치하여야 하나 설치하지 아니하여도 되는 경우가 있다. 설치하지 아니하여도 되는 경우의 예를 5가지만 서술하시오.

①
②
③
④
⑤

Answer

① 전동기의 출력이 0.2[kW] 이하일 경우
② 단상전동기로 16[A] 분기회로(배선차단기는 20[A])에서 사용할 경우
③ 부하의 성질상 전동기가 과부하 될 우려가 없을 경우
④ 일반 공작기계용 전동기 또는 호이스트 등과 같이 취급자가 상주하여 운전할 경우
⑤ 전동기 자체의 유효한 과부하소손방지장치가 있는 경우

83
공사시방서란 무엇인지 서술하시오.

•

Answer

도면에 대한 설명 또는 도면에 기재하기 어려운 기술적인 사항을 표시해 놓은 도서로서, 공사에 쓰이는 재료, 설비, 시공체계, 시공기준 및 시공기술에 대한 설명서

84
사용 중의 변류기 2차 측을 개로하면 변류기에는 어떤 현상이 발생하는지 원인과 결과를 서술하시오.

•

Answer

사용 중의 **변류기 2차 측을 개로**하면 변류기 1차 측 부하 전류가 모두 여자 전류가 되어 **변류기 2차 측에 고전압을 유기**하여 **변류기의 절연을 파괴**할 수 있다.

85 ★★☆☆☆
태양광 발전의 장단점을 각각 4가지씩 적으시오.

(1) 장점
-
-
-
-

(2) 단점
-
-
-
-

Answer

[장점]
① 에너지원이 청정, 무제한
② 필요한 장소에서 필요한 발전량 발전 가능
③ 유지보수가 용이, 무인화가능
④ 긴 수명(20년 이상)

[단점]
① 전력생산량이 지역의 일사량 의존
② 에너지 밀도가 낮아 큰 설치면적 필요
③ 설치장소가 한정적, 시스템 비용이 고가
④ 초기투자비와 발전단가가 높다.

86 ★★☆☆☆
가공 전선로의 이도가 너무 크거나 너무 작을 시 전선로에 미치는 영향 4가지만 서술하시오.

①
②
③
④

Answer

① 이도의 대소는 **지지물의 높이를 좌우**한다.
② 이도가 **너무 크면** 전선은 그만큼 좌우로 크게 진동해서 **다른 상의 전선에 접촉하거나 수목에 접촉**해서 위험을 준다.
③ 이도가 **너무 크면** 도로, 철도, 통신선 등의 횡단 장소에서는 **접촉**될 위험이 있다.
④ 이도가 **너무 작으면** 전선의 장력이 증가하여 **전선의 단선 우려**가 있다.

87 눈부심이 있는 경우 작업능률의 저하, 재해 발생, 시력의 감퇴 등이 발생하므로 조명설계의 경우 이 눈부심을 적극 피할 수 있도록 고려해야 한다. 눈부심을 일으키는 원인 5가지만 서술하시오.

①
②
③
④
⑤

Answer

① 순응이 잘 안될 때
② 눈에 입사하는 광속이 너무 많을 때
③ 눈부심을 주는 광원을 오래 바라볼 때
④ 광원의 휘도가 과다할 때
⑤ 광원과 배경 사이의 휘도 대비가 클 때

88 발전소 및 변전소에 사용되는 다음 각 모선보호방식에 대해 설명하시오.

- 전류 차동 계전 방식 :

- 전압 차동 계전 방식 :

- 위상 비교 계전 방식 :

- 방향 비교 계전 방식 :

Answer

- 전류 비율 차동 방식 : 외부사고 시 변류기의 오차에 의한 차동 회로 전류로 오동작하지 않도록 하기 위해 회선·전류(통과전류)로 억제하는 방식
- 전압 차동 방식 : 차동회로에 전류계전기 대신 Impedance가 높은 전압계전기를 접속하는 방식
- 위상 비교 방식 : 차동방식이 전기량의 비교를 하는데 비해 위상 비교 방식은 각 회선 전류의 위상을 비교하여 내외부 사고를 판정하는 방식
- 방향 비교 방식 : 각 회선에 전력 방향 계전기를 설치하여 그의 접점을 조합하여 사고를 검출하는 방식

89 차단기 "동작책무"란 무엇인지 서술하시오.

•

Answer

차단기에 부과된 1회 또는 2회 이상의 투입, 차단 동작을 일정 시간 간격을 두고 행하는 일련의 동작을 동작 책무라 한다.

90 다음 변압기 냉각방식의 명칭은 무엇인지 쓰시오.

[예] AA (AN) : 건식자냉식
① OA(ONAN) :
② FA(ONAF) :
③ OW(ONWF) :
④ FOA(OFAF) :
⑤ FOW(OFWF) :

Answer

① OA(ONAN) : 유입자냉식
② FA(ONAF) : 유입풍냉식
③ OW(ONWF) : 유입수냉식
④ FOA(OFAF) : 송유풍냉식
⑤ FOW(OFWF) : 송유수냉식

91 다음과 같은 소형 변압기 심벌의 명칭을 적으시오.

ⓉB   ⓉR   ⓉN   ⓉF   ⓉH

Answer

ⓉB : 벨 변압기
ⓉR : 리모콘 변압기
ⓉN : 네온 변압기
ⓉF : 형광등용 안정기
ⓉH : HID 등(고효율 방전등)용 안정기

92 다음과 같은 충전 방식에 대해 간단히 서술하시오.

(1) 보통충전 :

(2) 세류충전 :

(3) 균등충전 :

(4) 부동충전 :

(5) 급속충전 :

Answer

(1) **보통충전** : 필요할 때마다 **표준 시간율로 소정의 충전**을 하는 방식
(2) **세류충전** : **축전지의 방전을 보충**하기 위하여 부하를 off 한 상태에서 미소 전류로 항상 충전하는 방식
(3) **균등충전** : 각 전해조에서 일어나는 **전위차를 보정**하기 위하여 1~3개월 마다 1회, 정전압 충전하여 각 전해조의 용량을 균일화하기 위하여 행하는 충전 방식

(4) 부동충전 : 축전지의 자기 방전을 보충함과 동시에 사용 부하에 대한 전력공급은 충전기가 부담하도록 하되 충전기가 부담하기 어려운 일시적인 대전류의 부하는 축전지가 부담하도록 하는 방식
(5) 급속충전 : 짧은 시간에 보통 충전 전류의 2~3배의 전류로 충전하는 방식

93 변압기 본체 탱크 내에 발생한 가스 또는 이에 따른 유류를 검출하여 변압기 내부고장을 검출하는데 사용되는 계전기로서 본체와 콘서베이터 사이에 설치하는 계전기는 무엇인가?

Answer

부흐홀쯔 계전기

94 Spot Network 수전방식에 대해 설명하고 장점 4가지를 서술하시오.

(1) Spot Network 방식이란?

(2) 장점

Answer

(1) Spot Network 방식 : 배전용 변전소로부터 2회선 이상의 배전선으로 수전하는 방식으로 1회선의 고장이 발생한 경우에도 2차 측 병렬모선을 통해 부하 측의 무정전 공급이 가능한 방식이다.
(2) 장점
① 무정전 전력공급이 가능하다.
② 공급신뢰도가 높다.
③ 전압 변동이 낮다.
④ 부하증가에 대한 적응성이 좋다.

95 다음의 그림 기호는 일반 옥내 배선의 전등·전력·통신·신호·재해방지·피뢰시설 등의 배선, 기기 및 부착위치, 부착방법을 표시하는 도면에 사용하는 그림 기호이다. 각 그림 기호의 명칭을 쓰시오.

(1) ☐ E   (2) ☐ B   (3) ☐ EC   (4) ☐ S   (5)  ⊖ G

Answer

(1) 누전 차단기   (2) 배선차단기   (3) 접지 센터   (4) 개폐기   (5) 누전 경보기

96

다음은 인체에 전류가 흘러 감전된 정도를 설명한 것이다. ( ) 안에 알맞은 용어를 쓰시오.

(1) (　　　　)전류 : 인체에 흐르는 전류가 수 [mA]를 넘으면 자극으로서 느낄 수 있게 되는데 사람에 따라서는 1[mA] 이하에서 느끼는 경우도 있다.

(2) (　　　　)전류 : 도체를 잡은 상태로 인체에 흐르는 전류를 증가시켜가면 5~20[mA] 정도의 범위에 근육이 수축 경련을 일으켜 사람 스스로 도체에서 손을 뗄 수 없는 상태로 된다.

(3) (　　　　)전류 : 인체 통과 전류가 수십 [mA]에 이르면 심장 근육이 경련을 일으켜 신체 내의 혈액공급이 정지되며 사망에 이르게 될 우려가 있으며, 단시간 내에 통전을 정지시키면 죽음을 면할 수 있다.

Answer

(1) 감지　　　　(2) 경련　　　　(3) 심실세동

97

가스절연개폐기(GIS)에 대하여 다음 질문에 답하시오.

(1) 가스절연개폐기(GIS)에 사용되는 가스의 종류는?
  •

(2) 가스절연개폐기에 사용하는 가스는 공기에 비하여 절연내력이 몇 배 정도 좋은가?
  •

(3) 가스절연개폐기에 사용되는 가스의 장점을 3가지 쓰시오.
  •
  •
  •

Answer

(1) SF_6(육불화황) 가스

(2) 2~3배

(3) ① **무독성**, 무취, 무색
　　② **소호 능력**이 뛰어나다(공기의 약 100~200배).
　　③ **절연 내력**은 공기의 2~3배 정도이다.

98 2중 모선에서 평상시에 No.1 T/L은 A모선에서 No.2 T/L은 B모선에서 공급하고 모선연락용 CB는 개방되어 있다. 다음 질문에 답하시오.

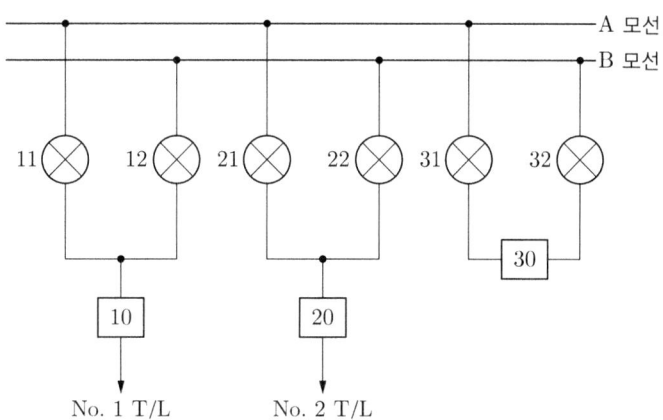

(1) B모선을 점검하기 위하여 절체하는 순서는? (단, 10-OFF, 20-ON 등으로 표시)
  •

(2) B모선을 점검 후 원상 복구하는 조작 순서는? (단, 10-OFF, 20-ON 등으로 표시)
  •

(3) 10, 20, 30에 대한 기기의 명칭은?
  •

(4) 11, 21에 대한 기기의 명칭은?
  •

(5) 2중 모선의 장점은?
  •

Answer

(1) 31-ON, 32-ON, 30-ON, 21-ON, 22-OFF, 30-OFF, 31-OFF, 32-OFF
(2) 31-ON, 32-ON, 30-ON, 22-ON, 21-OFF, 30-OFF, 31-OFF, 32-OFF
(3) 차단기
(4) 단로기
(5) 모선 점검 시에도 부하의 운전을 무정전 상태로 할 수 있어 전원 공급의 신뢰도가 높다.

99 TV나 형광등과 같은 전기제품에서의 깜빡거림 현상을 플리커 현상이라 하는데 이 플리커 현상을 경감시키기 위한 전원 측과 수용가 측에서의 대책을 각각 3가지씩 서술하시오.

(1) 전원 측
  •   •
  •

(2) 수용가 측
  •   •
  •

Answer

(1) 전원 측
   ① **전용계통**으로 공급한다.
   ② 공급 전압을 **승압**한다.
   ③ **단락 용량이 큰 계통**에서 공급한다.
(2) 수용가 측
   ① **직렬 콘덴서** 설치
   ② **부스터** 설치
   ③ **직렬 리액터** 설치

100 ★☆☆☆☆
일반적으로 사용되고 있는 열음극 형광등과 비교하여 슬림라인(Slim line)형광등의 장점 5가지와 단점 3가지를 서술하시오.

(1) 장점
   ①
   ②
   ③
   ④
   ⑤
(2) 단점
   ①
   ②
   ③

Answer

(1) 장점
   ① 필라멘트를 예열할 필요가 없어 점등관등 **기동 장치가 불필요**하다.
   ② 순시 기동으로 **점등에 시간이 걸리지 않는다**.
   ③ 점등 불량으로 인한 **고장이 없다**.
   ④ 관이 길어 **양광주가 길고 효율이 좋다**.
   ⑤ 전압 변동에 의한 **수명의 단축이 없다**.
(2) 단점
   ① 점등장치가 **비싸다**.
   ② 전압이 높아 기동 시에 **음극이 손상**하기 쉽다.
   ③ **전압이 높아 위험**하다.

101 ★☆☆☆☆
송전계통에서 가공전선로의 이상전압 방지대책을 3가지만 쓰시오.

- •
- •
- •

Answer

가공지선 설치, 피뢰기 시설, 중성점 접지

102 조명기구의 배광에 따른 분류를 5가지만 쓰시오.

Answer

직접조명, 반직접조명, 전반확산조명, 반간접조명, 간접조명

103 전동기에 개별로 콘덴서를 설치할 경우 발생할 수 있는 자기여자 현상의 발생 이유와 현상을 서술하시오.
- 이유 :
- 현상 :

Answer

- 이유 : 전원에서 공급되던 **여자전류가 콘덴서에서 공급됨**에 기인하여 **전동기가 유도발전기가 되는** 것
- 현상 : 전동기의 단자전압이 정격전압을 초과하거나 감쇠되지 않는 경우도 있다.

104 다음 개폐기의 종류를 나열한 것이다. 기기의 특징에 알맞은 명칭을 빈칸에 작성하시오.

구분	명칭	특징
①		• 전로의 접속을 바꾸거나 끊는 목적으로 사용 • 전류의 차단능력은 없음 • 무전류 상태에서 전로 개폐 • 변압기, 차단기 등의 보수점검을 위한 회로 분리용 및 전력계통 변환을 위한 회로 분리용으로 사용
②		• 평상시 부하전류의 개폐는 가능하나 이상 시 (과부하, 단락)보호기능은 없음 • 개폐 빈도가 적은 부하의 개폐용 스위치로 사용 • 전력 Fuse와 사용시 결상방지 목적으로 사용
③		• 평상시 부하전류 혹은 과부하 전류까지 안전하게 개폐 • 부하의 개폐·제어가 주목적이고, 개폐 빈도가 많음 • 부하의 조작, 제어용 스위치로 이용 • 전력 Fuse와의 조합에 의해 Combination Switch로 널리 사용
④		• 평상시 전류 및 사고 시 대전류를 지장 없이 개폐 • 회로보호가 주목적이며 기구, 제어회로가 Tripping 우선으로 되어 있음 • 주회로 보호용 사용
⑤		• 일정치 이상의 과부하전류에서 단락전류까지 대전류 차단 • 전로의 개폐 능력은 없다. • 고압개폐기와 조합하여 사용

Answer

① 단로기 ② 부하개폐기 ③ 전자접촉기 ④ 차단기 ⑤ 전력퓨즈

105 다음 각 질문에 답하시오.

(1) 역률을 개선하기 위한 전력용 콘덴서 용량은 최대 무슨 전력 이하로 설정해야 하는지 쓰시오.
   •
(2) 고조파를 제거하기 위해 콘덴서에 무엇을 설치해야 하는지 쓰시오.
   •
(3) 역률 개선 시 나타나는 효과 3가지를 작성하시오.
   •
   •
   •

Answer

(1) 부하의 지상 무효전력
(2) 직렬리액터
(3) ① 전력손실 경감
    ② 전압 강하의 감소
    ③ 설비 용량의 여유 증가

106 다음은 전압등급 3[kV]인 SA의 시설 적용을 나타낸 표이다. 빈 칸에 적용 또는 불필요를 구분하여 작성하시오.

차단기 종류	2차보호기기	전동기	변압기			콘덴서
			유입식	몰드식	건식	
VCB		①	②	③	④	⑤

① :   ② :   ③ :
④ :   ⑤

Answer

① 적용 ② 불필요 ③ 적용 ④ 적용 ⑤ 불필요

107 단상 변압기의 병렬 운전 조건 4가지를 쓰고, 이들 각각에 대하여 조건이 맞지 않을 경우에 어떤 현상이 나타나는지 작성하시오.

① • 조건 :
   • 현상 :
② • 조건 :
   • 현상
③ • 조건 :
   • 현상
④ • 조건 :
   • 현상

Answer

① • 조건 : 극성이 일치할 것
   • 현상 : 큰 순환 전류가 흘러 권선이 소손
② • 조건 : 정격 전압(권수비)이 같은 것
   • 현상 : 순환 전류가 흘러 권선이 가열
③ • 조건 : %임피던스 강하(임피던스 전압)가 같을 것
   • 현상 : 부하의 분담이 용량의 비가 되지 않아 부하의 분담이 균형을 이룰 수 없다.
④ • 조건 : 내부 저항과 누설 리액턴스의 비가 같을 것
   • 현상 : 각 변압기의 전류 간에 위상차가 생겨 동손이 증가

108 다음의 그림은 접지저항을 측정하는 방법을 나타낸 그림이다.

(1) 접지저항을 측정하는 방법이 올바른 그림은 무엇인가?

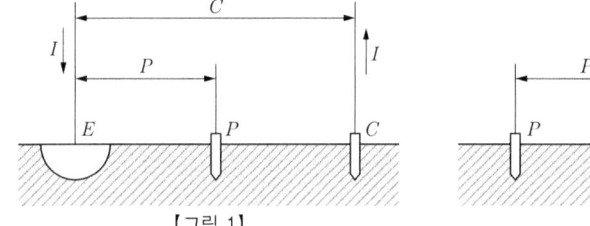

【그림 1】　　　　　　　　　【그림 2】

• 답 :

(2) $\dfrac{EP}{EC}$ 의 비는 얼마가 적당한가? 그 이유를 설명하시오.

• 이유 :

Answer

(1) 그림 1
(2) 보조접지극의 거리는 저항구역이 겹치지만 않으면 측정값에 큰 오차는 발생하지 않는다. 그 이론적인 비율은 61.8[%] 내에 있으면 얻을 수 있다.

109 선로나 간선에 고조파 전류를 발생시키는 발생 기기가 있을 경우 그 대책을 적절히 세워야 한다. 이 고조파 억제 대책을 5가지만 서술하시오.

•
•
•
•
•

Answer

① **전력변환 장치의 Pulse 수를 크게** 한다.
② **고조파 필터**를 사용하여 제거한다.
③ 전력용 콘덴서에는 **직렬 리액터를 설치**한다.

④ **고조파를 발생**하는 기기들을 따로 모아 **결선**해서 별도의 상위 전원으로부터 전력을 공급하고 여타 기기들로부터 분리시킨다.
⑤ **변압기 결선**에서 △**결선**을 채용하여 고조파 순환회로를 구성하여 외부에 고조파가 나타나지 않도록 한다.

110
방폭형전동기에 대하여 설명하고 방폭 구조 종류 3가지만 작성하시오.

(1) 설명 :

(2) 종류
-
-
-

Answer

(1) 설명 : 가스 또는 분진폭발위험장소에서 전동기를 사용하는 경우에는 그 증기·가스 분진이 **폭발할 수 있는 환경**에 대하여 견딜 수 있게 설계된 전동기
(2) 종류 : ① 내압 방폭 구조
　　　　② 유입 방폭 구조
　　　　③ 안전증 방폭 구조

111
기존 형광램프는 관형이 32[mm], 28[mm], 25.5[mm]가 있는데 T-5램프는 15.5[mm]로 작아진 최신형 세관형 램프를 말한다. 이 램프의 특징 5가지를 서술하시오.

-
-
-
-
-

Answer

① 기존 T-10과 T-8에 비해 각각 50%, 35%이상 **에너지 절약이 가능**
② **연색성이 우수, 광속 유지율 우수**
③ 전자식 안정기의 **낮은 전력소모로 에너지 절약**이 가능
④ 16,000[h]의 **긴 수명**
⑤ 열발생이 적고, 104[lm/W]으로 **효율이 우수**

112
ZCT(영상변류기)에서 다음과 같은 상태일 경우를 설명하시오.

(1) 정상상태 :

(2) 지락상태 :

Answer

(1) 정상 상태의 각 상 전류의 합을 지시하므로 $I_0 = \dfrac{1}{3}(\dot{I_a} + \dot{I_b} + \dot{I_c}) = 0$

즉, 검출되는 전류는 없다.

(2) 지락 또는 불평형 상태의 각 상전류의 합 즉, 영상전류가 검출된다.

113
★★☆☆☆

변압기의 △-△결선 방식의 장점과 단점을 3가지씩 서술하시오.

(1) 장점
-
-
-

(2) 단점
-
-
-

Answer

(1) 장점
① 제 3고조파 전류가 △ 결선 내를 순환하므로 정현파 교류 전압을 유기하여 **기전력의 파형이 왜곡되지 않는다.**
② 1대가 고장이 나면 나머지 2대로 V결선하여 사용할 수 있다.
③ 각 변압기의 상전류가 선전류의 $1/\sqrt{3}$ 이 되어 대전류에 적합하다.

(2) 단점
① 중성점을 접지할 수 없으므로 지락사고의 검출이 곤란하다.
② 권수비가 다른 변압기를 결선하면 **순환전류**가 흐른다.
③ 각상의 임피던스가 다를 경우 3상 부하가 평형이 되어도 **변압기의 부하 전류는 불평형**이 된다.

114
★★★★★

발전기에 대한 다음 각 질문에 답하시오.

(1) "단락비가 큰 교류 발전기는 일반적으로 기계의 치수가 (①), 가격이 (②), 풍손, 마찰손, 철손이 (③), 효율은 (④), 전압변동률은 (⑤), 안정도는 (⑥)"에서 ( ) 안에 알맞은 말을 쓰되, ( ) 안의 내용은 크다(고), 낮다(고), 적다(고) 등으로 표현한다.

① :   ② :   ③ :
④ :   ⑤ :   ⑥ :

(2) 비상용 동기발전기의 병렬운전 조건을 4가지 쓰시오.
① :   ② :
③ :   ④ :

Answer

(1) ① 크고 ② 높고 ③ 크고 ④ 낮고 ⑤ 적고 ⑥ 높다
(2) ① 기전력의 크기가 같을 것   ② 기전력의 위상이 같을 것
   ③ 기전력의 주파수가 같을 것   ④ 기전력의 파형이 같을 것

115 전력 퓨즈에서 퓨즈에 대한 그 역할과 기능에 대해서 다음 각 질문에 답하시오.

(1) 퓨즈의 역할을 크게 2가지로 대별하여 간단하게 설명하시오.
　①
　②

(2) 답안지 표와 같은 각종 개폐기와의 기능 비교표의 관계(동작)되는 해당란에 ○표로 표시하시오.

기능＼능력	회로 분리		사고 차단	
	무부하	부하	과부하	단락
퓨즈				
차단기				
개폐기				
단로기				
전자 접촉기				

(3) 퓨즈의 성능(특성) 3가지를 쓰시오
　① :　　　　② :　　　　③ :

Answer

(1) 전력 퓨즈는
　① 부하 전류는 안전하게 통전하며
　② 어떤 일정 값 이상의 과전류는 차단하여 전로나 기기를 보호한다.

(2)

기능＼능력	회로 분리		사고 차단	
	무부하	부하	과부하	단락
퓨즈	○			○
차단기	○	○	○	○
개폐기	○	○	○	
단로기	○			
전자 접촉기	○	○	○	

(3) 용단 특성, 단시간 허용 특성, 전차단 특성

116 한국전기설비규정(KEC)에 의해 피뢰기를 시설하여야 하는 장소를 3가지만 쓰시오.
-
-
-

Answer

① 발전소·변전소 또는 이에 준하는 장소의 가공전선 인입구 및 인출구
② 특고압 가공전선로에 접속하는 배선용 변압기의 고압 측 및 특고압 측
③ 고압 및 특고압 가공전선로로부터 공급을 받는 수용장소의 인입구

117 설계자가 크기, 형상 등 전체적인 조화를 생각하여 형광등 기구를 벽면 상방 모서리에 숨겨서 설치하는 방식으로, 기구로부터 빛이 직접 벽면을 조명하는 건축화 조명방식의 이름은?

-

Answer

코니스 조명

118 수전설비에 있어서 계통의 각 점에 흐르는 단락 전류의 값을 정확하게 파악하는 것이 수전설비의 보호방식을 검토하는데 아주 중요하다. 단락 전류를 계산하는 것은 주로 어떤 요소에 적용하고자 하는 것인지 그 적용 요소에 대하여 3가지만 서술하시오.

-
-
-

Answer

① 차단기의 **차단용량 결정**
② **보호계전기의 정정**
③ 기기에 가해지는 **전자력의 추정**

119 고압 회로용 진상콘덴서 설비의 보호 장치에 사용되는 계전기를 3가지 서술하시오.

①
②
③

Answer

① 과전압 계전기
② 저전압 계전기
③ 과전류 계전기

120 UPS 장치 시스템의 중심부분을 구성하는 CVCF의 기본 회로를 보고 다음 각 질문에 답하시오

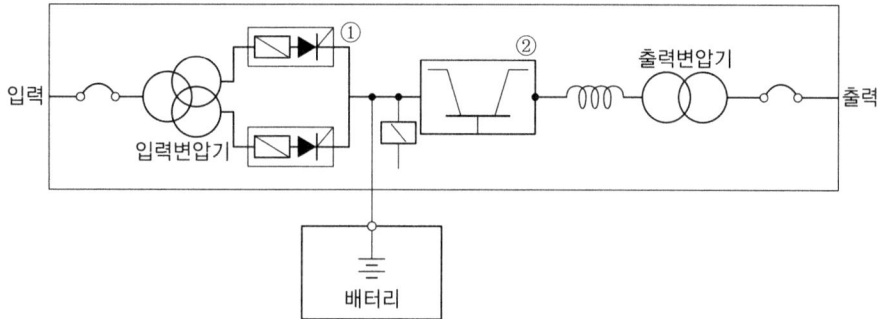

(1) UPS 장치는 어떤 장치인가?
  •
(2) CVCF는 무엇을 뜻하는가?
  •
(3) 도면의 ①, ②에 해당되는 것은 무엇인가?
  ① :   ② :

Answer

(1) 무정전 전원 공급장치
(2) 정전압 정주파수 장치
(3) ① 정류기(컨버터)   ② 인버터(Inverter)

121 ★★☆☆☆
전원에 고조파 성분이 포함되어 있는 경우 부하설비의 과열 및 이상 현상이 발생하는 경우가 있다. 이러한 고조파 전류가 발생하는 주원인과 그 대책을 각각 3가지씩 서술하시오.

(1) 고조파 전류의 발생원인
  •   •
  •

(2) 대책
  •
  •
  •

Answer

(1) 고조파 전류의 발생원인
  ① 정지형 전력변환장치
  ② 변압기, 전동기
  ③ 용접기, 아크로

(2) 대책
  ① 전력 변환 장치의 pulse 수를 크게 한다.
  ② 전력 변환 장치의 전원 측에 교류 리액터를 설치한다.
  ③ 부하 측 부근에 고조파 필터를 설치한다.

122 ★★☆☆☆
옥외용 변전소 내의 변압기 사고라고 생각할 수 있는 사고의 종류 5가지만 서술하시오.

  •   •
  •   •
  •

Answer

① 권선의 상간단락 및 층간단락
② 권선과 철심간의 절연파괴에 의한 지락사고
③ 고저압 권선의 혼촉
④ 권선의 단선
⑤ Bushing Lead선의 절연파괴

123 그림은 고압 진상용 콘덴서 설치도이다. 다음 질문에 답하시오.

(1) ①, ②, ③의 명칭을 우리말로 쓰시오.
　① (　　　　　)
　② (　　　　　)
　③ (　　　　　)

(2) ①, ②, ③의 설치 사유를 쓰시오.
　①
　②
　③

(3) ①, ②, ③의 회로를 완성하시오.

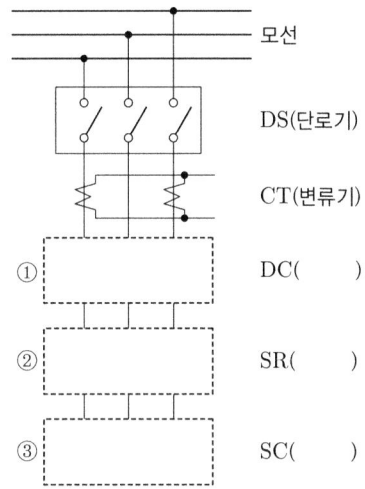

Answer

(1) ① 방전코일　② 직렬 리액터　③ 전력용 콘덴서
(2) ① 콘덴서에 축적된 잔류전하 방전
　② 제5고조파 제거
　③ 부하의 역률 개선
(3) ① 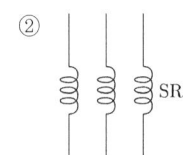　② 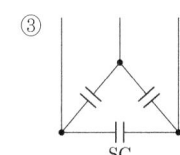　③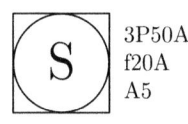

124 개폐기 중에서 다음 기호(심벌)가 의미하는 것은 무엇인지 모두 서술하시오.

Ⓢ　3P50A
　　f20A
　　A5

• 　　　　　　　　•
•

Answer

정격정류 5[A]인 전류계 붙이
3극 50[A] 개폐기로서
퓨즈 정격 20[A]

125. 가공선로의 ACSR에 댐퍼를 설치하는 이유를 적으시오.

•

Answer

전선의 **진동** 방지

126. 차단기는 고장 시에 발생하는 대전류를 신속하게 차단하여 고장 구간을 건전 구간으로부터 분리시킨다. 다음 차단기의 약호에 해당하는 명칭을 적으시오.

[예시] ELB : 누전차단기

① OCB :   ② ABB :
③ GCB :   ④ MBB :

Answer

① 유입차단기   ② 공기차단기
③ 가스차단기   ④ 자기차단기

127. 계기용 변류기(CT)의 선정 시에 열적 과전류강도 관계식과 기계적 과전류강도를 고려해야 하는데, 이때 열적 과전류강도와 기계적 과전류강도의 관계식을 쓰시오.

(1) 열적 과전류강도 관계식
(S : 통전시간에 대한 열적과전류 강도[A], S_n : 정격과전류 강도[A], t : 통전시간)
• 답 :

(2) 기계적 과전류강도 관계식
(S_m : 기계적과전류 강도[A], I_n : CT 1차 정격전류[A], I_s : 최대고장전류(단락전류)[A])
• 답 :

Answer

(1) 열적 과전류강도 관계식 : $S = \dfrac{S_n}{\sqrt{t}}$ [A]

(2) 기계적 과전류강도 관계식 : $S_m = \dfrac{I_s}{I_n}$ [A]

128. 계기용 변성기(변류기)에 따른 옥내용 변류기에 대한 내용이다. 다음 ( )에 들어갈 내용을 적으시오.

3.1.4 옥내용 변류기의 다른 사용 상태
 a) 태양열 복사 에너지의 영향은 무시해도 좋다.
 b) 주위의 공기는 먼지, 연기, 부식 가스, 증기 및 염분에 의해 심각하게 오염되지 않는다.
 c) 습도의 상태는 다음과 같다.
  1) 24시간 동안 측정한 상대 습도의 평균값은 (①)[%]를 초과하지 않는다.
  2) 24시간 동안 측정한 수증기압의 평균값은 (②)[kPa]를 초과하지 않는다.
  3) 1달 동안 측정한 상대 습도의 평균값은 (③)[%]를 초과하지 않는다.
  4) 1달 동안 측정한 수증기의 평균값은 (④)[kPa]를 초과하지 않는다.

Answer

① 95 ② 2.2 ③ 90 ④ 1.8

129 조명에 사용되는 광원의 발광원리를 3가지만 쓰시오.

•

•

•

Answer

(1) **온도복사**에 의한 **백열**발광
(2) **온도방사**(화학반응)에 의한 **연소**발광
(3) **루우미네슨스**에 의한 **방전**발광

130 답안지의 표는 누전차단기의 시설 예에 따른 표이다. 표의 빈 칸에 누전차단기 시설에 관하여 주어진 표시기호로 표시하시오.(단, 사람이 조작하고자 할 때 조작하는 장소의 조건과 시설장소의 조건은 같다고 한다.)

○ : 누전차단기를 시설하는 곳
△ : 주택에 기계 기구를 시설하는 경우에는 누전차단기를 시설할 곳
□ : 주택 구내 또는 도로에 접한 면에 룸에어컨디셔너, 아이스박스, 진열창, 자동판매기 등 전동기를 부품으로 한 기계 기구를 시설하는 경우에는 누전차단기를 시설하는 것이 바람직한 곳
× : 누전차단기를 시설하지 않아도 되는 곳

전로의 대지전압 \ 기계기구의 시설장소	옥내		옥외		옥외	물기가 있는 장소
	건조한 장소	습기가 많은 장소	우선 내	우선 외		
150[V] 이하						
150[V] 초과 300[V] 이하						

Answer

전로의 대지전압 \ 기계기구의 시설장소	옥내		옥외		옥외	물기가 있는 장소
	건조한 장소	습기가 많은 장소	우선 내	우선 외		
150[V] 이하	×	×	×	□	□	○
150[V] 초과 300[V] 이하	△	○	×	○	○	○

131 발·변전소에는 전력의 집합, 융통, 분배 등을 위하여 모선을 설치한다. 무한대 모선(Infinite Bus)이란 무엇인지 서술하시오.

-

Answer

무한대 모선이란 **내부 임피던스가 영**이고 **전압은** 그 크기와 위상이 **부하의 증감에** 관계없이 전혀 **변화하지 않고** 또 극히 큰 관성 정수를 가지고 있다고 생각되는 **용량 무한대의 전원**을 말한다.

132 다음은 가공 송전선로의 코로나 임계전압을 나타낸 식이다. 이 식을 보고 다음 각 질문에 답하시오.

$$E_0 = 24.3 m_0 m_1 \delta d \log_{10} \frac{D}{r} \text{[kV]}$$

(1) 기온 t[℃]에서의 기압을 b[mmHg]라고 할때 $\delta = \dfrac{0.386b}{273+t}$ 로 나타내는데 이 δ는 무엇을 의미하는지 쓰시오.
-

(2) m_1이 날씨에 의한 계수라면, m_0는 무엇에 의한 계수인지 쓰시오.
-

(3) 코로나에 의한 장해의 종류 2가지만 쓰시오
- ● ●

(4) 코로나 발생을 방지하기 위한 주요 대책을 2가지만 쓰시오.
- ● ●

Answer

(1) 상대 공기 밀도
(2) 전선표면의 상태계수
(3) ① 전파 장해
    ② 통신선에의 유도 장해
(4) ① 복도체(다도체) 채용
    ② 가선금구 개량

133 보호계전기의 기억 작용이란 무엇인지 서술하시오.

-

Answer

계전기의 입력이 급변했을 때 **변화 전의 전기량을 계전기에 일시적으로 잔류시키게 하는 것**을 말하며 주로 **mho형 거리계전기**에 사용한다.

134 동기 발전기를 병렬로 접속하여 운전하는 경우에 생기는 횡류 3가지를 쓰고, 각각의 작용에 대하여 서술하시오.

종류	작용

Answer

종류	작용
무효 순환전류	병렬운전 중인 발전기의 기전력의 크기를 서로 같게 한다.
동기화 전류	병렬운전 중인 발전기의 위상을 서로 같게 한다.
고조파 무효순환전류	전기자 권선의 저항손이 증가하여 과열의 원인이 된다.

135 에너지 절약을 위한 동력설비의 대응방안 중 5가지만 서술하시오.

-
-
-
-
-

Answer

① 고효율전동기의 채용 ② VVVF(가변전압 가변주파수 장치) 운전방식 채용
③ 진상용 콘덴서 채용 ④ 빙축열시스템 채용
⑤ 히트펌프채용

136 변압기에 대한 다음 각 질문에 답하시오.

(1) 유입풍냉식은 어떤 냉각방식인지를 쓰시오.
  -
(2) 무부하 탭 절환장치는 어떠한 장치인지를 쓰시오.
  -
(3) 비율차동계전기는 어떤 목적으로 이용되는지 쓰시오.
  -
(4) 무부하손은 어떤 손실을 말하는지 쓰시오.
  -

Answer

(1) 유입 변압기에 **방열기를 부착**시키고 **송풍기에 의해 강제 통풍**시켜 **냉각 효과**를 증대시킨 방식
(2) 무부하 시 변압기 1차 측 권수비를 조정하여 2차 측 전압을 조정하는 장치
(3) 전력기기들(발전기, 변압기)의 보호용으로 사용되는 계전기
(4) 부하에 관계없이 발생하는 손실로 철손, 기계손 등이 있다.

137 동기발전기의 단락비에 대한 내용이다. 다음 ( ) 안에 들어갈 내용을 쓰시오. 단, ( ) 안의 내용은 "증가", "감소", "높다(고)", "낮다(고)" 등으로 표현한다.

> 단락비가 큰 동기 발전기는 일반적으로 전기자 권선수가 적고 자속수가 (①)하여 기계 치수가 커지므로 철손과 풍손이 커지며 따라서, 효율은 (②), 동기임피던스가 적으므로 전압변동률이 적고 안정도는 (③)하게 된다.

① :   ② :   ③ :

Answer

① 크고   ② 낮고   ③ 증가

138 각 단상 유도전동기의 역회전 방법을 [보기]에서 찾아 기호를 각각 적으시오.

【보기】
① 역회전 불가
② 2개의 브러시 위치를 반대로 한다.
③ 전원에 대해 주권선이나 기동권선 중 어느 한 쪽만 접속을 반대로 한다.

(1) 분상 기동형 :   (2) 반발 기동형 :
(3) 셰이딩 코일형 :

Answer

분상 기동형 : ③, 반발 기동형 : ②, 셰이딩 코일형 : ①

139 역률을 개선하면 전기요금 절감과 배전선의 손실 경감, 전압 강하 감소, 설비 여력의 증가 등을 기할 수 있으나, 너무 과보상하면 역효과가 나타난다. 즉, 경부하시에 콘덴서가 과대 삽입되는 경우의 결점을 4가지 작성하시오.

-
-
-
-

Answer

① 역률의 저하
② 단자전압 상승
③ 계전기 오동작
④ 전력손실의 증가

140 정크션 박스(Joint Box)와 풀 박스(Pull Box)의 용도를 작성하시오.

(1) 정크션 박스(Joint Box)
-

(2) 풀 박스(Pull Box)
-

Answer

(1) 정크션 박스(Joint Box) : **전선 상호간의 접속** 시 접속부분이 외부로 노출되지 않도록 하기 위해 설치
(2) 풀 박스(Pull Box) : **전선의 통과를 용이**하게 하기 위하여 배관의 도중에 설치

141
전동기, 가열장치 또는 전력장치의 배선에는 이것에 공급하는 부하회로의 배선에서 기계기구 또는 장치를 분리할 수 있도록 단로용 기구로 각개에 개폐기 또는 콘센트를 시설하여야 한다. 그렇지 않아도 되는 경우 2가지를 작성하시오.

•
•

Answer

• 배선 중에 시설하는 **현장조작개폐기**가 전로의 **각 극을 개폐**할 수 있을 경우
• **전용분기회로**에서 공급될 경우

142
다음 심벌의 명칭을 작성하시오.

(1)  MD   (2) ----[LD]----   (3) ------------(F7)

Answer

(1) 금속 덕트
(2) 라이팅 덕트
(3) 플로어 덕트

143
Wenner의 4전극법에 대한 공식을 쓰고, 원리도를 그려 서술하시오.

• 공식 :
• 원리도

Answer

대지저항률 $\rho = 2\pi aR$ (단, a : 전극 간격[m], R : 접지저항[Ω])

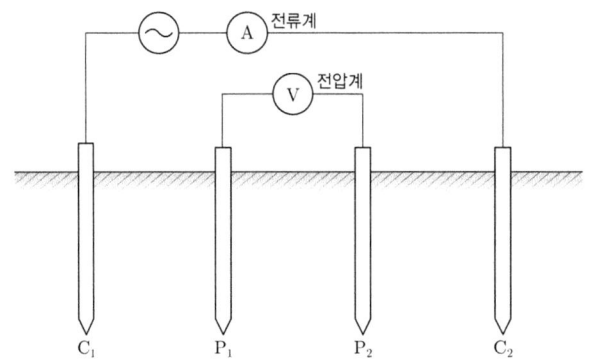

4개의 측정 전극(C_1, P_1, P_2, C_2)을 지표면에 일직선 상, 일정한 간격으로 매설하고, 측정 장비 내에서 저주파 전류를 C_1, C_2 전극을 통해 대지에 흘려 보낸 후 P_1, P_2 사이의 전압을 측정하여 대지저항률을 구하는 방법이다.

144 정지형 무효전력 보상장치(Static Var Compensator : SVC)란 무엇인지 간단하게 서술하시오.

▸ Answer

GTO, SCR 등의 사이리스터(Thyristor)를 사용하여 진상 또는 지상무효전력을 제어하는 정지형 무효전력 제어장치

145 배전선의 기본파 전압 실효값이 V_1[V], 고조파 전압의 실효값이 V_3, V_5, V_n[V]이다. THD(Total harmonics distortion)의 정의와 계산식을 적어라.

(1) 정의 :

(2) 계산식 :

▸ Answer

(1) 정의 : 종합 고조파 왜형률(총 고조파 왜형률) : 비정현파에서 기본파와 비교하여 고조파 성분이 어느 정도 포함되어 있는지를 나타낸 것

(2) 계산식 : $V_{THD} = \dfrac{\sqrt{V_3^2 + V_5^2 + V_n^2}}{V_1} \times 100\,[\%]$

146 전선이 정삼각형의 정점에 배치된 3상 선로에서 전선의 굵기, 선간거리, 표고, 기온에 의하여 코로나 파괴 임계전압이 받는 영향을 써라.

구분	임계전압이 받는 영향
전선의 굵기	
선간거리	
표고[m]	
기온[℃]	

Answer

구분	임계전압이 받는 영향
전선의 굵기	비례
선간거리	비례
표고[m]	반비례
기온[℃]	반비례

147 배전용 변압기의 고압 측(1차 측)에 여러 개의 탭을 설치하는 이유를 서술하여라.

•

Answer

배전선로의 전압을 조정하기 위해서(저압측 전압 조정)

148 전기 방폭 설비란 무엇을 뜻하는지 설명하여라.

•

Answer

전기기계기구의 방폭 설비란 **가스 증기 위험 장소에서 사용에 적합하도록 특별히 고려한 구조**를 가지는 설비를 말한다.

149 주택의 콘센트 표준적인 설치 수를 쓰시오. 단 설치 수는 내선규정에 따른다.

【표1】 주택의 콘센트 수

방의 크기	표준적인 설치 수(개)
5[m²] 미만	( )
5[m²] 이상 10[m²] 미만	( )
10[m²] 이상 15[m²] 미만	( )
15[m²] 이상 20[m²] 미만	( )
부엌	( )

【비고1】 콘센트는 구수에 관계없이 1개로 본다.
【비고2】 콘센트는 2구 이상 콘센트를 설치하는 것이 바람직하다.
【비고3】 대형 전기기계기구의 전용콘센트 및 환풍기, 전기시계 등을 벽에 붙이는 전용콘센트는 위 표에 포함되어 있지 않다.
【비고4】 다용도실이나 세면장에는 방수형 콘센트를 시설하는 것이 바람직하다.

Answer

주택의 콘센트 수

방의 크기	표준적인 설치 수(개)
5[m^2] 미만	1
5[m^2] 이상 10[m^2] 미만	2
10[m^2] 이상 15[m^2] 미만	3
15[m^2] 이상 20[m^2] 미만	3
부엌	2

150 지중선을 가공선과 비교할 때 그 장점과 단점을 각각 3가지만 쓰시오.

(1) 지중선의 장점
-
-
-

(2) 지중선의 단점
-
-
-

Answer

(1) 지중선의 장점
- 수용 밀도가 높은 곳에 유리
- 보안상 유리
- 도시 미관에 유리
- 뇌해, 풍수해에 대한 영향이 적다.

(2) 지중선의 단점
- 건설비가 고가이다.
- 고장점 탐색이 어렵다.
- 전식 우려가 있다.
- 송전용량이 가공방식에 비해 적다.

151 부하의 특성에 기인하는 전압의 동요에 의하여 조명등이 깜박거리거나 텔레비전 영상이 일그러지는 등의 현상을 플리커라고 한다. 배전계통에서 플리커 발생 부하가 증설될 경우에 이를 미리 예측하고 경감을 위하여 수용가측에서 행하는 방법 중 전원계통에 리액터분을 보상하는 방법 2가지를 쓰시오.

-
-

Answer

① 직렬콘덴서 방식
② 3권선 보상 변압기 방식

152 다음에 설명된 것은 어떤 장치나 개폐기인지 그 명칭을 쓰시오.

(1) 자동차단과 자동재투입을 일정한 시간 간격으로 하는 유입개폐기이며, 배전선로의 일시적 고장을 차단하거나 사고구간을 구분 차단하는 데 사용된다. 배전선로의 고장이 일시적인 것이면 재투입 후 그대로 급전하므로 서비스가 좋아지며, 급전고장이 영구적인 것이면, 수회(數回)의 투입과 차단을 되풀이한 후 개방상태인 채로 쇄정(鎖錠)이 된다.
  •

(2) 이 개폐기는 전력회사와의 책임 분계점에 시설하며, 보수 점검 시 전로를 개폐하기 위하여 사용하는 것으로 반드시 무부하 상태에서 개폐해야 한다. 근래에는 이것 대신 ASS를 많이 사용하며 22.9[kV-Y] 계통에서는 사용하지 않고 66[kV] 이상의 경우에 이것을 사용한다.
  •

Answer

(1) 리클로져
(2) 선로개폐기

153 퓨즈 정격사항에 대하여 주어진 표의 빈 칸에 답하시오.

계통전압[kV]	퓨즈 정격	
	퓨즈 정격전압[kV]	최대 설계전압[kV]
6.6	①	8.25
13.2	15	②
22 또는 22.9	③	25.8
66	69	④
154	⑤	169

① :　　　　　　② :　　　　　　③ :
④ :　　　　　　⑤ :

Answer

① 6.9 또는 7.5　　② 15.5　　③ 23　　④ 72.5　　⑤ 161

154 현재 적용되고 있는 차단기 약호와 그 한글 명칭을 다음 각 물음에 맞도록 3가지만 적으시오.

(1) 특고압용 차단기

차단기 약호	한글 명칭

(2) 저압용 차단기

차단기 약호	한글 명칭

Answer

(1) ABB : 공기차단기
　　GCB : 가스차단기
　　VCB : 진공차단기
(2) NFB : 배선용차단기
　　ACB : 기중차단기
　　ELB : 누전차단기

155 그림은 모선 단락 보호용 계전방식을 나타낸 것이다. 그림을 보고 다음에 답하시오.

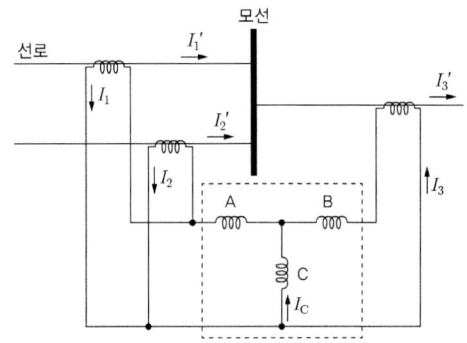

(1) 점선 안의 계전기의 명칭은 무엇인가?
　•
(2) 계전기의 코일 A, B, C의 명칭을 쓰시오.
　•
(3) 모선에 단락고장이 발생되는 경우 코일 C의 전류 I_c의 크기를 구하는 관계식을 적으시오.
　•

Answer

(1) 비율차동계전기
(2) A-억제코일, B-억제코일, C-동작코일
(3) $I_c = |(I_1 + I_2) - I_3|$

156 그림과 같은 논리 회로의 명칭을 쓰고 진리표를 완성하여 그리시오.

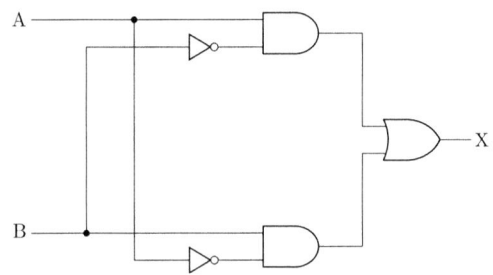

(1) 명칭 :
(2) 진리표

A	B	X
0	0	
0	1	
1	0	
1	1	

Answer

(1) 명칭 : 배타적 논리합 회로(Exclusive OR)
(2) 진리표

A	B	X
0	0	0
0	1	1
1	0	1
1	1	0

157 CT에 관한 다음 각 질문에 답하시오.

(1) Y-△로 결선한 주변압기의 보호로 비율차동계전기를 사용한다면 CT의 결선은 어떻게 하여야 하는지를 설명하시오.
  •
(2) 통전 중에 있는 변류기의 2차 측 기기를 교체하고자 할 때 가장 먼저 취하여야 할 조치를 설명하시오.
  •

Answer

(1) △-Y
(2) 2차 측을 단락시킨다.

158 아날로그형 계전기에 비교할 때 디지털형계전기의 장점 5가지만 서술하시오.

-
-
-
-
-

✎ Answer

① **신뢰도**가 높다.
② **소형화** 할 수 있다.
③ **융통성**이 높다.
④ **고성능, 다기능화**가 가능하다.
⑤ **변성기의 부담**이 작아진다.

159 유도 전동기는 농형과 권선형으로 구분되는데 각 형식별 기동법을 다음 빈칸에 적으시오.

전동기 형식	기동법	기동법의 특징
농형	①	전동기에 직접 전원을 접속하여 기동하는 방식으로 5[kW] 이하의 소용량에 사용
	②	1차측 권선을 Y접속으로 하여 전동기를 기동시 상전압을 감압하여 기동하고 속도가 상승되어 운전속도에 가깝게 도달하였을 때 △ 접속으로 바꿔 큰 기동전류를 흘리지 않고 기동하는 방식으로 보통 5.5~37[kW] 정도의 용량에 사용
	③	기동전압을 떨어뜨려서 기동전류를 제한하는 기동방식으로 고전압 농형 유도 전동기를 기동할 때 사용
권선형	④	유도전동기의 비례추이 특성을 이용하여 기동하는 방법으로 회전자 회로에 슬립링을 통하여 가변저항을 접속하고 그의 저항을 속도의 상승과 더불어 순차적으로 바꾸어서 적게 하면서 기동하는 방법
	⑤	회전자 회로에 고정저항과 리액터 병렬 접속한 것을 기동하는 방법

① : ② :
③ : ④ :
⑤ :

✎ Answer

① 직입기동
② Y-△ 기동
③ 기동보상기법
④ 2차 저항 기동법
⑤ 2차 임피던스 기동법

160 유입변압기와 몰드형 변압기를 비교하였을 때 몰드형 변압기의 장점(5가지)과 단점(2가지)을 서술하시오.

(1) 장점

-
-
-
-
-

(2) 단점
　　• 　　　　　　　　　　　　　•

Answer

[장점]
① **난연성**(자기소화성) 우수
② **절연신뢰성** 향상
③ **소형, 경량화**
④ **내습성 및 내진성**이 양호
⑤ 유입변압기에 비해 **보수점검이 용이**
[단점]
① 가격이 고가
② 내전압이 낮아 서지에 대한 대책이 필요

161 조명설비에서 전력을 절약하는 효율적인 방법에 대해 5가지만 서술하시오.
　　•　　　　　　　　　　　　•
　　•　　　　　　　　　　　　•
　　•

Answer

① **고효율 등기구** 채용
② **고조도 저휘도 반사갓** 채용
③ 적절한 **조광제어** 실시
④ **고역률 등기구** 채용
⑤ 등기구의 적절한 보수 및 유지관리

162 발전기실의 위치 선정을 할 때 고려하여야 할 사항을 4가지만 서술하시오.
　　•
　　•
　　•
　　•

Answer

① **기기의 반입, 반출** 및 운전보수에서 편리할 것
② **배기배출구**에 가급적 가까이 위치할 것
③ 실내 **환기를 충분히** 할 수 있을 것
④ **급배수**가 용이할 것

163 송전 계통에는 변압기, 차단기, 전력수급용 계기용 변성기, 애자 등 많은 기기와 기구 등이 사용되고 있는데, 이들의 절연 강도는 서로 균형을 이루어야 한다. 만약, 대충 정해져 있다면 그다지 중요하지 않는 개소의 절연을 강화하였기 때문에, 중요한 기기의 절연이 파괴될 수도 있게 된다. 그러므로 절연 설계에 있어 계통에서 발생하는 이상 전압, 기기 등의 절연 강도, 피뢰장치로 저감된 전압쪽 보호 레벨(level)의 3가지 사이의 관련을 합리적으로 해야 하는데, 이것을 절연 협조(insulation coordination)라 한다. 그림은 이와 같이 하여 정한 절연 협조의 보기를 든 것이다. 각 개소에 해당되는 것을 다음 보기에서 골라 작성하시오.

[보기]
변압기, 피뢰기, 결합 콘덴서, 선로 애자

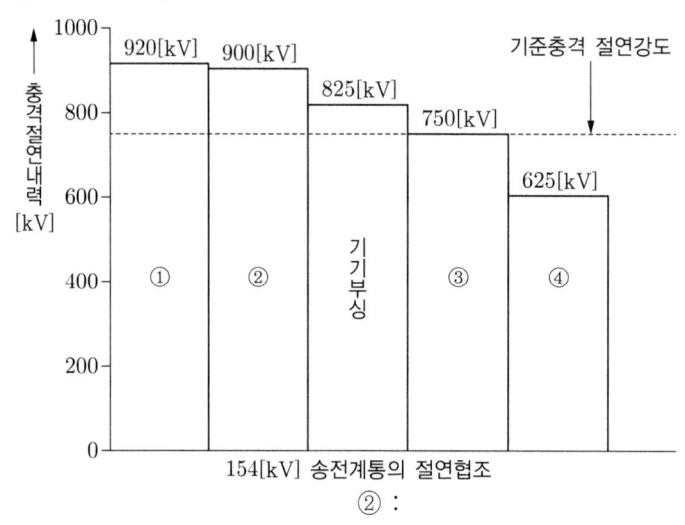

① : ② :
③ : ④ :

Answer

① 선로 애자 ② 결합 콘덴서 ③ 변압기 ④ 피뢰기

164 다음은 고압 및 특별고압 진상용 콘덴서 관련 방전장치에 대한 사항이다. (①), (②)에 알맞은 내용을 작성하시오.

> "고압 및 특별고압 진상용 콘덴서 회로에 설치하는 방전 장치는 콘덴서 회로에 직접 접속하거나 또는 콘덴서 회로를 개방하였을 경우 자동적으로 접속되도록 장치하고 또한 개로 후 (①) 초 이내에 콘덴서의 잔류전하를 (②) [V] 이하로 저하 시킬 능력이 있는 것을 설치하는 것을 원칙으로 한다."

① :   ② :

Answer

① 5   ② 50

165 인체가 전기설비에 접촉되어 감전재해가 발생하였을 때 감전피해의 위험도를 결정하는 요인 4가지를 서술하시오.

① :　　　　　　　　　　　　　　② :
③ :　　　　　　　　　　　　　　④ :

Answer

① 전원의 종류
② 통전시간
③ 통전경로
④ 통전전류의 크기

166 전동기에는 소손을 방지하기 위하여 전동기용 과부하 보호 장치를 시설하여 자동적으로 회로를 차단하거나 과부하시에 경보를 내는 장치를 하여야 한다. 전동기 소손방지를 위한 과부하 보호 장치의 종류를 4가지만 서술하시오.

① :　　　　　　　　　　　　　　② :
③ :　　　　　　　　　　　　　　④ :

Answer

① 전동기 보호용 배선용 차단기
② 열동계전기(Thermal Relay)
③ 전동기용 퓨즈
④ 정지형 계전기(전자식계전기, 디지털식계전기 등)

167 비접지 3상 3선식 배전방식과 비교하여, 3상 4선식 다중접지 배전방식의 장점 및 단점을 각각 4가지씩 서술하시오.

(1) 장점
 •
 •
 •
 •

(2) 단점
 •
 •
 •
 •

Answer

[장점]
① 1선 지락 시 건전상의 대지 전위 상승이 낮으므로 전로나 기기의 절연레벨이 경감된다.
② **중성점을** 0전위로 유지할 수 있으므로 **단절연이 가능**하다.
③ **보호 계전기의 동작이 확실**하며 **고속도 차단**이 가능하다.
④ 개폐서지의 저하로 **피뢰기의 책무를 경감**하고 효과를 극대화 할 수 있어 정격이 낮은 피뢰기 사용이 가능하다.

[단점]
① 지락전류가 저역률의 대전류이기 때문에 **과도 안정도가 나빠진다.**
② 지락전류가 매우 커서 기기에 대한 **기계적 충격이 크므로** 손상을 주기 쉽다.
③ 지락 사고 시 병행 통신선에 **전자 유도 장해를 크게** 미친다.
④ 계통사고의 70 ~ 80[%]는 1선 지락 사고이므로 차단기가 대전류를 차단할 기회가 많아져서 **차단기 수명이 경감**된다.

168 ★☆☆☆☆
대용량의 변압기 내부고장을 보호할 수 있는 보호 장치 5가지만 작성하시오.

-
-
-
-
-

Answer

① 비율차동 계전기
② 온도계전기
③ 방압 안전장치
④ 부흐홀쯔 계전기
⑤ 충격압력 계전기

169 ★☆☆☆☆
1개의 건축물에는 그 건축물 대지전위의 기준이 되는 접지극, 접지도체 및 주 접지단자를 그림과 같이 구성한다. 건축 내 전기기기 노출 도전성부분 및 계통 외 도전성 부분(건축구조물의 금속제부분 및 가스, 물, 난방 등의 금속배관설비) 모두를 주 접지단자에 접속한다. 이것에 의해 하나의 건축물 내 모든 금속제부분에 주 등전위 접속이 시설된 것이 된다. 다음 그림에서 ① ~ ⑤까지의 명칭을 작성하시오.

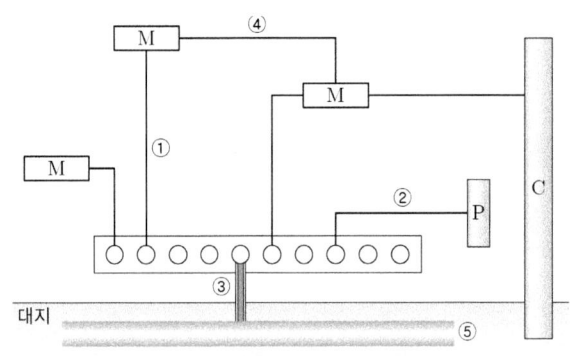

B : 주 접지단자
M : 전기기구의 노출 도전성부분
C : 철골, 금속덕트의 계통 외 도전성 부분
P : 수도관, 가스관 등 금속배관

① :   ② :
③ :   ④ :
⑤ :

Answer

① 보호도체(PE)
② 보호 등전위본딩용 도체
③ 접지도체
④ 보조 보호 등전위본딩용 도체
⑤ 접지극

170
다음은 분전반 설치에 관한 내용이다. 다음 ( )에 들어갈 내용을 답란에 쓰시오.

1. 공급범위
   (1) 분전반은 각층마다 설치한다.
   (2) 분전반은 분기회로의 길이가 최대 (①)[m] 이하가 되도록 설계하며, 사무실 용도인 경우 하나의 분전반에 담당하는 면적은 일반적으로 1,000[m²] 내외로 한다.
2. 예비회로
   (1) 1개 분전반 또는 개폐기함 내에 설치할 수 있는 과전류장치는 예비회로(10~20[%])를 포함하여 42개 이하(주개폐기 제외)로 한다.
   (2) 회로가 많은 경우는 2개 분전반으로 분리하거나 (②)으로 한다. 다만, 2극, 3극 배선용 차단기는 과전류장치 소자 수량의 합계로 계산한다.
3. 분전반의 설치 높이
   (1) 분전반의 설치높이는 긴급사태 발생 시 도구를 사용하거나 바닥에 앉지 않고 조작할 수 있어야 한다.
   (2) 일반적으로 분전반 상단을 기준하여 바닥 위 (③)[m]로 한다.
   (3) 크기가 작은 경우는 분전반의 중간을 기준하여 바닥 위 (④)[m]로 하거나 하단을 기준하여 바닥 위 (⑤)[m] 정도로 한다.
4. 안전성 확보
   (1) 분전반과 분전반은 도어의 열림 반경 이상으로 이격한다.
   (2) 2개 이상의 전원이 하나의 분전반에 수용되는 경우에는 각각의 전원 사이에는 해당하는 분전반과 동일한 재질로 (⑥)을 설치해야 한다.

① :   ② :   ③ :
④ :   ⑤ :

Answer

① 30   ② 자립형
③ 1.8   ④ 1.4
⑤ 1   ⑥ 격벽

171
변압기의 모선방식을 3가지만 쓰시오.

• • •

Answer

단모선, 복모선, 환상모선

172
조명의 전등효율(Lamp Efficiency)과 발광효율(Luminous Efficiency)에 대하여 설명하시오.

• 전등효율 :
• 발광효율 :

Answer

• 전등효율 : 소비전력에 대한 전체 발산광속의 비율
• 발광효율 : 방사속에 대한 광속의 비율

173
22.9[kV]/380-220[V] 변압기 결선은 보통 △-Y 결선 방식을 사용하고 있다. 이 결선 방식에 대한 장점과 단점을 각각 2가지씩 쓰시오.

(1) 장점
-
-

(2) 단점
-
-

Answer

- 장점 : 2차 측 Y결선의 중성점을 접지, 상전압이 선간전압의 $\frac{1}{\sqrt{3}}$ 배이므로 **절연 용이**
  1차 측 △결선은 제3고조파의 장해가 적고, 기전력의 파형의 왜곡이 없다.
- 단점 : 1, 2차 선간전압 사이의 **위상차가 30도** 있다.
  1상 고장 시 전원공급이 불가능하다.

174
접지설비에서 보호도체에 대한 다음 각 물음에 답하시오.

(1) 보호도체란 안전을 목적(가령 감전보호)으로 설치된 전선으로서 다음 표의 단면적 이상으로 선정하여야 한다. ①~③에 알맞은 보호선 최소 단면적의 기준을 각각 쓰시오.

선도체의 단면적 S[㎟, 구리]	보호도체의 최소 단면적[㎟, 구리] (보호도체의 재질이 선도체와 같은 경우)
S ≤ 16	①
16 < S ≤ 35	②
S > 35	③

(2) 보호도체의 종류를 2가지만 쓰시오.
-
-

Answer

(1) 보호도체의 단면적

선도체의 단면적 S[㎟, 구리]	보호도체의 최소 단면적[㎟, 구리] (보호도체의 재질이 선도체와 같은 경우)
S ≤ 16	S
16 < S ≤ 35	16
S > 35	$S/2$

(2) ① 다심케이블의 전선
  ② 충전전선과 공통 외함에 시설하는 절연전선 또는 나전선

175 3상 농형 유도전동기의 기동방식 중 리액터 기동방식에 대하여 설명하시오.

•

Answer

기동 시 유도전동기에 직렬로 리액터를 설치하여 전압강하에 의해 유도전동기에 단자전압을 감전압시켜 작은 기동토크로 기동할 수 있는 방법

176 전동기의 진동과 소음이 발생되는 원인에 대하여 다음 각 물음에 답하시오.

(1) 진동이 발생하는 원인을 5가지만 쓰시오.
　① :
　② :
　③ :
　④ :
　⑤ :

(2) 전동기 소음을 크게 3가지로 분류하고 각각에 대하여 설명하시오.
　① :
　② :
　③ :

Answer

(1) ① **회전자의 정적·동적 불평형**
　② **베어링의 불평등**
　③ 상대 기기와의 **연결불량 및 설치불량**
　④ 회전자의 **편심**
　⑤ **에어갭(air gap)**의 회전 시 변동

(2) ① 기계적 소음 : 진동, 브러시의 습동, 롤러베어링 등을 원인으로 하는 소음
　② 전자적 소음 : 철심의 여러 부분이 주기적인 자력, 전자력 때문에 진동하여 소음 발생
　③ 통풍 소음 : 팬, 회전자의 에어덕트 등의 팬작용으로 일어나는 소음

177 전기설비의 방폭 구조 종류를 4가지 이상 서술하시오.

① :　　　　　　　　　　　　② :
③ :　　　　　　　　　　　　④ :

Answer

① 내압 방폭구조
② 유입 방폭구조
③ 압력 방폭구조
④ 안전증 방폭구조

178. 접지계통별 1선 지락 시 고장전류의 경로를 답란에 적으시오.

단일 접지계통	①
중성점 접지계통	②
다중 접지계통	③

Answer

단일 접지계통	① 지락 사고 시 선로에서 대지로 지락전류가 흐르며 **접지점을 통해** 선로로 흐른다.
중성점 접지계통	② 지락 사고 시 선로에서 대지로 지락전류가 흐르며 **중성점 접지의 접지저항을 통해** 선로로 흐른다.
다중 접지계통	③ 지락 사고 시 선로에서 대지로 지락전류가 흐르며 **다중접지의 접지점을 통해** 선로로 흐른다.

179. 다음 물음에 답하시오.

(1) 3.3[kV] 전동기의 절연저항측정은 몇 [V]급 절연저항계로 측정하는가?
  •

(2) 사용전압이 400[V] 이하이고, 전압이 380[V]일 때 절연저항값은 최소 몇 [MΩ] 이상인가?
  •

(3) 3상 380[V] 5.2[kW] 전동기의 절연내력 시험전압은 몇 [V]이며, 절연내력 시험방법을 설명하시오.
  • 시험전압 :
  • 시험방법 :

Answer

(1) 1,000[V]급 절연저항계
(2) 1[MΩ]
(3) 시험전압 : 380×1.5=570[V]
  시험방법 : 절연내력 시험전압을 권선과 대지 간에 연속하여 10분간 가한다.

180. 다음 상용전원과 예비전원 운전 시 유의해야 할 사항이다. (   )안에 알맞은 내용을 작성하시오.

상용전원과 예비전원 사이에는 병렬운전을 하지 않는 것이 원칙이므로 수전용 차단기와 발전용 차단기 사이에는 전기적 또는 기계적 (①)을 시설해야 하며 (②)를 사용해야 한다.

① :   ② :

Answer

① 인터록   ② 전환 개폐기

181

피뢰기에 흐르는 정격방전전류는 변전소의 차폐유무와 그 지방의 연간 뇌우(雷雨)발생일수와 관계되나 모든 요소를 고려할 때 일반적인 시설장소별 적용할 피뢰기의 공칭방전전류를 적으시오.

공칭방전전류	설치장소	적용 조건
①	변전소	• 154[kV] 이상의 계통 • 66[kV] 및 그 이하의 계통에서 Bank 용량이 3,000[kVA]를 초과하거나 특히 중요한 곳 • 장거리 송전케이블(배전선로 인출용 단거리 케이블은 제외) 및 정전축전지 Bank를 개폐하는 곳 • 배전선로 인출측(배전 간선 인출용 장거리케이블은 제외)
②	변전소	• 66[kV] 및 그 이하의 계통에서 Bank용량이 3,000[kVA] 이하인 곳
③	선로	• 배전선로

① :   ② :   ③ :

Answer

① 10,000[A]   ② 5,000[A]   ③ 2,500[A]

182

예상이 곤란한 콘센트, 비틀어 끼우는 접속기, 소켓 등이 있는 경우 수구의 종류에 따른 예상 부하[VA/개]를 작성하시오.

(1) 콘센트 :

(2) 소형 전등수구 :

(3) 대형 전등수구 :

Answer

(1) 콘센트 : 150[VA/개]

(2) 소형수구 : 150[VA/개]

(3) 대형수구 : 300[VA/개]

183

수전전압 22.9[kV-Y]에 진공차단기와 몰드 변압기를 사용하는 경우 개폐 시 이상전압으로부터 변압기 등 기기보호 목적으로 사용되는 것으로 LA와 같은 구조와 특성을 가진 것을 작성하시오.

•

Answer

서지흡수기(SA)

184 피뢰기에 대한 다음 각 질문에 답하시오.

(1) 피뢰기의 기능상 필요한 구비조건을 4가지만 쓰시오.
　①　　　　　　　　　　　　②
　③　　　　　　　　　　　　④

(2) 피뢰기의 설치장소 4개소를 쓰시오.
　①
　②
　③
　④

Answer

(1) ① 상용 주파 방전 개시 전압이 높을 것
　　② 충격 방전 개시 전압이 낮을 것
　　③ 제한 전압이 낮을 것
　　④ 속류 차단 능력이 우수할 것

(2) ① 발전소, 변전소 또는 이에 준하는 장소의 가공 전선 인입구 및 인출구
　　② 가공 전선로에 접속하는 배전용 변압기의 고압측 및 특별 고압측
　　③ 고압 및 특별 고압 가공 전선로로부터 공급을 받는 수용장소의 인입구
　　④ 가공전선로와 지중 전선로가 접속되는 곳

185 다음은 옥외 장거리 가공송전계통도이다. 피뢰기를 설치하여야 하는 장소를 도면에 "●"로 표시하시오. 단, 전기설비기술기준 및 한국전기설비규정에 의한다.

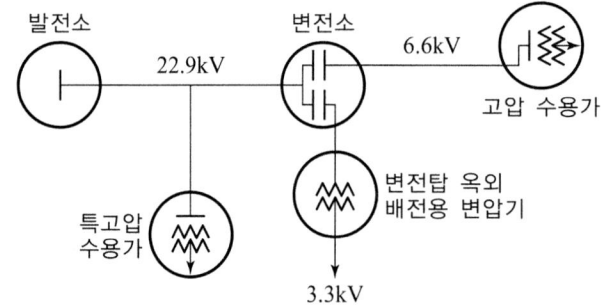

Answer

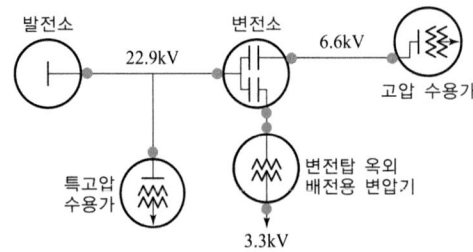

186 중성점 직접접지계통에 인접한 통신선의 전자유도장해 경감 대책에 대해 아래 내용을 쓰시오.

(1) 근본 대책 :
(2) 전력선 측 대책(3가지)
  ①
  ②
  ③
(3) 통신선 측 대책(3가지)
  ①
  ②
  ③

Answer

(1) 전자 유도 전압의 억제
(2) ① 전력선과 통신선과의 이격 거리를 크게 한다.
   ② 상호 인덕턴스를 작게 한다.
   ③ 소호 리액터 접지를 한다.
   ④ 고속도 차단시킬 것
   ⑤ 지중전선로 이용할 것
(3) ① 전력선과 수직교차 시킬 것
   ② 절연변압기 사용한다.
   ③ 연피케이블 사용한다.
   ④ 특성이 우수한 피뢰기를 사용한다.
   ⑤ 배류 코일을 설치

187 접지저항의 구성요소 3가지를 적으시오.

①
②
③

Answer

① **접지도체와 접지극**의 자체의 저항
② **접지극과 대지** 간의 접촉 저항
③ **접지극 주위 토양**의 대지 저항률에 의한 전기 저항

188 다음은 지중 케이블의 사고점 측정법과 절연의 건전도를 측정하는 방법을 나열한 것이다. 다음 방법 중에서 사고점 측정법과 절연 측정법을 구분하시오.

① Megger법   ② Tanδ 측정법
③ 부분 방전 측정법   ④ Murray Loop법
⑤ Capacity Bridge법   ⑥ Pulse radar법

• 사고점 측정법 :
• 절연 측정법 :

Answer

- 사고점 측정법 : ④, ⑤, ⑥
- 절연 측정법 : ①, ②, ③

189 다음은 전기설비기술기준에서의 저압전로 절연성능에 대한 표이다. 각 빈 칸에 알맞은 수치를 적으시오.

전로의 사용전압[V]	DC 시험전압[V]	절연저항[MΩ]
SELV 및 PELV	(①)	(②)
FELV, 500[V] 이하	(③)	(④)
500[V] 초과	(⑤)	(⑥)

① :   ② :   ③ :
④ :   ⑤ :   ⑥ :

Answer

① 250   ② 0.5   ③ 500
④ 1.0   ⑤ 1,000 ⑥ 1.0

190 한국전기설비규정(KEC)에 따른 수용가 설비에서의 전압강하에 대한 아래 물음에 답하시오.

(1) 다른 조건을 고려하지 않는다면 수용가 설비의 인입구부터 기기까지의 전압강하는 다음 표의 값 이하이어야 한다. 각각의 빈칸을 채우시오.

설비의 유형	조명[%]	기타[%]
A - 저압으로 수전하는 경우	(①)	(②)
B - 고압 이상으로 수전하는 경우	(③)	(④)

가능한 한 최종회로 내의 전압강하가 A 유형의 값을 넘지 않도록 하는 것이 바람직하다. 사용자의 배선설비가 100[m]를 넘는 부분의 전압강하는 미터 당 0.005[%] 증가할 수 있으나 이러한 증가분은 0.5[%]를 넘지 않아야 한다.

① :   ② :   ③ :   ④ :

(2) 표의 값보다 더 큰 전압강하를 허용할 수 있는 경우를 2가지만 적으시오.
①
②

Answer

(1) ① 3   ② 5   ③ 6   ④ 8
(2) ① 기동 시간 중의 전동기
    ② 돌입전류가 큰 기타 기기

191 한국전기설비규정에 의한 보호 등전위본딩 도체에 대한 내용이다. 괄호 안에 알맞은 내용을 적으시오.

> 보호등전위본딩 도체
> 1. 주접지단자에 접속하기 위한 보호 등전위본딩 도체는 설비 내에 있는 가장 큰 보호접지도체 단면적의 1/2 이상의 단면적을 가져야 하고 다음의 단면적 이상이어야 한다.
>   가. 구리도체 (①)[mm²]
>   나. 알루미늄 도체 (②)[mm²]
>   다. 강철 도체 (③)[mm²]
> 2. 주접지단자에 접속하기 위한 보호본딩도체의 단면적은 구리도체 (④)[mm²] 또는 다른 재질의 동등한 단면적을 초과할 필요는 없다.

① :   ② :   ③ :   ④ :

Answer

① : 6   ② : 16   ③ : 50   ④ : 25

---

192 ALTS의 명칭 및 사용용도를 적으시오.

- 명칭 :
- 사용용도 :

Answer

- 명칭 : 자동부하전환개폐기
- 사용용도 : **이중전원을 확보**하여 **주전원 정전 시** 또는 전압이 기준 값 이하로 떨어지는 경우에 예비전원으로 **자동 절환되어 수용가에 계속 일정한 전원을 공급**

---

193 다음은 피뢰시스템의 등급에 대한 내용이다. 다음 데이터 중 피뢰시스템의 등급과 관계가 있는 보기와 없는 보기를 구분하여 기호로 모두 적으시오.

> [보 기]
> ① 회전구체의 반지름, 메시의 크기 및 보호각
> ② 인하도선 사이 및 환상도체 사이의 전형적인 최적거리
> ③ 위험한 불꽃방전에 대비한 이격거리
> ④ 접지극의 최소 길이
> ⑤ 수뢰부시스템으로 사용되는 금속판과 금속관의 최소 두께
> ⑥ 피뢰시스템의 재료 및 사용조건
> ⑦ 접속도체의 최소 치수

(1) 피뢰시스템의 등급과 관계있는 데이터 :
(2) 피뢰시스템의 등급과 관계없는 데이터 :

Answer

(1) 피뢰시스템의 등급과 관계있는 데이터 : ①, ②, ③, ④
(2) 피뢰시스템의 등급과 관계없는 데이터 : ⑤, ⑥, ⑦

194 설계감리업무 수행지침에 따라 설계감리원은 설계용역 착수 및 수행단계에서 필요한 경우 문서를 비치하고, 그 세부양식은 발주자의 승인을 받아 설계감리과정을 기록하여야 하며, 설계감리 완료와 동시에 발주자에게 제출하여야 한다. 다음 보기에서 설계감리원이 필요한 경우 비치하는 문서가 아닌 항목을 답란에 적으시오.

[요구사항]
- 근무상황표
- 공사예정공정표
- 해당 용역관련 수·발신 공문서 및 서류
- 설계자와 협의사항 기록부
- 공사 기성신청서
- 설계감리 검토의견 및 조치 결과서
- 설계감리 주요검토결과
- 설계도서 검토의견서
- 설계도서(내역서, 수량산출 및 도면 등)를 검토한 근거서류
- 설계수행계획서

- 답 :

Answer

① 공사예정공정표
② 공사 기성신청서
③ 설계수행계획서

195 전기안전관리자의 직무에 관한 고시에 의한 계측장비의 권장 교정주기[년] 표이다. 표의 빈칸을 채워 완성하시오.

구 분		권장 교정주기[년]
계측장비 교정	계전기 시험기	①
	적외선 열화상 카메라	②
	회로시험기	③
	절연저항 측정기(500[V], 100[MΩ])	④
	클램프미터	⑤

① ② ③
④ ⑤

Answer

① 1년   ② 1년   ③ 1년
④ 1년   ⑤ 1년

196 케이블공사 시설 장소에 대한 표이다. 빈칸에 시설가능 여부를 "O", "X"로 표시하시오.

옥내						옥측/옥외	
노출 장소		은폐 장소				옥선 내	옥선 외
		점검가능		점검 불가능			
건조한 장소	습기가 많은 장소 또는 물기가 있는 장소	건조한 장소	습기가 많은 장소 또는 물기가 있는 장소	건조한 장소	습기가 많은 장소 또는 물기가 있는 장소		
O	(①)	O	(②)	(③)	(④)	O	(⑤)

O : 시설할 수 있다.
× : 시설할 수 없다.
[비고 1] 점검 가능 장소 예시 : 건물의 빈 공간 등
[비고 2] 점검 불가능가능 장소 예시 : 구조체 매입, 케이블채널, 지중 매설, 창틀 및 처마도리 등

① ② ③
④ ⑤

Answer

① O ② O ③ O ④ O ⑤ O

---

197 설계도서·법령해석·감리자의 지시 등이 서로 일치하지 아니하는 경우 계약으로 그 적용의 우선 순위를 정하지 아니한 때의 우선순위를 아래 보기에서 높은 것부터 낮은 순으로 나열하시오.

〈보기〉
① 설계도면 ② 공사시방서 ③ 산출내역서
④ 전문시방서 ⑤ 표준시방서 ⑥ 감리자의 지시사항

( ) → ( ) → ( ) → ( ) → ( ) → ( )

Answer

② → ① → ④ → ⑤ → ③ → ⑥

---

198 한국전기설비규정에 의할 때, 기계기구 및 전선을 보호하기 위하여 필요한 곳에는 과전류 차단기를 시설하여야 하지만 과전류 차단기의 시설을 제한하는 개소가 있다. 이 과전류 차단기 시설 제한 개소 3가지를 적으시오. 단, 한국전기설비규정에서 정하는 과전류 차단기의 시설 제한 개소에 대한 예외 사항은 무시한다.

①
②
③

Answer

① 접지공사의 **접지도체**
② 다선식 전로의 **중성선**
③ 전로의 일부에 **접지공사를 한 저압 가공전선로의 접지측 전선**

199 한국전기설비규정에서 정하는 다음의 각 용어의 정의를 기술하시오.

(1) PEM도체(protective earthing conductor and a mid-point conductor) :
(2) PEL도체(protective earthing conductor and a line conductor) :

Answer

(1) 직류회로에서 중간선 겸용 보호도체
(2) 직류회로에서 선도체 겸용 보호도체

200 다음 계전기 심벌 각각의 명칭을 적으시오.

(1) OCR :   (2) OVR :
(3) UVR :   (4) GR :

Answer

(1) 과전류계전기   (2) 과전압계전기
(3) 부족전압계전기   (4) 지락(접지)계전기

201 다음은 전기안전관리자의 직무에 관한 고시에 따라 안전관리업무를 대행하는 전기안전관리자가 점검해야 하는 전기설비의 용량별 점검 횟수와 간격에 대한 표이다. 각 ( ) 안에 알맞은 내용을 적으시오.

용량별		점검 횟수	점검 간격
저압	1 ~ 300[kW] 이하	월 1 회	20일 이상
	300[kW] 초과	월 2 회	10일 이상
고압이상	1[kW] 초과 ~ 300[kW] 이하	월 1 회	20일 이상
	300[kW] 초과 ~ 500[kW] 이하	월 (①) 회	(②)일 이상
	500[kW] 초과 ~ 700[kW] 이하	월 (③) 회	(④)일 이상
	700[kW] 초과 ~ 1,500[kW] 이하	월 (⑤) 회	(⑥)일 이상
	1,500[kW] 초과 ~ 2,000[kW] 이하	월 (⑦) 회	(⑧)일 이상
	2,000[kW] 초과	월 (⑨) 회	(⑩)일 이상

① :   ② :   ③ :   ④ :
⑤ :   ⑥ :   ⑦ :   ⑧ :
⑨ :   ⑩ :

Answer

① 2   ② 10   ③ 3   ④ 7
⑤ 4   ⑥ 5   ⑦ 5   ⑧ 4
⑨ 6   ⑩ 3

202

전력시설물 공사감리업무 수행지침에서 정하는 설계변경 및 계약금액 조정의 내용이다. 각 ( )에 들어갈 알맞은 내용을 적으시오.

> 감리원은 설계변경 등으로 인한 계약금액의 조정을 위한 각종서류를 공사업자로부터 제출받아 검토·확인한 후 감리업자에게 보고하여야 하며, 감리업자는 소속 비상주감리원에게 검토·확인하게 하고 대표자 명의로 발주자에게 제출하여야 한다. 이때 변경설계도서의 설계자는 (①), 심사자는 (②)이 날인하여야 한다. 다만, 대규모 통합감리의 경우, 설계자는 실제 설계 담당 감리원과 책임감리원이 연명으로 날인하고 변경설계도서의 표지양식은 사전에 발주처와 협의하여 정한다.

① :   ② :

Answer

① 책임감리원   ② 비상주감리원

203

한국전기설비규정에서 정하는 전선의 색별 기준이다. ( ) 안에 알맞은 내용을 적으시오.

(1) 전선의 색상은 표에 따른다.

상(문자)	색상
L1	(①)
L2	검은색
L3	(②)
N	(③)
보호도체	(④)

① :   ② :   ③ :   ④ :

(2) 색상 식별이 종단 및 연결 지점에서만 이루어지는 나도체 등은 전선 종단부에 색상이 반영구적으로 유지될 수 있는 도색, 밴드, 색 테이프 등의 방법으로 표시해야 한다
(3) 제1 및 제2를 제외한 전선의 식별은 KS C IEC 60445(인간과 기계 간 인터페이스, 표시 식별의 기본 및 안전원칙-장비단자, 도체단자 및 도체의 식별)에 적합하여야 한다.

Answer

① 갈색   ② 회색   ③ 파란색   ④ 녹색-노란색

204 다음은 고압 유도전동기의 기동반 단선결선도이다. 각 물음에 답하시오.

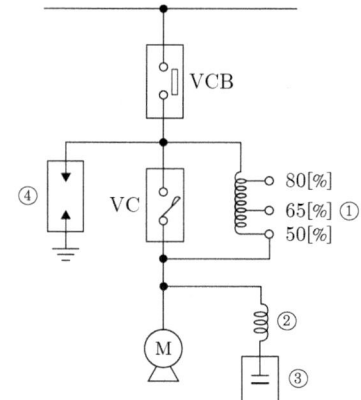

(1) 이 그림에서 고압 유도전동기의 기동방식을 적으시오.
   • 답 :
(2) 단선결선도에 표시된 ① ~ ④ 기기의 명칭을 각각 적으시오.
   ① :   ② :   ③ :   ④ :

Answer

(1) 리액터기동법
(2) ① 기동용 리액터   ② 직렬리액터   ③ 전력용콘덴서   ④ 서지흡수기

---

205 다음은 각종 리액터의 사용 목적을 나타낸 표이다. 그 종류를 적으시오.

사용목적	리액터의 종류
단락 시 단락전류 제한	(①)
경부하 시 페란티 현상방지	(②)
변압기 중성점 아크 소호	(③)

① :   ② :   ③ :

Answer

① 한류리액터   ② 분로리액터   ③ 소호리액터

---

206 건축물의 전기설비 중 간선의 설계 시 고려사항을 5가지만 쓰시오.

① :   ② :
③ :   ④ :
⑤ :

Answer

① **전기방식** 및 배전방식   ② **장래의 증축계획** 유무
③ 공장 등의 경우 부하 사용 상태나 수용률   ④ **간선 경로**에 대한 위치와 넓이
⑤ 수직, 수평 **경로상의 관통부분**

207 부하변동에 따른 진상용 콘덴서를 제어함으로써 항상 높은 역률을 유지하며 효율적인 사용을 위해 필요한 양 만큼의 콘덴서를 공급하기 위해서는 제어방식이 필요하다. 제어에 이용되는 요소에 따른 자동제어 방식의 종류를 4가지만 적으시오.

① :   ② :
③ :   ④ :

Answer

① 수전점 무효전력에 의한 제어   ② 수전점 역률에 의한 제어
③ 모선전압에 의한 제어   ④ 프로그램에 의한 제어

208 가스절연 변전소의 특징을 5가지만 적으시오(단, 가격 또는 비용에 대한 내용은 답에서 제외).

① :
② :
③ :
④ :
⑤ :

Answer

- SF_6를 이용한 **밀폐형** 구조의 개폐장치를 가지므로 **소요면적이 옥외 철구형 보다 적다.**
- 밀폐구조로서 **감전사고가 적다.**
- **소음이 적다.**
- 대기오염물의 영향을 받지 않아서 절연열화가 적고 **신뢰성이 우수하고 유지, 보수가 용이**하다.
- **설치기간이 단축**된다.

209 지중 전선로 시설방식 3가지를 적으시오.

① :   ② :   ③ :

Answer

① 직접매설식   ② 관로식   ③ 암거식

210 빙설이 많은 지방에서 전선의 을종 풍압하중 산정시 전선 주위에 부착하는 빙설의 두께 및 비중은 얼마인지 쓰시오.

• 두께 :   • 비중 :

Answer

두께 : 6[mm], 비중 : 0.9

211 한국전기설비규정에 따라 일반인이 접촉할 우려가 있는 장소에는 주택용 배선차단기를 시설해야 한다. 한국전기설비규정에서 정하는 주택용 배선차단기의 순시트립전류에 따른 차단기의 유형을 쓰고, 주택용 배선차단기의 과전류트립 동작시간에 대한 부동작 전류와 동작 전류를 정격전류의 배수로 적으시오(단, I_n은 차단기의 정격전류이다).

[표1] 순시트립에 따른 구분(주택용 배선차단기)

형	순시트립범위(I_n: 차단기 정격전류)
(①)	$3I_n$ 초과 $5I_n$ 이하
(②)	$5I_n$ 초과 $10I_n$ 이하
(③)	$10I_n$ 초과 $20I_n$ 이하

[표2] 과전류트립 동작시간 및 특성(주택용 배선차단기)

정격 전류의 구분	시간	정격전류의 배수(모든 극에 통전)	
		부동작 전류	동작 전류
63[A] 이하	60분	(④)배	(⑤)배
63[A] 초과	120분	(④)배	(⑤)배

① :　　　　② :　　　　③ :
④ :　　　　⑤ :

Answer

① B　　② C　　③ D
④ 1.13　　⑤ 1.45

212 전기안전관리자의 직무에 관한 고시에서 전기안전관리자는 해당 사업장의 특성에 따라 점검종류에 따른 측정 주기 및 시험항목을 반영하여 전기설비의 일상점검 정기점검 정밀점검의 절차, 방법 및 기준에 대한 안전관리규정을 작성하고, 매년 점검 계획을 세워 점검을 실시해야 하며 그 결과를 기록해야 한다. 점검 실시에 따라 기록한 서류의 보존 및 제출에 대한 다음 사항에서 ( ) 안에 들어갈 알맞은 숫자를 적으시오.

(1) 전기안전관리자는 점검 실시에 따라 기록한 서류(전자문서를 포함한다)를 전기설비 설치장소 또는 사업장마다 갖추어 두고, 그 기록서류를 (①)년간 보존해야 한다.
(2) 전기안전관리자는 정기검사 대상 전기설비의 정기검사 시 점검 실시에 따라 기록한 서류(전자문서를 포함한다)제출하여야 한다. 다만, 전기안전종합정보시스템에 매월 (②)회 이상 안전관리를 위한 확인·점검결과 등을 입력한 경우에는 제출하지 아니 할 수 있다.

① :　　　　　　　　　　② :

Answer

① 4　　② 1

213 ★★★★☆

다음은 한국전기설비규정에서 정하는 고압 및 특고압 전로에서 피뢰기를 시설해야 하는 장소를 나타낸 것이다. ( )에 알맞은 내용을 적으시오.

> 1. 고압 및 특고압의 전로 중 다음에 열거하는 곳 또는 이에 근접한 곳에는 피뢰기를 시설해야 한다.
>   가. (①)의 가공전선 인입구 및 인출구
>   나. (②)에 접속하는 (③) 변압기의 고압측 및 특고압측
>   다. 고압 및 특고압 가공전선로로부터 공급을 받는 (④)의 인입구
>   라. 가공전선로와 (⑤)가 접속되는 곳
> 2. 다음의 어느 하나에 해당하는 경우에는 제1의 규정에 의하지 아니할 수 있다.
>   가. 제1의 어느 하나에 해당되는 곳에 직접 접속하는 전선이 짧은 경우
>   나. 제1의 어느 하나에 해당되는 경우 피보호기기가 보호범위 내에 위치하는 경우

① : ② :
③ : ④ :
⑤ :

Answer

① 발전소·변전소 또는 이에 준하는 장소 ② 특고압 가공전선로
③ 배전용 ④ 수용장소
⑤ 지중전선로

---

214 ★☆☆☆☆

다음은 단락보호장치의 설치위치에 관한 내용이다. 설명을 보고 괄호에 알맞은 숫자를 적으시오.

> 단락전류 보호장치는 분기점(O)에 설치해야 한다. 다만, 아래 그림과 같이 분기회로의 단락보호장치 설치점(B)과 분기점(O) 사이에 다른 분기회로 또는 콘센트의 접속이 없고 단락, 화재 및 인체에 대한 위험이 최소화될 경우, 분기회로의 단락 보호장치 P_2는 분기점(O)으로부터 (①)[m]까지 이동하여 설치할 수 있다.

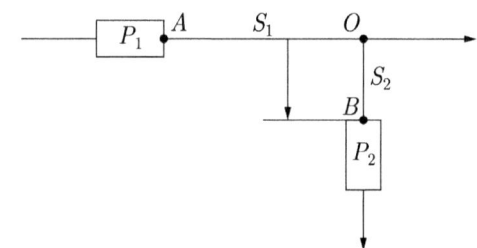

① :

Answer

① 3

215 연료전지(Fuel Cell)의 특징을 3가지만 적으시오.

① :
② :
③ :

Answer

① **발전효율**이 높다.
② 대기 **오염물질의 배출**이 없다.
③ 터빈, 발전기 등의 대형 회전기계시설이 없어 **진동이나 소음이** 없다.

216 다음은 수변전설비에 사용되는 차단기 트립방식의 설명이다. 알맞은 방식을 적으시오.

- (①) : 고장 시 변류기 2차 전류에 의해 트립되는 방식
- (②) : 고장 시 콘덴서의 충전전하에 의해 트립되는 방식
- (③) : 고장 시 전압의 저하에 의해 트립되는 방식

① :   ② :   ③ :

Answer

① CT 트립 방식   ② 콘덴서 트립 방식   ③ 부족 전압 트립 방식

217 다음은 한국전기설비규정에서 정의하는 과전류 보호에 대한 내용이다. 괄호 안에 알맞은 내용을 적으시오.

[회로의 특성에 따른 요구사항]
중성선을 (①) 및 (②)하는 회로의 경우에 설치하는 개폐기 및 차단기는 (①) 시에는 중성선이 선도체보다 늦게 (①)되어야 하며, (②) 시에는 선도체와 동시 또는 그 이전에 (②) 되는 것을 설치하여야 한다.

① :   ② :

Answer

① 차단   ② 재폐로

218 동일 용량의 단상 변압기를 V결선하여 3상으로 사용하는 경우, △결선과 비교했을 때 출력비는 몇 [%]인지와 V결선한 변압기 1대당 이용률은 몇 [%]인지 각각 적으시오.

- 출력비 :   [%]
- 이용률 :   [%]

Answer

출력비 : 57.74[%], 이용률 : 86.6[%]

219
동기발전기를 병렬운전 하려고 한다. 병렬운전이 가능한 조건 4가지를 적으시오.

① : ② :
③ : ④ :

Answer

① 기전력의 주파수가 같을 것   ② 기전력의 위상이 같을 것
③ 기전력의 파형이 같을 것   ④ 기전력의 크기가 같을 것

220
진공차단기(VCB)의 특징을 3가지만 적으시오.

① : ② :
③ :

Answer

① 소형, 경량
② 차단성능이 우수
③ 개폐 시 개폐서지 발생 우려

221
한국전기설비규정에 의하여 욕실 또는 화장실 등 인체가 물에 젖어 있는 상태에서 물을 사용하는 장소에 콘센트를 시설하는 경우에 설치해야 하는 인체감전보호용 누전 차단기의 정격감도전류[mA]와 동작시간[초]을 적으시오.

• 정격감도전류[mA] :
• 동작시간[초] :

Answer

• 정격감도전류 : 15[mA]
• 동작시간 : 0.03[초]

222
다음과 같이 주어진 계전기에 대한 한글 명칭을 적으시오.

① OCR :   ② GR :   ③ OPR :
④ OVR :   ⑤ PWR :

Answer

• OCR: 과전류계전기
• GR : 지락(접지)계전기
• OPR: 결상계전기(Open Phase Relay)
• OVR : 과전압계전기
• PWR : 전력계전기

223
★★☆☆☆
전력시설물 공사감리업무 수행지침에서 정하는 전기공사업자는 해당 공사현장에서 공사업무 수행 상 비치하고 기록·보관하여야 하는 서식을 5가지만 적으시오.

Answer

- 하도급 현황
- 작업계획서
- 주간공정계획 및 실적보고서
- 각종 측정 기록표
- 주요인력 및 장비투입 현황
- 기자재 공급원 승인현황
- 안전관리비 사용실적 현황

224
★☆☆☆☆
한국전기설비규정에 따른 저압전로 중의 전동기 보호용 과전류 보호장치의 시설 중 단락보호전용 퓨즈의 용단특성에 알맞은 내용을 넣으시오.

정격전류의 배수	불용단 시간	용단시간
4배	(①)초 이내	-
6.3배	-	(③)초 이내
8배	0.5초 이내	-
10배	(②)초 이내	-
12.5배	-	0.5초 이내
19배	-	(④)초 이내

Answer

① 60   ② 0.2   ③ 60   ④ 0.1

225
★☆☆☆☆
한국전기설비규정에 나오는 변전소에 대한 내용이다. 빈칸에 들어갈 숫자를 적으시오.

> 상주 감시를 하지 아니하는 변전소의 시설
> 1. 변전소(이에 준하는 곳으로서 (①)[kV]를 초과하는 특고압의 전기를 변성하기 위한 것을 포함한다. 이하 같다)의 운전에 필요한 지식 및 기능을 가진 자(이하 "기술원"이라고 한다)가 그 변전소에 상주하여 감시를 하지 아니하는 변전소는 다음에 따라 시설하는 경우에 한한다.
>   가. 사용전압이 (②)[kV] 이하의 변압기를 시설하는 변전소로서 기술원이 수시로 순회하거나 그 변전소를 원격감시 제어하는 제어소(이하에서 "변전제어소"라 한다)에서 상시 감시하는 경우

Answer

① 50   ② 170

226 한국전기설비규정(KEC)에 따른 용어의 정의이다. ( ) 안에 들어갈 내용을 적으시오.

(1) "PEN도체(protective earthing conductor and neutral conductor)"란 (①)회로에서 (②) 겸용 보호도체를 말한다.
(2) "PEL도체(protective earthing conductor and a line conductor)"란 (③)회로에서 (④) 겸용 보호도체를 말한다.

Answer

① 교류 ② 중성선 ③ 직류 ④ 선도체

227 중성점 직접 접지방식의 장단점을 각각 3가지씩 적으시오.

(1) 장점
   ① :
   ② :
   ③ :
(2) 단점
   ① :
   ② :
   ③ :

Answer

(1) ① 1선 지락 시 건전상의 대지 전위 상승이 낮으므로 전로나 기기의 절연레벨이 경감 된다.
   ② 중성점을 0전위로 유지할 수 있으므로 **단절연**이 가능하다.
   ③ 보호 계전기의 동작이 확실하며 고속도 차단이 가능하다.
   ④ 개폐서지의 저하로 피뢰기의 책무를 경감하고 효과를 극대화 할 수 있어 정격이 낮은 피뢰기 사용이 가능하다.
(2) ① 지락전류가 저역률의 대전류이기 때문에 **과도 안정도가 나빠진다.**
   ② 지락전류가 매우 커서 기기에 대한 기계적 충격이 크므로 손상을 주기 쉽다.
   ③ 지락 사고 시 병행 통신선에 **전자 유도 장해를 크게 미친다.**
   ④ 계통사고의 70~80[%]는 1선 지락 사고이므로 차단기가 대전류를 차단할 기회가 많아져서 **차단기 수명이 경감**된다.

228 한국전기설비규정(KEC)에서 접지와 관련된 용어정리이다. 보기를 참고하여 ( )에 들어갈 내용을 적으시오.

〈보기〉 보호도체, 접지도체, 접지시스템, 내부 피뢰시스템, 계통접지, 보호접지

(①) : 계통, 설비 또는 기기의 한 점과 접지극 사이의 도전성 경로 또는 그 경로의 일부가 되는 도체
(②) : 고장 시 감전에 대한 보호를 목적으로 기기의 한 점 또는 여러 점을 접지하는 것
(③) : 기기나 계통을 개별적 또는 공통으로 접지하기 위하여 필요한 접속 및 장치로 구성된 설비

Answer

① 접지도체 ② 보호접지 ③ 접지시스템

229
한국전기설비규정에 따른 아크를 발생하는 기구의 시설에 대한 설명이다. ( )에 들어갈 숫자를 적으시오.

> 고압용의 개폐기·차단기·피뢰기 기타 이와 유사한 기구(이하 이 조에서 "기구 등"이라 한다)로서 동작 시에 아크가 생기는 것은 목재의 벽 또는 천장 기타의 가연성 물체로부터 ( )[m] 이상 이격하여 시설하여야 한다.

Answer

답 : 1

230
한국전기설비규정에 따른 발전기 등의 보호장치에 대한 내용이다. 빈칸에 알맞은 내용을 적으시오.

> 발전기에는 다음의 경우에 자동적으로 이를 전로로부터 차단하는 장치를 시설하여야 한다.
> 가. 발전기에 과전류나 과전압이 생긴 경우
> 나. 용량이 (①)[kVA] 이상의 발전기를 구동하는 수차의 압유 장치의 유압 또는 전동식 가이드밴 제어장치, 전동식 니이들 제어장치 또는 전동식 디플렉터 제어장치의 전원전압이 현저히 저하한 경우
> 다. 용량이 (②)[kVA] 이상의 발전기를 구동하는 풍차(風車)의 압유장치의 유압, 압축 공기장치의 공기압 또는 전동식 브레이드 제어장치의 전원전압이 현저히 저하한 경우
> 라. 용량이 (③)[kVA] 이상인 수차 발전기의 스러스트 베어링의 온도가 현저히 상승한 경우
> 마. 용량이 (④)[kVA] 이상인 발전기의 내부에 고장이 생긴 경우
> 바. 정격출력이 (⑤)[kW]를 초과하는 증기터빈은 그 스러스트 베어링이 현저하게 마모되거나 그의 온도가 현저히 상승한 경우

Answer

① 500   ② 100   ③ 2,000   ④ 10,000   ⑤ 10,000

231
다음은 전력시설물 공사감리업무 수행지침과 관련된 사항이다. ( ) 안에 알맞은 내용을 적으시오.

> 감리원은 설계도서 등에 대하여 공사계약문서 상호 간의 모순되는 사항, 현장 실정과의 부합여부 등 현장 시공을 주안으로 하여 해당 공사 시작 전에 검토하여야 하며 검토내용에는 다음 각 호의 사항 등이 포함되어야 한다.
> 1. 현장조건에 부합 여부
> 2. 시공의 (①) 여부
> 3. 다른 사업 또는 다른 공정과의 상호부합 여부
> 4. (②), 설계설명서, 기술계산서, (③) 등의 내용에 대한 상호 일치 여부
> 5. (④), 오류 등 불명확한 부분의 존재 여부
> 6. 발주자가 제공한 (⑤)와 공사업자가 제출한 산출내역서의 수량 일치 여부
> 7. 시공상의 예상 문제점 및 대책 등

Answer

① 실제 가능   ② 설계도면   ③ 산출내역서
④ 설계도서의 누락   ⑤ 물량내역서

232. 한국전기설비규정에 따른 지중전선로의 시설에 대한 설명이다. ( )에 알맞은 내용을 적으시오.

> 지중전선로의 시설
> 지중 전선로는 전선에 케이블을 사용하고 또한 (①)·암거식(暗渠式) 또는 (②)에 의하여 시설하여야 한다.
> 2. 지중 전선로를 (①) 또는 암거식에 의하여 시설하는 경우에는 다음에 따라야 한다.
>   가. (①)에 의하여 시설하는 경우에는 매설 깊이를 (③)[m] 이상으로 하되, 매설 깊이를 충족하지 못한 장소에는 견고하고 차량 기타 중량물의 압력에 견디는 것을 사용할 것. 다만 중량물의 압력을 받을 우려가 없는 곳은 0.6[m] 이상으로 한다.

Answer

① 관로식　　② 직접 매설식　　③ 1.0

233. 전력용 한류퓨즈의 단점을 4가지만 적으시오.

① :　　　　　　　　　② :
③ :　　　　　　　　　④ :

Answer

① 재투입이 불가능하다.
② 과도전류에 용단되기 쉽다.
③ 계전기처럼 시한 특성을 만들 수 없다.
④ 차단시 과전압이 유기된다.

234. 한류저항기의 설치 목적을 2가지만 적으시오.

① :
② :

Answer

① open delta 결선의 각 상의 **제3고조파 전압 발생**을 방지
② **중성점 이상 전위 진동** 및 중성점 불안정 현상 등의 이상현상을 제거